Lehrbuch

der

Muskel- und Gelenkmechanik.

Von

Dr. H. Straßer

o. ö. Professor der Anatomie und Direktor des anatomischen Instituts
der Universität Bern.

I. Band: Allgemeiner Teil.

Mit 100 Textfiguren.

Springer-Verlag Berlin Heidelberg GmbH 1908

ISBN 978-3-662-23386-3   ISBN 978-3-662-25433-2 (eBook)
DOI 10.1007/978-3-662-25433-2

Softcover reprint of the hardcover 1st edition 1908

Einleitung und Vorwort.

Die Mechanik befaßt sich mit denjenigen Bewegungserscheinungen an materiellen Teilen, die ohne stoffliche (chemische) Veränderung dieser Teile vor sich gehen, und mit den bestimmenden oder bewirkenden Umständen dieser Bewegungen.

Die Existenz eines dreidimensionalen Raumes und einer je nach der Örtlichkeit verschieden sich verhaltenden (stofflichen) Raumfüllung, die Existenz einer realen Welt also, von der auch unser Körper einen Teil ausmacht, ist eine notwendige Voraussetzung bei der wissenschaftlichen Beschäftigung mit den Erscheinungen der Mechanik, wie überhaupt bei jeder Naturwissenschaft. Mit den erkenntnistheoretischen Gründen, welche für die Annahme einer realen, räumlich disponierten Welt sprechen, ist es in der Tat nicht so schlecht bestellt, als vielfach angenommen wird. Doch ist es nicht unsere Aufgabe, dies hier nachzuweisen.

Das vorliegende Buch hat zum Gegenstand die Mechanik des menschlichen Stütz- und Bewegungsapparates, der wesentlich repräsentiert wird durch das Skelett und die Muskeln. An ihm spielen sich die auffälligsten Bewegungen des menschlichen Körpers ab; er vor allem vermittelt die Arbeitsleistungen, durch welche der Mensch auf die Außenwelt einwirkt. Auf ihn ganz besonders paßt der Vergleich mit einer Maschine, welche wunderbar kunstvoll gebaut ist und den mannigfaltigsten Aufgaben zu genügen vermag. Die übrigen Einrichtungen und Apparate des Körpers, welche z. B. der Verdauung und Ernährung, der Blutzirkulation, der Nerventätigkeit usw. dienen, stellen in gewissem Sinn nur Hilfsvorrichtungen dar, welche den Unterhalt und Betrieb der Bewegungsmaschinerie sichern, regulieren und leiten. Soweit der Ausblick auf die Bewegungsmaschinerie der Tiere und auf die Maschinen der Technik das Verständnis für die Verhältnisse beim Menschen zu fördern vermag, wird sich die Betrachtung auch auf jene Objekte ausdehnen müssen.

Eine Maschine ist ein im allgemeinen aus zwei oder mehreren Stücken gebildeter Apparat, durch welchen die von einer Triebkraft geleistete mechanische Arbeit oft in ihrer Richtung und stets in ihrer Form und hinsichtlich ihrer Angriffspunkte verändert wird. Das Resultat dieser Umwandlung und Änderung ist auch wieder mechanische Arbeit. Bei Ausdehnung des Begriffes der Maschine können auch noch Apparate hinzugerechnet werden, in denen mechanische Arbeit aus anderen Formen von Energie gewonnen oder in andere Formen von Energie umgewandelt wird. So wird zu der Dampfmaschine gewöhnlich auch der Verbrennungsherd der Kohlen und der Dampfkessel hinzugerechnet, woselbst aus chemischen Potenzen Wärme und aus Wärme mechanische Dampfspannung entwickelt wird, und bei den Maschinen der Elektrotechnik werden hinzugerechnet die Apparate, in welchen aus chemischen Potenzen oder mechanischer Arbeit elektrische Spannung, oder aus elektrischer Bewegung mechanische Energie gewonnen wird.

Die sogenannten einfachen Maschinen, die schiefe Ebene, der Keil, der Hebel, die Rolle, das Rad, welche eine Umwandlung von mechanischer Arbeit nach der Form (Verhältnis von Kraft und Weg), der Richtung und den Angriffspunkten ermöglichen, bestehen allerdings anscheinend nur aus einem Stück. In Wirklichkeit aber gehört z. B. beim Hebel das Widerlager, welches den Unterstützungspunkt und Drehpunkt für den Hebel liefert, als zweites notwendiges Stück mit zum Apparat, ebenso bei der Rolle das Widerlager und daneben außerdem als drittes Stück das Seil oder die Kette. Der Keil allerdings ist eine einstückige Vorrichtung zur Übertragung der Krafteinwirkung auf neue Angriffspunkte unter Änderung der Richtung und Umwandlung der Form der mechanischen Arbeitsleistung. Er verdient kaum mehr den Namen einer Maschine, sondern stellt ein einfaches Werkzeug dar, wie Messer und Gabel, wie Sonde und Bohrer, wie Krücke und Stab, wie Schaufel und Hacke usw.[1]

In der Lehre vom Bau und von der Wirkungsweise einer Maschine sind im allgemeinen folgende Punkte zu berücksichtigen:

1. Die materielle Beschaffenheit und Gestalt, die Art der Verbindung und die Möglichkeit der Bewegung der einzelnen Glieder oder Partialmassen der eigentlichen Maschine, an welcher die Triebkraft angreift, und welche an anderen Angriffspunkten in veränderter Form äußere mechanische Arbeit leistet.

   Es ist das ganze Spiel der äußeren und der inneren, von Teilchen zu Teilchen wirkenden Kräfte, welches bei dem Gebrauch dieser Maschine in Erscheinung tritt, zu untersuchen. Hier haben wir es mit rein mechanischen Verhältnissen zu tun. Die Lehre, welche diese Seite der Einrichtung der Maschinen behandelt, ist die Maschinenlehre im engeren Sinn.

---

[1] Reuleaux gibt folgende Begriffsbestimmung der Maschine: Eine Maschine ist eine Verbindung widerstandsfähiger Körper, welche so eingerichtet ist, daß mittels ihrer mechanischen Naturkräfte genötigt werden können, unter bestimmten Bewegungen bestimmte Wirkungen auszuüben. (F. Reuleaux, Lehrbuch der Kinematik, 2. Band, 1900, S. 247.)

2. Die Einrichtungen zur In- und Außerbetriebsetzung und zur
   Regulierung des Ganges der Maschine.
3. Die Natur und Quelle der mechanischen Triebkraft, eventuell
   die Art der Erzeugung derselben aus anderen Formen von
   Energie durch Hilfsapparate und Hilfsmaschinen.
4. Die Größe der Nutzleistung der Maschine, das Verhältnis
   zwischen Nutzen und Aufwand, die Bedingungen günstigster
   Ökonomie beim Gebrauche der Maschine u. dgl.

Untersuchen wir nach den genannten Gesichtspunkten die
maschinellen Einrichtungen bei den Lebewesen, so erkennen
wir alsbald ihre besondere Eigenart gegenüber den Einrichtungen
der Technik.

Der tierische und menschliche Organismus ist nämlich dadurch
ausgezeichnet, daß in ihm, vermöge seiner weitgehenden Gliederung in
gegeneinander bewegliche Partialmassen, eine große Mannigfaltigkeit
von maschinellen Einrichtungen gegeben ist, besonders aber dadurch,
daß die mechanische Triebkraft für alle diese einzelnen Mechanismen
nicht, wie etwa in einer Werkstätte der Technik, an einer einzigen
Stelle, durch einen zentralen oder gemeinsamen Generator erzeugt
und von da aus (durch Transmissionen oder unter vorübergehender
Umwandlung in Starkstrom) den einzelnen Maschinen zugeleitet,
sondern in zahllosen kleinen Organen, den Muskelfasern, selbständig
hervorgebracht und gleichenorts auch verwendet wird. Es ist die
Möglichkeit gegeben, daß diese kleinen elementären Motoren, einzeln
oder zu Gruppen vereinigt überall in und zwischen die gegeneinander
zu bewegenden Partialmassen placiert sein können. Indem sie zugleich die Erzeugungs- und die Angriffsorgane der Triebkraft darstellen und durch kleine, auslösende Reize vom Nervensystem aus
in Tätigkeit versetzt werden, und zwar jeweilen an derjenigen Stelle
und in demjenigen Umfang, wie das Bedürfnis es erheischt, wird der
kostspielige, mit Verlust arbeitende, schwierig herzustellende Apparat
einer beständig jedem Bedürfnis genügenden Kraftzuleitung von
einer Zentralstelle aus überflüssig gemacht. Das Nährmaterial zum
Wiederersatz der verbrauchten Energie kann durch Vermittelung der
Zirkulation den einzelnen Motoren direkt zugeführt werden. Auch
die Umwandlungs- und Abänderungsfähigkeit des maschinellen Baues
ist durch das genannte Prinzip begünstigt.

Während die Erforschung der Vorgänge, durch welche in den
Muskelfasern die mechanische Triebkraft erzeugt wird, wesentlich in
das Gebiet der Physiologie fällt, geschieht die Erforschung des
Maschinenbaues im engern Sinn naturgemäß mit anatomischen Methoden, und auch die Untersuchung und Lehre von den
geometrischen, mehr oder weniger zwangsmäßigen Verhältnissen der
Maschinenbewegung (Kinematik) schließt sich naturgemäß eng an
diejenige der ruhenden Form und an die Zergliederung an.

Aus diesem Grunde ist nun auch die Untersuchung der konstruktiven Einrichtungen und der mechanischen Verhältnisse bei der Maschinentätigkeit des Körpers in besonderer Weise zuerst von anatomischer Seite gefördert worden; bildet ja doch das lebhafte Vorstellungsvermögen der geometrischen und stereometrischen Verhältnisse der in Veränderung begriffenen Systeme und zugleich die Kenntnis ihrer materiellen und physikalischen Natur, die durch Zergliederung erworben wird, die unentbehrliche Vorbedingung jeder derartigen mechanischen Analyse.

Auch der Studierende und Arzt, welcher wenigstens die wichtigsten Verhältnisse der Maschinentätigkeit des Körpers verstehen lernen will, muß dabei vom anatomischen Präparat ausgehen. Die Einführung in die Maschinenlehre des Körpers muß eine der Aufgaben des anatomischen Unterrichtes und der Tätigkeit auf dem Seziersaal sein. Es ist möglich, hier von sehr einfachen Verhältnissen auszugehen und allmählich zu schwierigeren Aufgaben vorzudringen, und es bildet, wie uns scheint, die Beschäftigung mit diesem Gegenstand auf dem Seziersaal eine für den Naturforscher und Arzt für seine ganze Zukunft wichtige und bedeutungsvolle Propädeutik.

Aus diesem Grunde ist auch das vorliegende Lehrbuch der Muskel- und Gelenkmechanik im wesentlichen gedacht als ein Hilfsbuch für den anatomischen Unterricht.

Es zerfällt in einen allgemeinen und in einen speziellen Teil. Der spezielle Teil wird sich besonders eng dem praktischen anatomischen Unterricht angliedern und eine spezielle Anleitung sein zum Studium der mechanischen Verhältnisse der Muskeln und der Gelenke bei der Präparation.

In allgemeinen Teil sollen die wichtigeren allgemeinen mechanischen Probleme, welche sich in der Gelenk- und Muskelmechanik darbieten, möglichst klar formuliert und in ihrem vollen Umfang und Zusammenhang erläutert werden. Einige hierher gehörige spezielle Ausführungen und Beweise werden allerdings wohl zunächst für den angehenden Mediziner von geringerem Interesse sein; sie können von ihm als Anmerkungen betrachtet und überschlagen werden. Im ganzen möchte es aber doch geboten sein, einmal von der Meinung abzugehen, als ob man in der Gelenkmechanik alle Schwierigkeiten verschleiern und alle möglichen unglücklichen vereinfachenden Annahmen machen müsse und kaum mehr von dem Studierenden verlangen dürfe als die Kenntnis der Gesetze des Hebels.

Bei richtigem Verständnis der Grundlehren der Mechanik kann doch wohl auch der Durchschnittsmediziner etwas weiter gebracht werden und einen etwas tieferen Einblick in das Spiel der Bewegungsmaschinerie gewinnen. Mit der richtigen Fragestellung wächst auch das Interesse an dem Gegenstand, und manch einer wird versuchen, auf dem angedeuteten Wege einer wissenschaftlichen Behandlung der Probleme weiter zu kommen.

Der Hauptgrund, warum im allgemeinen bei den Studierenden

das Verständnis und das Interesse für die Fragen der Muskel- und
Gelenkmechanik und für die maschinellen Leistungen des Organismus
ein verhältnismäßig geringes ist, liegt unserer Erfahrung nach in den
ungenügenden Vorkenntnissen auf dem Gebiete der theoretischen
Mechanik und in dem Fehlen eines Hilfsmittels, auf welches man
den Anfänger verweisen könnte, und welches ihm in elementarer
Darstellung und geeigneter Beschränkung gerade das bieten würde,
was not tut. Wir haben uns deshalb nach reiflicher Überlegung
entschlossen, dem allgemeinen Teil unserer Muskel- und Gelenkmechanik einen Exkurs über theoretische Mechanik als besonderen
Abschnitt einzufügen. In demselben sollen die Grundprinzipien der
Mechanik eingehender, als solches in den bei Medizinern gebräuchlichen Lehrbüchern der Physik und in ihrem Physikunterricht der
Fall sein kann, behandelt werden. Wir glauben übrigens, daß sich
ein Bedürfnis nach besserem Vertrautsein mit den mechanischen
Grundlehren nicht bloß bei dem Studium der Muskel- und Gelenkmechanik, sondern auch bei der Beschäftigung mit anderen Gebieten
der Medizin geltend macht — und daß es namentlich auch im
Interesse einer guten praktisch-technischen Ausbildung des Arztes
liegt, diesem Bedürfnis entgegenzukommen. Das Hauptgewicht wird
dabei nicht auf die Zusammenstellung von Formeln und auf Aus-
rechnungen zu legen sein, sondern auf die Gewinnung richtiger
elementarer Vorstellungen über das mechanische Geschehen und auf
die Schulung des räumlichen Vorstellungsvermögens.

Wir haben uns bestrebt, unsere Ableitungen möglichst allgemein verständlich zu halten, ohne auf höhere mathematische Vorbildung zu rekurrieren. Infolgedessen war wohl eine gewisse Weit-
läufigkeit der Darstellung nicht zu vermeiden, wenn wenigstens
die wissenschaftliche Korrektheit nicht preisgegeben werden sollte.
Daß wir bei der Abfassung unseres Buches die Schwierigkeiten,
welche die Materie für den Anfänger bietet, mehr empfunden haben,
als es bei einem Mathematiker von Fach der Fall gewesen wäre,
gereicht wohl dem Werke im ganzen nicht zum Nachteil. Indem
es so recht aus dem Bedürfnis des anatomischen Lehrers und seiner
Schüler nach besserer Einsicht und Aufklärung herausgewachsen ist,
wird es vielleicht dem Niveau des Mediziners besser gerecht, als
wenn der mathematische Fachmann es geschrieben hätte. Sachliche
Einwendungen und Berichtigungen werden wir gern entgegennehmen,
um ihnen bei einer allfälligen späteren Umarbeitung gewissenhaft
Rechnung zu tragen.

Gern danken wir zum Schlusse unserem geehrten Kollegen
Herrn Prof. Gruner für verschiedene wertvolle kritische Bemerkungen und Herrn stud. math. S. Joß für seine sorgsame Mitwirkung beim Lesen der Korrekturen.

Bern, im April 1908.   **H. Straßer.**

Inhaltsverzeichnis.

	Seite
Einleitung und Vorwort	III

Erster Abschnitt.
Grundlehren der Mechanik.

	Seite
I. Mechanik des materiellen Punktes	3
A. Lage und Bewegung des materiellen Punktes	3
a) Definition des materiellen Punktes	3
b) Lagebestimmung des materiellen Punktes	3
c) Bewegung des materiellen Punktes	4
d) Resultierende Verschiebung. Zerlegung von Bewegungen, Geschwindigkeiten und Beschleunigungen	6
1. Resultat aufeinanderfolgender Bewegungen	6
2. Gleichzeitige Teilerscheinungen (Komponenten) einer einfachen Bewegung	7
3. Drei und mehr Bewegungskomponenten	10
4. Teilbewegungen in der gleichen Linie	11
5. Rechtwinklige und schiefwinklige Zerlegung	11
6. Zerlegung der Geschwindigkeiten	13
7. Zerlegung der Beschleunigungen	13
e) Analyse der fortgesetzten Bewegung	14
1. Änderung der Lage in den Hauptrichtungen nach der Zeit	14
2. Änderung der Geschwindigkeiten in den Hauptrichtungen nach der Zeit	14
3. Verhalten der Wege	15
B. Die Wirkung der Kräfte am materiellen Punkte	16
a) Definitionen	16
b) Zerlegung und Vereinigung von Kräften	17
c) Bemessung der Kraftgröße. Begriff der Masse	18
d) Kraftwirkungen zwischen materiellen Punkten	20
e) Bewegungsmenge, lebendige Kraft und Arbeit	22
f) Änderung der lebendigen Kraft und Verhalten der Arbeitsleistung bei der gleichzeitigen Einwirkung mehrerer Kräfte	25
g) Bewegung, lebendige Kraft und Arbeit bei beliebig sich ändernder Krafteinwirkung	27
h) Oszillierende Bewegung	28
i) Wichtigkeit der Beziehung zwischen der Änderung der lebendigen Kraft und der Arbeit. Kinetische und potentielle Energie. Das Gesetz der Erhaltung der Energie	31
II. Die Mechanik des Systems materieller Punkte	33
A. Materielle Punktsysteme im allgemeinen	33
a) Konfiguration	33
b) Bewegung	35
c) Wichtigste Schlußfolgerungen	39

                                                              Seite
B. Das starre System 40
   a) Begriff der Starrheit. Bedingungen des statischen Gleich-
      gewichtes 40
   b) Besondere Fälle des vollkommenen statischen Gleichgewichtes
      der Kräfte am starren Körper 41
   c) Bewegungsbedingungen des starren Körpers 45
      1. Bewegung der starren Linie 45
      2. Bewegung der starren Ebene und des starren Körpers . . . 46
      3. Genaueres Verhalten bei der Drehung um eine Achse . . . 48
      4. Wahl der Drehungsachse 49
      5. Hinzufügung und Zerlegung von Drehbewegung 50
      6. Geschwindigkeit der Drehung 51
   d) Einfluß der Kräfte zur Drehung eines starren Körpers 51
      1. Begriff des statischen Momentes 51
      2. Geometrische Ableitungen 53
      3. Sätze vom Kräftepaar 55
   e) Statisches Gleichgewicht am starren Körper 57
      1. Gleichgewicht der statischen Momente beim statischen Gleich-
         gewicht 57
      2. Gleichgewicht gegenüber der Schwere 58
   f) Effektive Kräfte der Bewegung. Prinzip von d'Alembert . . . 59
   g) Fortgesetzte Drehbewegung 60
      1. Zentripetalkraft 60
      2. Wirkung der Zentrifugalkräfte auf feste Drehungsachsen . . 61
      3. Zentrifugalkraftwirkung am sich drehenden freien Körper 62
   h) Lebendige Kräfte bei der Drehung. Trägheitsmoment 65
   i) Einwirkung einer äußeren Kraft zur Drehung 66
   k) Bewegung des freien starren Körpers 68
      1. Wirkung einer Einzelkraft auf den frei beweglichen starren
         Körper 68
      2. Wirkung eines Kräftepaares am freien starren Körper . . . 70
      3. Wirkung mehrerer Einzelkräfte am freien starren Körper . . 73

Zweiter Abschnitt.

Allgemeine Verhältnisse des Skelettes und der Muskeln.

I. Das Skelett 77
   A. Allgemeines 77
      a) Wesen und Bedeutung der Stützsubstanz 77
      b) Disposition des Stützgerüstes 78
      c) Einwirkende Kräfte. Schwerkraft. Widerstandskräfte 81
   B. Das gegliederte Skelett der höheren Wirbeltiere und des Menschen 84
      a) Skelettstücke 84
      b) Gliederungsstellen. Einteilung 85
      c) Synarthrosen 86
      d) Diarthrosen 88
      e) Entwicklung der Gelenke 90
      f) Verhinderung und Beschränkung der Gelenkbewegungen. Unter-
         schied zwischen den künstlichen und natürlichen Gelenken.
         Breite Berührung und kongruentes Gleiten 93
      g) Die Bedingungen des kongruenten Gleitens 95
         1. Kongruentes Gleiten bei Progressivbewegung 95
         2. Kongruentes Gleiten bei Drehbewegung 97
         3. Kombination von Drehbewegung und Progressivbewegung . . 99
            α) Schraubenbewegung 99
            β) Kombination von Drehbewegung mit Progressivbewegung
               parallel der Drehungsebene 101

Seite

    4. Aufeinanderfolgende verschiedenartige Bewegungen 102
    5. Zusammenfassung 102
C. Haupttypen der Gelenke beim Menschen 102
  a) Das einachsige Gelenk 102
    1. Allgemeines 102
    2. Ginglymus 105
      α) Verhältnisse an der Beuge- und Streckseite des Ginglymus 105
      β) Verhältnisse an den eigentlichen Seiten des Ginglymus. Seitenbänder 107
    3. Weitere Bemerkungen über das einachsige Gelenk. Typische Ginglymusgelenke. Trochoidgelenke 109
  b) Das Kugelgelenk (Arthrodie, vielachsiges Gelenk, dreiachsiges Gelenk) 110
  c) Amphiarthrosen 111
  d) Schlitten- und Schraubengelenke 111
  e) Ausgleichung der Inkongruenzen. Stark inkongruente Gelenke (Trochoginglymus, Ginglymoathrodie, sog. zweiachsige Gelenke) 111
  f) Einfache und zusammengesetzte Gelenke 113

II. Die Muskeln 115

A. Allgemeines über die kontraktilen Elemente 115
  a) Kontraktile Teilchen. Muskelfibrillen und Muskelfasern . . . 115
  b) Die glatte Muskelfaser 117
  c) Die quergestreifte Muskelfaser 117
    1. Verzweigte quergestreifte Fasern 118
    2. Die quergestreifte unverzweigte Muskelfaser 120
B. Die Vereinigung der Muskelfasern zu Muskeln 120
  a) Muskelfasern und Sehne. Schräge Einpflanzung der Muskelfasern 120
  b) Ursachen der Muskelsonderung 123
C. Die Arbeitsleistung der Muskeln und die funktionelle Anpassung der Faserlänge an die Längenänderung. Nutzleistung und Ökonomie bei der Muskelaktion 125
  a) Arbeitsleistung und funktionelle Anpassung der Faserlänge beim einzelnen Muskel 125
  b) Arbeitsleistung und funktionelle Anpassung der Muskeln am einachsigen Gelenk 129
    1. Muskeln in der Drehungsebene 129
    2. Schräg zur Drehungsebene verlaufende Muskeln 133
  c) Tatsächliche Anordnung der Muskeln am Gelenk 134
  d) Stoffumsatz, Nutzleistung und Ökonomie bei der Muskelaktion 135
    1. Die Größe des Stoffumsatzes 135
    2. Die Nutzleistung und Ökonomie bei der Muskeltätigkeit . . 136
    3. Ökonomie der Muskelarbeit am Kugelgelenk 138

Dritter Abschnitt.

Allgemeine Probleme der Gelenk- und Muskelmechanik.

Vorbemerkungen 143

I. Statische Aufgaben 144

A. Fragestellung im allgemeinen 144
B. Untersuchung der Gleichgewichtsbedingungen am einachsigen Gelenk 145
  a) Allgemeine Verhältnisse 145

Seite

   b) Spezielle Aufgaben 147
     1. Die äußeren Resultierenden wirken außerhalb der Gelenk-
       achse gegeneinander. Erstes bis viertes Beispiel 147
     2. Die äußeren Resultierenden wirken außerhalb der Gelenk-
       achse auseinanderziehend. Fünftes und sechstes Beispiel . . 150
     3. Zusammenfassung 151
     4. Die äußeren Resultierenden fallen nicht mit der mittleren
       Drehungsebene zusammen 152
     5. Einwirkung eines äußeren Kräftepaares an jeder Partial-
       masse 156
C. Bedingungen für die Feststellung der Gelenke mit freierer Be-
   weglichkeit 157
D. Schlußbemerkungen 158

II. Kinetisch-dynamische Aufgaben 160

A. Fragestellung im allgemeinen 160
B. Synthetische Behandlung 162
   a) Bewegung der Glieder um festgestellte Achsen 162
   b) Das sogenannte dreigliedrige System mit festgestelltem drittem
     Glied 166
     1. Vorbemerkungen 166
     2. Mathematische Ableitung. I., II. und III. Aufgabe 168
     3. Anwendung des Gewonnenen 176
     4. Zweigelenkige Muskeln am dreigliedrigen System. IV. Aufgabe 178
   c) Das völlig freie zweigliedrige System 180
     1. Wichtigkeit des Problems. Lokomotion und Äquilibration 180
     2. Unzulänglichkeit der rein synthetischen Betrachtungsweise
       für die Erforschung der mechanischen Verhältnisse der ak-
       tiven Lokomotion 183
     3. Elemente einer Theorie der instantanen Wirkung innerer
       und äußerer Kräfte am vereinfachten, freien zweigliedrigen
       System. I., II. und III. Aufgabe 185
     4. Fortgesetzte Bewegung des vereinfachten, freien zweiglie-
       drigen Systems unter dem Einfluß innerer Kräfte 196
     5. Die Arbeitsleistung am freien zweigliedrigen System . . . 199
     6. Zusammenfassung 201
   d) Weitere Ausblicke. Das freie mehrgliedrige System 202

Literaturverzeichnis 205

Erster Abschnitt.

Grundlehren der Mechanik.

———

I. Mechanik des materiellen Punktes.

A. Lage und Bewegung des materiellen Punktes.

a) Definition des materiellen Punktes.

Die Beobachtung, daß verschiedene Teile eines Körpers, einer Substanz ihre Stellung zueinander ändern und in verschiedener Weise sich bewegen, läßt die Vorstellung zu vom Vorhandensein kleiner und kleinster Teilchen, welche sich dabei mit ihrer ganzen Substanz einheitlich bewegen, oder deren innere Konfigurationsänderung doch wenigstens für die untersuchten Bewegungsphänomene nicht in Betracht kommt, und deren räumliche Ausdehnung so gering ist, daß drei einfache Koordinaten zur Bestimmung ihrer Lage im Raum und eine einzige Gerade zur Darstellung des ganzen Bereiches der Wirkungen von Teilchen zu Teilchen genügen. Solche Teilchen können als materielle Punkte bezeichnet werden.

b) Lagebestimmung des materiellen Punktes.

Die Lage eines materiellen Punktes im Raum läßt sich niemals absolut feststellen, sondern immer nur relativ gegenüber andern materiellen Punkten.

Gegenüber einem einzigen Punkt kann die Lage eines zweiten Punktes nur durch Angabe des Abstandes und nicht eindeutig bestimmt werden. Es gibt neben dem zweiten Punkt noch eine Menge anderer Punkte, welche vom ersten den gleichen Abstand haben, nämlich alle diejenigen Punkte, welche auf der gleichen, um den ersten Punkt als Mittelpunkt herumgelegten Kugelfläche liegen.

Gegenüber zwei Punkten, welche einen bestimmten Abstand voneinander haben, läßt sich die Lage jedes anderen, dritten Punktes im Raum, der in der geraden Verbindungslinie jener beiden Punkte oder ihrer Verlängerung liegt, genau bestimmen. Jeder außerhalb dieser Linie liegende Punkt aber kann in seiner Lage zu dieser Linie nur bestimmt werden durch Messung des Abstandes von dieser Linie und durch Bestimmung des nächstgelegenen Punktes dieser

Linie. Aber auch diese Lagebestimmung ist nicht eindeutig; es läßt sich nämlich nicht feststellen, nach welcher Seite des Raumes der dritte Punkt gelegen ist. Es gibt noch eine Menge anderer Punkte im Raum, welche im selben Abstand neben demselben Punkt der Linie gelegen sind; sie gehören alle der gleichen um letzteren Punkt herumgehenden Kreislinie an.

Dagegen läßt sich die Lage irgend eines Punktes im Raum genau bestimmen gegenüber drei Punkten, die nicht in einer geraden Linie liegen und deren Abstand voneinander bekannt ist.

Mit drei solchen materiellen Punkten, die im Augenblick der Betrachtung als starr verbunden gedacht werden können, darf man sich z. B. zunächst alle geometrischen oder auch materiellen Punkte der gleichen Ebene und weiterhin die Punkte dreier senkrecht zueinander stehender Ebenen, oder auch nur die Punkte dreier sich schneidender Geraden starr verbunden denken; irgend ein Punkt des Raumes kann daraufhin durch seine Abstände von diesen Koordinatenebenen bzw. Koordinatenachsen vollkommen in seiner Lage bestimmt werden.

Vereinbarung: Wenn im folgenden von der Lage und Lagenveränderung materieller Teilchen im Raum die Rede ist, so handelt es sich dabei um Lage und Bewegung in einem Raumsystem, dessen mathematische Punkte mit drei bestimmten, nicht in einer geraden Linie liegenden, unter sich fest verbundenen materiellen Punkten unverrückbar verbunden gedacht sind. Ob diese drei Punkte und das damit verknüpfte Raumsystem absolut in Ruhe oder in Bewegung begriffen sind, und welches ihre absolute Lage und Bewegung ist, kommt nicht in Betracht. Wir werden in Zukunft ein so bestimmtes Raumsystem, auf welches Lage und Bewegung bezogen wird, einfach als den umgebenden **bestimmten Raum** bezeichnen.

Beispiele: a) Beziehung der Lage und Bewegung materieller Punkte in einem in Bewegung befindlichen Eisenbahnwagen auf ein mit den Wänden des Wagens starr verbunden gedachtes Raumsystem resp. zu drei Koordinatenachsen oder Koordinatenebenen desselben.

b) Beziehung der Lage und Bewegung materieller Teilchen auf einen mit der Erde starr verbunden gedachten Raum.

c) Beziehung aller Lagen und Bewegungen auf die Sonne und den damit starr verbunden gedachten Raum usw.

c) Bewegung des materiellen Punktes.

Ein materielles Teilchen kann nicht gleichzeitig an zwei verschiedenen Stellen des Raumes gelegen sein. Es kann aus einer Lage in die andere gelangen nur im Verlaufe der Zeit und nur in einer ununterbrochenen, kontinuierlichen Bahn, so daß einem ∞ kleinen Fortschritt der Zeit eine ∞ kleine Veränderung der Lage entspricht.

Den in der Zeit ablaufenden Vorgang der Lageveränderung nennen wir Bewegung (Grundvorstellung von der Kontinuität der Bewegung).

Die Bewegung ist gleichförmig, wenn in gleichen kleinsten Zeiten gleiche Wege durchmessen werden, und ungleichförmig, wenn dies nicht der Fall ist.

Der bei gleichförmiger Bewegung oder bei gleichförmig fortgesetzt gedachter Bewegung in der Zeiteinheit durchmessene Weg ist die **Geschwindigkeit.**

Es sei w der Weg, t die Zeit, v die Geschwindigkeit, so ist

$$v = \frac{w}{t} \text{ und } w = vt.$$

Bei ungleichförmiger Bewegung lassen sich die Zeiträume der Beobachtung so klein wählen, daß innerhalb derselben die Geschwindigkeit als gleich angenommen werden kann.

Man kann dann von der Geschwindigkeit in einem bestimmten kleinen Augenblick sprechen.

Bei ungleichförmiger Bewegung zeigt sich die Änderung der Bewegung als Zuwachs oder Einbuße an Geschwindigkeit (Beschleunigung oder Verzögerung; positive oder negative **Beschleunigung**) in irgend einer bestimmten Richtung des Raumes.

Die Beschleunigung ist eine gleichförmige, wenn die Geschwindigkeit in gleichen Zeiträumen gleichen Zuwachs erfährt. Die Größe der Beschleunigung wird gemessen durch die Größe des Zuwachses, den die Geschwindigkeit bei gleichförmig weitergehender Beschleunigung in der Zeiteinheit erfährt oder erfahren würde. Bei ungleichförmiger Beschleunigung können wir so kleine Zeiträume der Bewegung ins Auge fassen, daß innerhalb derselben die Beschleunigung als eine gleichförmige anzusehen ist.

Ist v die Geschwindigkeit am Anfang, v' diejenige am Ende und $v' - v$ der Zuwachs an Geschwindigkeit in der Zeit t, so würde der Zuwachs bei gleichförmigem Andauern in der Zeiteinheit $= \varphi = \dfrac{v' - v}{t}$ sein. Dies ist die Größe der Beschleunigung in dem bestimmten, unter Umständen außerordentlich klein zu wählenden Zeitraum t. Handelt es sich um einen sehr kleinen Zeitraum, einen „Augenblick", der viel kleiner ist, als die gewählte Zeiteinheit, und der sich der Größe 0 nähert, so pflegt man, um dies anzudeuten, statt t zu schreiben $\varDelta t$ oder dt

$$\varphi = \frac{v' - v}{\varDelta t} \quad \text{oder} \quad \frac{\varDelta v}{\varDelta t} \quad \text{oder} \quad \frac{dv}{dt}$$

(kleinster Zuwachs an Geschwindigkeit dividiert durch die entsprechende Zeit).

d) Resultierende Verschiebung. Zerlegung von Bewegungen, Geschwindigkeiten und Beschleunigungen.

1. Resultat aufeinanderfolgender Bewegungen.

Ein materieller Punkt μ kann (Fig. 1) auf verschiedenen Wegen von a nach d gelangen. Der kürzeste Weg ist die gerade Linie. Krumme Wege kann man sich aus kleinen, geradlinigen Strecken zusammengesetzt denken.

Im einfachsten Fall besteht der Weg von a nach d aus zwei verschieden gerichteten, geradlinigen Stücken, einem Stück m in der Richtung I und einem Stück n in der Richtung II. Es ist nun für das Resultat gleichgültig, ob zuerst die Strecke m in der Richtung I und dann die Strecke n in der Richtung II zurückgelegt wird oder umgekehrt. Stellt man (in Fig. 1) die Strecken m und n nach Größe und Richtung als vom Punkt a ausgehende gerade Linien ab und ac dar und errichtet über ihnen ein

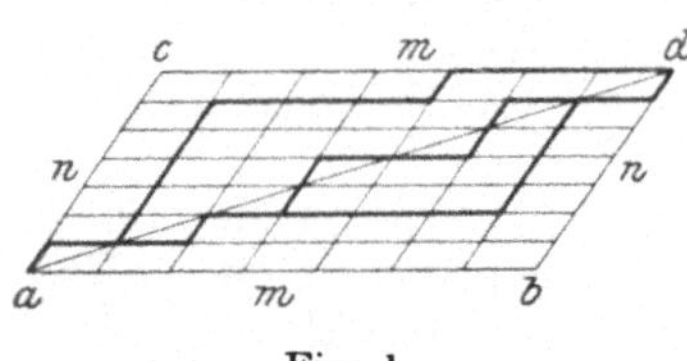

Fig. 1.

Parallelogramm mit der geraden Wegstrecke $\overline{ad}$ als Diagonale, so erkennt man, daß der Weg abd oder acd entlang den Seiten des Parallelogramms den Weg des Punktes darstellt, je nachdem die Bewegung zuerst in der Richtung und Größe der Strecke m oder der Strecke n stattfindet. Es kann aber auch die Bewegung in den beiden Richtungen I und II in kleineren Abschnitten alternierend erfolgen. Immer gelangt dabei der materielle Punkt μ von a nach d, wenn nur im ganzen die Bewegung in der Richtung $I = m$ und in der Richtung $II = n$ ist.

Je kleinere Stücke dabei in den beiden Richtungen alternierend zurückgelegt werden, desto mehr nähert sich der Weg der Diagonale des Parallelogramms oder der kürzesten geraden Verbindungslinie ad.

Nun muß ausdrücklich hervorgehoben werden, daß auch bei noch so weit getriebener Verkleinerung der abwechselnd in der einen und anderen Richtung zurückgelegten Stücke es sich doch immer um zeitlich getrennte und nicht um gleichzeitige Bewegung in den beiden Richtungen handelt. Die Bahn bleibt eine zickzackförmige. Nur in diesem Sinne darf man sagen, daß eine solche Bewegung an eine Bewegung in der Diagonale beliebig angenähert werden kann und dabei doch immer eine Verschiebung $\overline{ac}$ und $\overline{ab}$ in den Richtungen der beiden Seiten des über $\overline{ad}$ errichteten Parallelogramms darstellt.

2. Gleichzeitige Teilerscheinungen (Komponenten) einer einfachen Bewegung.

Von einer wirklich gleichzeitigen Bewegung eines materiellen Punktes in zwei oder mehr verschieden gerichteten Bahnen desselben Raumsystems kann nun überhaupt niemals die Rede sein. Es muß sich also bei der sogenannten Zerlegung einer Bewegung in zwei oder mehrere Komponenten gleichzeitiger Bewegung tatsächlich um etwas anderes handeln, nämlich um die Bestimmung einer einfachen Lageveränderung durch Angaben über die Änderung zweier Relationen. Man hat zu berücksichtigen, daß irgend eine Bewegung eines Punktes nur aus der Änderung seiner Lageverhältnisse erkannt wird, und daß nicht jede diesbezügliche Angabe genügt, um die Bewegung eindeutig zu bestimmen.

a) Eine erste derartige Zerlegungsmöglichkeit ist folgende: In Fig. 2 bewege sich der materielle Punkt μ vom Ort a aus, dessen Lage gegenüber den zwei Koordinatenachsen XX und YY gegeben ist.

Durch die Angabe, daß der Punkt μ sich der Linie XX um den Betrag ab nähert (Verminderung des in der Richtung YY gemessenen Abstandes um eine Strecke, welche gleich dem von a auf xx gezogenen Perpendikel ab ist), ist z. B. die Bewegung von μ nicht eindeutig bestimmt. Es kann sich μ nach irgend einer Stelle der parallel zu XX durch b gezogenen Geraden xx begeben haben.

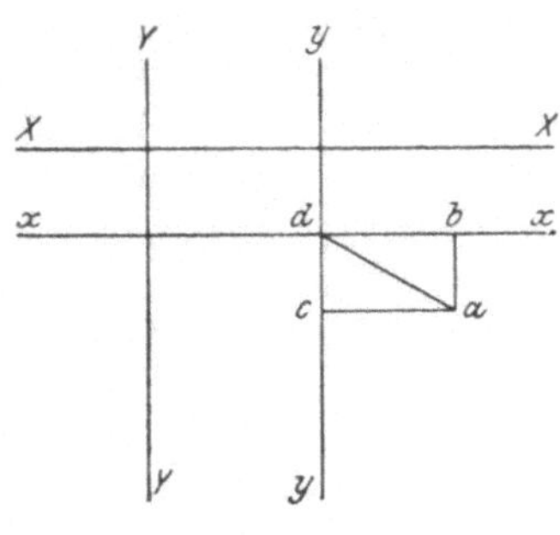

Fig. 2.

Ebenso ist durch die Angabe, daß μ sich der Linie YY um den Betrag ac genähert hat, die stattgehabte Verschiebung nicht eindeutig bestimmt. Es kann μ an irgend eine Stelle der durch c parallel zu YY gezogenen Geraden yy gelangt sein. Erst durch die Angabe, daß sich μ zugleich der Linie XX um $\overline{ab}$, der Linie YY um $\overline{ac}$ genähert hat, ist bestimmt, daß er sich nach dem Schnittpunkt von xx und yy, nämlich nach d begeben hat. Die beiden von a aus senkrecht zu XX und YY aufgetragenen Annäherungsgrößen $\overline{ab}$ und $\overline{ac}$ sind also gleichsam Maße für Teilerscheinungen der wirklichen Bewegung und nur in diesem Sinn als Komponenten der letzteren zu bezeichnen.

Wenn nun das Verhältnis zwischen den Annäherungen an XX und YY in jedem einzelnen Augenblick der Bewegung gleich ist $ab:ac$, so muß die Bewegung von μ nach d in einer geraden Linie, in der Diagonale des über $\overline{ab}$ und $\overline{ad}$ errichteten rechtwinkligen Parallelogramms erfolgen.

Ähnlich liegen die Verhältnisse, wenn der Abstand des Punktes μ von XX in einer bestimmten schrägen Richtung, welche einer schräg zu XX stehenden Koordinatenachse YY entspricht, gemessen wird (Fig. 3).

Die Komponenten und die Resultierende verhalten sich dann wie die Seiten und die Diagonale eines schiefwinkligen Parallelogramms.

β) Die Zusammensetzung einer Bewegung eines Punktes aus zwei Komponenten nach zwei verschiedenen Richtungen kann auch einen etwas anderen Sinn haben, nämlich den, daß die eine Komponente die Bewegung darstellt, welche der Punkt μ einem ersten Körper oder Raumsystem gegenüber ausführt, und die zweite Komponente die Bewegung, welche gleichzeitig von diesem Körper oder Raumsystem gegenüber einem zweiten bestimmten Raum ausgeführt wird.

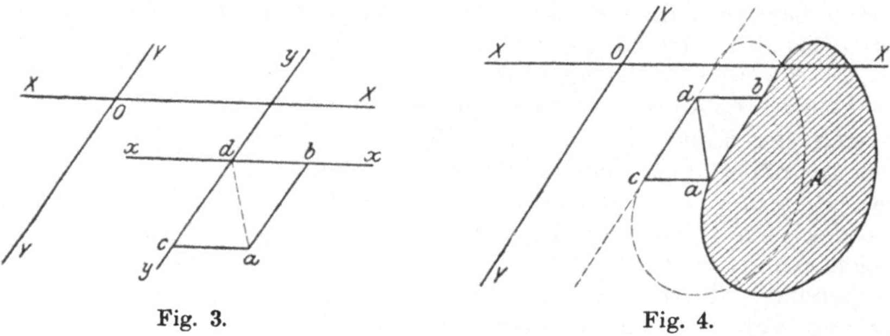

Fig. 3.   Fig. 4.

Es bewege sich der Punkt μ in der Bildfläche der Fig. 4 gegenüber einem Körper A (schraffiert) in einer geraden Linie von a nach b. Gleichzeitig aber bewege sich der Körper A und die mit ihm verbunden gedachte Ganglinie ab in allen Punkten über Strecken, die parallel und gleich ac sind, gegenüber einem zweiten Raumsystem B, welches durch die Koordinatenachsen XX und YY repräsentiert ist. In Wirklicheit gelangt dann der Punkt μ nach d ($abcd$ ein Parallelogramm); denn während er den Punkt b von A erreicht, ist dieser nach d gelangt.

Zahlreiche Beispiele einer solchen Kombination zweier Bewegungen bieten sich in der Natur, so z. B. wenn ein materieller Körper resp. ein bestimmter Punkt desselben in einem Eisenbahnwagen quer von einer Seite zur andern um die Strecke ab bewegt wird, während gleichzeitig der Eisenbahnwagen auf den Schienen um die Strecke $ac = bd$ vorwärts geht. Die wirkliche Bewegung des materiellen Punktes ist dann ad.

Die Bahn von μ gegenüber dem zweiten bestimmten starren Raumsystem B ist in allen solchen Fällen eine geschlossene Kurve, event. eine Gerade; die von μ gegenüber A und von A gegenüber B zurückgelegten Wege stellen für jeden bestimmten Zeitpunkt die

Abszisse und Ordinate der Kurve dar. Wenn das Verhältnis der in den beiden Richtungen zurückgelegten Wege jederzeit dasselbe ist, so liegen alle Bahnpunkte von μ gegenüber B in einer geraden Linie.

Auch hier handelt es sich also um zwei gleichzeitige Teilerscheinungen einer einfachen Bewegung, die man durch die Seiten eines Parallelogramms nach Größe und Richtung darstellen kann, und um eine Resultierende, welche der Diagonalen entspricht. Die eine Komponente ist die Bewegung von μ gegenüber einem bestimmten starren System A, während die zweite Komponente die Bewegung darstellt, welche er zugleich mit dem System A gegenüber einem zweiten bestimmten Raumsystem B ausführt. Die Diagonale entspricht der Bewegung von μ gegenüber diesem zweiten System. Es ist klar, daß jede Bewegung eines materiellen Punktes gegenüber einem bestimmten Raum als Hinzufügung dieser Bewegung zu der Bewegung 0 betrachtet werden kann. Ferner ist es eine Grundvorstellung, daß bei der Bestimmung der Lage und Bewegung eines materiellen Punktes in einem bestimmten Raum A jede Bewegung, welche er zugleich mit allen Raumpunkten von A gegenüber einem zweiten bestimmten Raum B ausführt, unbeachtet bleiben muß. Man kann sich nun zu der Bewegung 0 der Raumpunkte von A gegenüber B jede beliebige Bewegung gegenüber B hinzugefügt denken. Die gleiche Bewegung kann man sich aber auch hinzugefügt denken zu der Bewegung, welche der Punkt μ im Raumsystem A ausführt, einer Bewegung, welche für den Fall, wo der Raum A gegenüber dem bestimmten Raumsystem B die Bewegung 0 hat, zugleich eine identische Bewegung gegenüber B ist.

Demnach ist auch die Vorstellung berechtigt, daß zu einer beliebigen ersten Bewegung eines materiellen Punktes gegenüber einem bestimmten Raumsystem jede beliebige zweite gleichzeitige Bewegung in diesem selben Raumsystem hinzugefügt werden kann, und daß dabei die resultierende Bewegung nach dem Prinzip des Parallelogramms erfolgt.

Bei der Hinzufügung einer zweiten Bewegung zu einer gleichzeitigen ersten ist immer die Hilfsvorstellung zulässig, daß die eine der beiden Bewegungen eine Bewegung in einem ersten bestimmten, wenn auch bloß gedachten Raumsystem A und die andere Bewegung eine Bewegung mit diesem ersten Raumsystem gegenüber dem zweiten, wirklich materiell bestimmten Raumsystem B ist.

γ) Vorgreifend wollen wir erwähnen, daß es eine dritte Möglichkeit der Vereinigung von Bewegungskomponenten zu einer Resultierenden gibt, wenn nämlich zwei Kräfte zugleich auf einen materiellen Punkt einwirken. Jede Kraft würde für sich dem Punkte in einer bestimmten Zeit eine bestimmte besondere Bewegung erteilen. Die wirkliche Bewegung des Punktes ist eine einfache, die sich ganz ebenso zu den Teilbewegungen verhält, wie dies in dem vorigen Beispiele gezeigt wurde.

3. Drei und mehr Bewegungskomponenten.

Eine ähnliche Betrachtungsweise ergibt sich, wenn der materielle Punkt μ von a nach q durch aufeinanderfolgende Bewegungen in drei verschiedenen Richtungen *I*, *II* und *III* des Raumes gelangt, indem er in jeder dieser Richtungen eine bestimmte Strecke w_1, w_2 und w_3 zurücklegt (Fig. 5).

Es ist ganz gleichgültig, in welcher zeitlichen Reihenfolge und Abwechslung die Bewegung nach den drei Richtungen stattfindet. Die Endlage q wird immer erreicht.

Jede der drei Wegstrecken kann zunächst je in einem Zuge, sei es als Anfangs-, sei es als Endstrecke zurückgelegt werden. Denkt man sich die drei möglichen Anfangs- und die drei möglichen Endstrecken im Raum dargestellt, so bilden sie zusammen drei Paare einander diametral gegenüberliegender paralleler Kanten eines Parallelepipedons, das durch Hinzufügung von sechs Verbindungskanten erst vollständig konstruiert wird. Der Punkt μ kann sich auf einer der drei Anfangsstrecken (resp. der von a ausgehenden Kanten des Parallelepipedons) bewegen und vom Ende einer jeden auf zwei verschiedenen Mittelstrecken (Verbindungskanten) zu der einen oder andern der zwei mit der Anfangskante nicht parallelen Endstrecken und auf derselben nach q gelangen. Im ganzen stehen also sechs verschiedene Wege entlang den Kanten des Parallelepipedons zur Verfügung, welche den aufgestellten Bedingungen genügen, indem bei jedem dieser sechs Wege die Bewegung nacheinander in den drei Richtungen erfolgt. Es können aber auch die drei in jeder Richtung *I*, *II* und *III* zurückzulegenden Wegstrecken abschnittsweise, unter mehrmaligem Alternieren zwischen den verschiedenen Richtungen zurückgelegt werden, unter Annäherung des Weges an die Diagonale aq des Parallelepipedons.

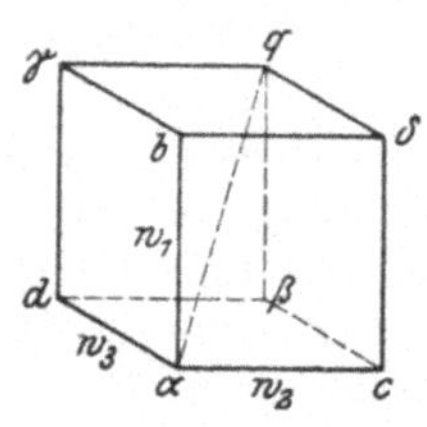

Fig. 5.

Eine Bewegung in einer bestimmten geraden Linie $\overline{aq}$ kann nun aber unter Umständen auch aufgefaßt werden als das Resultat dreier gleichzeitiger Teilbewegungen parallel den drei Richtungen der Kanten eines über $\overline{aq}$ als Diagonale errichteten Parallelepipedons, welche jederzeit genau dem Verhältnis der Gesamtlängen der verschieden gerichteten Kanten zueinander vor sich gehen. Dabei entspricht jede Teilbewegung in der einen Kantenrichtung entweder der Änderung des in der Richtung dieser Kanten gemessenen Abstandes von den Ebenen, welche die betreffende Kantenrichtung schneiden, oder die eine Komponente entspricht der Bewegung des Punktes μ gegenüber einem ersten Körper, die zweite entspricht der (translatorischen) Bewegung dieses Körpers A gegenüber einem zweiten Körper, und die dritte Komponente der translatorischen Bewegung des zweiten Körpers gegenüber einem dritten.

Sind mehr als drei Teilbewegungen vorhanden, so lassen sich immer zwei oder drei derselben als Vektoren darstellen und nach dem Prinzip des Parallelogrammes oder Parallelepipedes durch einen einzigen Vektor (Diagonale) ersetzen, bis der resultierende Vektor resp. die resultierende Bewegung für sämtliche Teilbewegungen gefunden ist.

Umgekehrt läßt sich jede resultierende geradlinige Bewegung nach den hier erörterten Vorstellungen in eine Mehrzahl in verschiedener Richtung nacheinander oder gleichzeitig erfolgender Teilbewegungen zerlegen.

4. Teilbewegungen in der gleichen Linie.

Der Fall, in welchem zwei oder mehr Teilbewegungen in gleichem oder entgegengesetztem Sinn (in der gleichen Linie und Richtung) in Frage kommen, ist ein Spezialfall, der sich nach dem Obigen erledigt.

In Fig. 6 a und b fallen die in a aufgetragenen Teilvektoren ab und ac annähernd in eine Linie zusammen, ebenso das auf ihnen errichtete Parallelogramm. Die Diagonale ad ist bei genauem Zusammenfallen gleich der Summe oder Differenz der beiden Teilvektoren.

Das zeitliche Verhältnis, in welchem die zwei Teilbewegungen aufeinander folgen oder abteilungsweise alternieren, ist gleichgültig. Auch hier ist es unter Umständen zulässig, sich die resultierende Bewegung (in der Diagonale des zur Linie gestreckten Parallelogramms) als gleichzeitige und proportionale Ausführung der beiden Teilbewegungen vorzustellen.

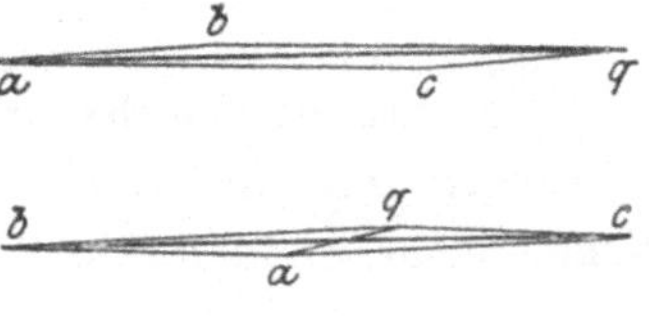

Fig. 6 a u. b.

Das Resultat einer gleichzeitigen stets gleichgroßen Bewegung nach zwei entgegengesetzten Seiten ist das Verbleiben des materiellen Punktes an gleicher Stelle.

Sind mehrere Teilbewegungen in derselben Richtungslinie vorhanden, so lassen sich immer zwei Teilbewegungen durch eine Resultierende ersetzen usw., bis alle Teilbewegungen zusammen durch eine einzige Resultierende ersetzt sind.

5. Rechtwinklige und schiefwinklige Zerlegung.

Von besonderer Bedeutung ist die Zerlegung einer geradlinigen Bewegung nach zwei senkrecht zueinander stehenden Richtungen einer durch die Bewegungslinie gehenden Ebene oder nach drei Hauptrichtungen des Raumes.

Die Bewegung von a nach q bedeutet, wenn aq mit drei senkrecht zueinander durch a gehenden Koordinatenachsen oder mit ihnen parallel verlaufenden Geraden die Winkel α_x, α_y und α_z bildet, eine gleichzeitige oder zeitlich getrennt erfolgende

Bewegung $\overline{aq} \cdot \cos \alpha_x$ in der xx-Richtung,

eine Bewegung $\overline{aq} \cdot \cos \alpha_y$ in der yy-Richtung und

eine Bewegung $\overline{aq} \cdot \cos \alpha_z$ in der zz-Richtung,

oder eine Veränderung der Koordinaten x, y und z des Punktes a um diese Beträge. Dabei haben die in den drei Richtungen senkrecht zueinander verlaufenden Bewegungen nichts miteinander gemein; kein Teil der Bewegung ist doppelt gerechnet und keiner ist unberücksichtigt.

Die Bewegung in der einen Hauptrichtung ergänzt die Bewegungen in den beiden anderen Hauptrichtungen zur gegebenen Bewegung $\overline{aq}$.

In Fig. 7 entspricht die Bewegung in der Rechtecksdiagonale aq den zwei rechtwinklig zueinander gerichteten Teilbewegungen

$$\overline{aB} = \overline{aq} \cdot \cos \alpha$$

und
$$\overline{aC} = \overline{aq} \cdot \cos (90^0 - \alpha).$$

$\overline{aq}$ involviert nun wohl auch eine Bewegung $\overline{aq} \cdot \cos \beta = \overline{aD}$ in einer Richtung, welche mit aq den Winkel β bildet, aber die Bewegungen $\overline{aB}$ und $\overline{aD}$ ergänzen sich nicht zusammen zu $\overline{aq}$, indem gleichsam in $\overline{aD}$ ein Teil der Bewegung, der schon in $\overline{aB}$ be-

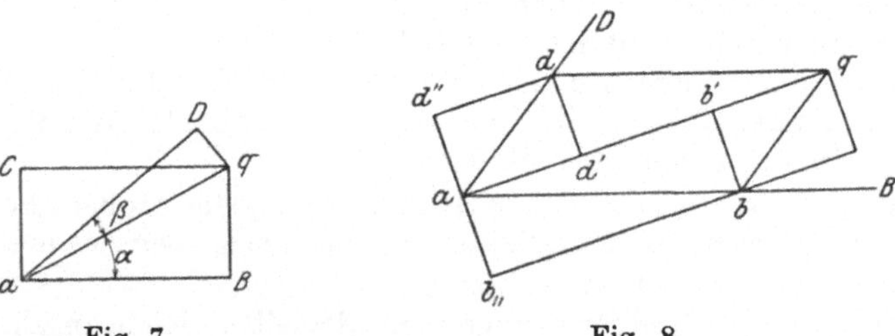

Fig. 7.   Fig. 8.

rücksichtigt ist, noch einmal vorkommt und umgekehrt. Dagegen läßt sich leicht zeigen, daß in dem über $\overline{aq}$ als Diagonale und den Linien ad und ab errichteten Parallelogramm (Fig. 8) die Bewegungen $\overline{ab}$ und $\overline{ad}$ sich zu $\overline{aq}$ ergänzen, ohne daß ein Teil der Bewegung doppelt gerechnet oder vernachlässigt ist.

Denn $\overline{ad}$ kann rechtwinklig zerlegt werden in $a\overline{d'}$ und $a\overline{d''}$,

und $\overline{ab}$ kann rechtwinklig zerlegt werden in $\overline{ab'}$ und $\overline{ab''}$.

Wir können also $\overline{aq}$ ersetzen durch $\overline{ad''}$, $\overline{ab''}$, $\overline{ad'}$ und $\overline{ab'}$ ($= \overline{d'q}$); $a\overline{d''}$ und $\overline{ab''}$ verlaufen senkrecht zu $\overline{aq}$, können also weder allein noch zusammen irgend eine Bewegung in der Richtung $\overline{aq}$ geben, während $\overline{ad'}$ und $\overline{ab'}$ $(=\overline{d'q})$ zusammen nur Bewegungen in der Richtung $\overline{aq}$ darstellen.

Die gleichzeitigen gleichgerichteten Bewegungen $\overline{ad'}$ und $\overline{ab'}$ summieren sich. Da $\overline{ab'}=\overline{d'q}$, so ist $\overline{ad'}+\overline{ab'}=\overline{aq}$.

Die in der gleichen Geraden entgegengesetzt zueinander gerichteten, gleich großen und gleichzeitigen Bewegungen $\overline{ad''}$ und $\overline{ab''}$ aber können zusammen nur $=0$ sein.

Ebenso korrekt ist die schiefwinklige Zerlegung nach drei schräg zueinander stehenden Richtungen des Raumes nach dem Prinzip des Parallelepipedons.

6. Zerlegung der Geschwindigkeiten.

Die Geschwindigkeit einer effektiven Bewegung eines materiellen Punktes in einem bestimmten Augenblick ist der Weg (nach Größe und Richtung), der von dem Punkt bei gleichförmig fortgesetzter Bewegung in der Zeiteinheit zurückgelegt wird oder zurückgelegt werden müßte. Es ist klar, daß auch die Geschwindigkeit sich durch einen Vektor darstellen läßt, und daß resultierende oder effektive Geschwindigkeiten zerlegt werden können, nach dem Prinzip des Parallelogramms in der Ebene oder des Parallelepipedes im Raum, in Teilgeschwindigkeiten verschiedener Richtung oder der gleichen Richtung, — sowie daß umgekehrt eine Mehrzahl von verschiedenen Geschwindigkeiten verschiedener gleichzeitiger Bewegungen des Punktes, welche sich ebenfalls durch Vektoren darstellen lassen, zu einer einzigen resultierenden Geschwindigkeit vereinigt werden können.

7. Zerlegung der Beschleunigungen.

Endlich ist das Prinzip der Zerlegung und Vereinigung auch auf die Beschleunigungen anwendbar. Die effektive Beschleunigung eines materiellen Punktes während eines Augenblickes oder eines sehr kleinen Zeitraumes, in welchem die Beschleunigung konstant ist, ist nach Größe und Richtung gleich der Geschwindigkeit, welche zu der Anfangsgeschwindigkeit des Punktes (am Beginn des Zeitraumes t) hinzukommen müßte, wenn die im Zeitraum t stattfindende Geschwindigkeitsänderung in gleicher Weise während einer Zeiteinheit fortdauern würde.

Die Vorstellung der Hinzufügung von beliebigen Beschleunigungen zu andern gleichzeitig sich vollziehenden kann nach dem Obigen nicht mehr befremdlich sein. Jede Beschleunigung kann für sich als Bewegung behandelt, nach Größe und Richtung durch einen Vektor dargestellt und in Teilbeschleunigungen, z. B. nach zwei oder drei zueinander senkrecht stehenden Richtungen der Ebene resp. des Raumes (Koordinatenrichtungen) zerlegt werden. Jede Teilbeschleunigung stellt dabei den für die Zeiteinheit berechneten Zuwachs der

Teilgeschwindigkeit in der betreffenden Hauptrichtung dar. Die Teilbeschleunigungen können natürlich unter Umständen ein anderes Verhältnis zueinander haben als die Teilgeschwindigkeiten. In diesem Fall wird durch die hinzukommende Beschleunigung die Richtung der Bewegung geändert.

e) Analyse der fortgesetzten Bewegung.

1. Änderung der Lage in den Hauptrichtungen nach der Zeit.

Sind x, y und z die Koordinaten des materiellen Punktes in einem bestimmten Augenblick und ist t die seit einem bestimmten Zeitpunkt bis zu diesem Augenblick verflossene Zeit, so kann man die im Verlauf der Bewegung von Moment zu Moment geänderte verflossene Zeit t als unabhängige Variable betrachten, die Koordinaten des Punktes aber als abhängige Variabeln, deren Werte als Funktionen der Zeit irgendwie durch algebraische Gleichungen ganz allgemein angegeben werden können.

Nach Verlauf einer kleinen Zeit $\varDelta t$ sind diese Koordinaten abgeändert zu $x + \varDelta x$, $y + \varDelta y$, $z + \varDelta z$. Wählt man die Zeit $\varDelta t$ so klein, daß innerhalb derselben der materielle Punkt sich in gerader Linie bewegt und das Verhältnis zwischen den Änderungen von x, y und z dasselbe bleibt, so sind die Quotienten

$$\frac{\varDelta x}{\varDelta t}, \quad \frac{\varDelta y}{\varDelta t} \quad \text{und} \quad \frac{\varDelta z}{\varDelta t},$$

die wir nun als

$$\frac{dx}{dt}, \quad \frac{dy}{dt} \quad \text{und} \quad \frac{dz}{dt} = v_x, v_y, v_z$$

schreiben können, die Partialgeschwindigkeiten für den Zeitraum $\varDelta t$ resp. dt des Punktes.

2. Änderung der Geschwindigkeiten in den Hauptrichtungen nach der Zeit.

Für verschiedene Zeiten sollen diese Partialgeschwindigkeiten verschieden sein. Ihre Werte können dann selbst wieder als abhängig von dem Wert der verflossenen Zeit, als Funktionen von t aufgefaßt und als Ordinaten einer Kurve über der Zeit als Abszisse dargestellt werden. Einem bestimmten Zuwachs der Zeit $t = \varDelta t$ entspricht dann eine bestimmte Geschwindigkeitsänderung (Zuwachs von v_x, v_y und $v_z = \varDelta v_x$, $\varDelta v_y$, $\varDelta v_z$).

Wählt man den Zuwachs an Zeit wieder so klein, daß während desselben die Kurve der Geschwindigkeit geradlinig verläuft, so sind sie Quotienten

$$\frac{dv_x}{dt}, \quad \frac{dv_y}{dt} \quad \text{und} \quad \frac{dv_z}{dt}$$

die Werte der Beschleunigungen in dem betreffenden Zeitraum dt.

Setzt man in diese Ausdrücke die oben gefundenen Werte für v_x, v_y und v_z ein, so bekommt man

$$\frac{d \cdot (dx)}{(dt)^2}, \quad \frac{d \cdot (dy)}{(dt)^2} \quad \text{und} \quad \frac{d \cdot (dz)}{(dt)^2},$$

oder nach üblicher Schreibweise

$$\frac{d^2 x}{dt^2}, \quad \frac{d^2 y}{dt^2} \quad \text{und} \quad \frac{d^2 z}{dt^2},$$

wobei dx, dy und dz die Partialänderungen der Koordinaten des materiellen Punktes in dem betreffenden kleinen Zeitabschnitt darstellen. Die Geschwindigkeiten entsprechen demnach den ersten, die Beschleunigungen den zweiten Differentialquotienten der Funktionen, welche die Abhängigkeit der Raumkoordinaten des materiellen Punktes von der Zeit für jeden Augenblick der Bewegung ausdrücken.

Tragen wir auf der xx-Achse eines rechtwinkligen Koordinatensystems die verflossenen Zeiten als Abszissen, und über ihren Enden die Geschwindigkeiten als Ordinaten auf, so nähern sich die Änderungen der Geschwindigkeit dem Werte 0, wenn sich die Größe des betreffenden Zeitraumes dem Werte 0 nähert. Der Wert $\dfrac{\Delta v}{\Delta t}$ braucht sich dabei aber nicht dem Werte 0 zu nähern, sondern irgend einem endlichen Grenzwert. Die Beschleunigung kann also in jedem noch so kurzen Augenblick einen bestimmten Wert haben, der nicht $= 0$ zu sein braucht.

Dasselbe gilt für

$$\frac{\Delta x}{\Delta t}, \quad \frac{\Delta y}{\Delta t}, \quad \frac{\Delta z}{\Delta t}.$$

Die Werte Δx, Δy, Δz nähern sich mit der Verkleinerung von Δt den Werten 0, während die Geschwindigkeiten

$$\frac{dx}{dt}, \quad \frac{dy}{dt}, \quad \frac{dz}{dt}$$

in irgend einem noch so kleinen Augenblick einen bestimmten von 0 verschiedenen Wert haben können und nur in besonderen Fällen den Wert 0 annehmen.

3. Verhalten der Wege.

Die Geschwindigkeitskurve für die gleichförmige, nicht beschleunigte und nicht verzögerte Bewegung in einer bestimmten Richtung ist geradlinig. Bei irgendwie beschaffener Geschwindigkeitskurve der kontinuierlichen Bewegung eines und desselben materiellen Punktes aber können wir die ins Auge gefaßten Zeiträume so kurz wählen, daß wenigstens das betreffende Stück der Geschwindigkeitskurve geradlinig ist.

In Fig. 9 sei eine Geschwindigkeitskurve über dem Abszissenstück on mit $o''n''$ dargestellt. Das betreffende Abszissenstück entspreche der Zeit T.

Die Anfangsgeschwindigkeit im Zeitpunkt o sei $= v$. Vermöge derselben bewegt sich das materielle Teilchen im darauffolgenden kleinen Zeitabschnitt

$$dt = oa = \frac{T}{n}$$

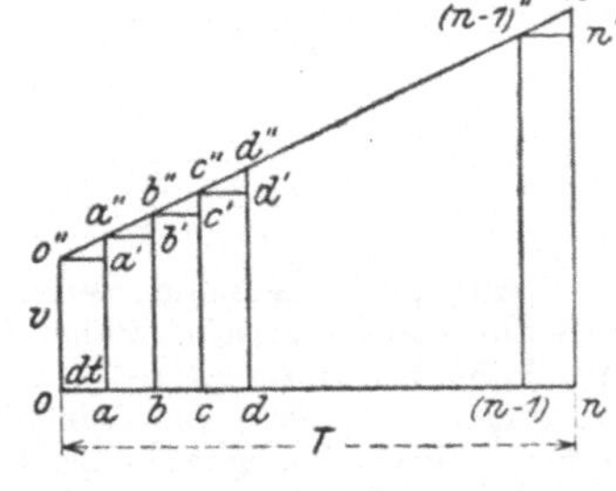

Fig. 9.

über eine Wegstrecke $v \cdot dt$, welche durch das Rechteck $oo''a'ao$ dargestellt wird.

Nehmen wir nun an, daß der in diesem Zeitraum vorhandene Zuwachs an Geschwindigkeit $a'a''$ erst im Augenblick a momentan, in seinem ganzen Betrag hinzukomme, so bewegt sich vermöge der nun erlangten Geschwindigkeit $v + a'a'' = aa''$ der Punkt im folgenden Zeitteilchen über eine Wegstrecke $aa'' \cdot dt$, dargestellt durch das Rechteck $aa''b'ba$ usw.

Der in der Zeit T zurückgelegte Weg wird dargestellt durch die Rechtecke

$$oo''a'ao, \quad aa''b'ba, \quad bb''c'cb, \quad \ldots \quad (n-1)(n-1)''n'n(n-1).$$

Je größer wir nun die Zahl n und je kleiner wir die Zeitteilchen dt nehmen, desto weniger verschieden ist die Geschwindigkeitskurve

$$o\,a'\,a''\,b'\,b''\,c'\,c'' \, \ldots \, (n-1)''\,n'\,n''$$

von der wirklichen Kurve der Geschwindigkeit

$$o''\,a''\,b''\,c'' \, \ldots \, (n-1)''\,n'',$$

bis schließlich bei völlig stetiger Beschleunigung beide Linien völlig zusammenfallen. Dann entspricht der **Flächenraum**, der zwischen dem Abschnitt $o''n''$ der Geschwindigkeitskurve und dem zugehörigen Stück der Abszisse liegt, dem in der entsprechenden Zeit vom materiellen Punkt zurückgelegten Weg. Ist v ganz allgemein die Geschwindigkeit in den aufeinanderfolgenden Zeitteilchen $dt, dt_2 \ldots dt_n$, so ist der Inhalt des betreffenden

$$\text{Flächenstückes} = \sum_{v\,=\,o\,o''}^{v\,=\,o\,n''} v \cdot dt.$$

Diese Ableitung gilt ganz allgemein für beliebig sich ändernde Beschleunigungen und ein beliebig gekrümmtes Kurvenstück $o''n''$.

Die Wegstrecke W ist gleich dem **Produkt aus der Zeit und der mittleren auf gleiche Zeiträume berechneten Geschwindigkeit**.

Bei **gleichförmiger Beschleunigung** φ im Sinne der Anfangsgeschwindigkeit v ist die Endgeschwindigkeit $nn'' = v_n = v + \varphi \cdot T$.

Die Kurve der Geschwindigkeiten verläuft dann geradlinig und die zurückgelegte Wegstrecke ist gleich dem Flächeninhalt des Trapezes $onn''o''o$, nämlich

$$W = T \cdot \frac{v_n + v}{2}.$$

Es ist dann auch

$$W = T \left(\frac{2\,v + \varphi\,T}{2} \right) = v\,T + \frac{\varphi\,T^2}{2}$$

und für

$$v = o \ \text{ist} \ W = \frac{\varphi\,T^2}{2} = \frac{\varphi}{2} \cdot T^2.$$

Bei umgekehrt wie v gerichteter gleichförmiger Beschleunigung (absteigender Geschwindigkeitskurve) ist

$$W = \frac{v + v_n}{2}\,T = \frac{v + v - \varphi\,T}{2}\,T$$

$$W = v\,T - \frac{\varphi}{2}\,T^2 \ \text{ und für } \ v = o \ \text{ist} \ W = -\frac{\varphi}{2}\,T^2.$$

Mit den Auseinandersetzungen dieses Kapitels soll nur angedeutet sein, daß die mathematische Behandlung der Bewegung des materiellen Punktes mit Hilfe der Differential- und dann auch der Integralrechnung möglich ist und tatsächlich auch von den Mathematikern in der gründlichsten Weise durchgeführt wird. Bezüglich alles Genaueren muß auf die Lehrbücher der Differential- und Integralrechnung und auf die speziellen Lehrbücher der Mechanik verwiesen werden.

B. Die Wirkung der Kräfte am materiellen Punkt.

a) Definitionen.

Jede Änderung der Bewegung eines materiellen Punktes (Bewegung o als Spezialfall der Bewegung mit inbegriffen) **durch Hinzufügung irgendwie gerichteter Bewegung von irgendwelchem Betrag**

(Änderung der Geschwindigkeit oder einzelner Komponenten derselben im Sinne einer Beschleunigung oder Verzögerung) ist abhängig von äußeren Umständen.

Die Beschleunigung stellt eine Wirkung dieser Umstände dar. Die Gesamtheit dieser Umstände, das Bewirkende bezeichnen wir als **Kraft.** Sie ist die Ursache der Einwirkung, der Beschleunigung. Wie man sich gegen eine derartige Ausdrucksweise auflehnen und behaupten kann, daß man in der Mechanik ohne die Begriffe Ursache und Wirkung auskommt, ist unverständlich.

Jede Beschleunigung stellt die Wirkung einer Kraft dar oder, insofern die Beschleunigung aus verschiedenen Teilbewegungen zusammengesetzt ist, die Wirkung verschiedener Teilkräfte. Die Kraft, ebenso wie die Beschleunigung, ist nach Größe und Richtung durch einen Vektor darstellbar. Für den gleichen materiellen Punkt entspricht offenbar die Richtung der Kraft der Richtung der Beschleunigung (Grundvorstellung) und die Größe oder Intensität der Kraft ist der Größe der von ihr bewirkten Beschleunigung proportional (siehe unten). Dem entsprechend ist für verschiedene Kräfte das Verhältnis der Kraftvektoren zueinander nach Größe und Richtung dasselbe, wie das Verhältnis der Vektoren der Beschleunigung, welche diese Kräfte dem gleichen materiellen Punkt zu erteilen vermögen.

b) Zerlegung und Vereinigung von Kräften.

Für die Zerlegung und Vereinigung von Kräften, welche auf den materiellen Punkt einwirken, gelten naturgemäß alle Vorstellungen, welche bezüglich der Zerlegung von Beschleunigungen in mehrere gleichzeitig stattfindende Beschleunigungen und bezüglich der Vereinigung gleichzeitiger Teilbeschleunigungen zu resultierenden Beschleunigungen entwickelt worden sind (Lehre vom Parallelogramm und Parallelepipedon der Kräfte usw.).

Wirken auf einen materiellen Punkt mehrere Kräfte ein, so ergibt sich im allgemeinen eine resultierende Kraft und eine resultierende Beschleunigung. Es kann eine solche resultierende Kraft, wenn wir von ihrer Richtung absehen, jeden positiven Wert und auch unter Umständen den Wert 0 haben. In diesem Fall halten sich die Kräfte das Gleichgewicht. Ihre beschleunigenden Einwirkungen heben sich gegenseitig auf. Sind alle Kräfte berücksichtigt, welche auf einen materiellen Punkt wirken, so kann die resultierende Beschleunigung als die an diesem Punkt vorhandene effektive Beschleunigung, die betreffende resultierend einwirkende Kraft als die effektive Kraft bezeichnet werden. Aus dem Vorstehenden ergibt sich, daß zwar jede Beschleunigung eine Kraftwirkung darstellt, aber nicht umgekehrt jede Krafteinwirkung effektive Beschleunigung hervorruft, indem die Möglichkeit vorliegt, daß mehrere gleichzeitig wirkende Kräfte vorhanden sind, deren beschleunigende Wirkungen zusammen $= 0$ sind.

c) Bemessung der Kraftgröße. Begriff der Masse.

Die Größe der Krafteinwirkung im einzelnen Augenblick oder die Intensität der Kraft wird bemessen:

a) nach der Größe der von dieser Kraft allein dem materiellen Punkt erteilten Beschleunigung.

Aus dem Früheren ist ersichtlich, daß gleichzeitige Beschleunigungen gleicher Richtung sich einfach summieren. Die Beschleunigung m entspricht also m gleichgerichteten Beschleunigungen der Größe 1, und eine die Beschleunigung m hervorrufende Kraft ist offenbar m mal so groß als die Kraft, welche die Beschleunigung 1 am gleichen materiellen Punkte bewirkt, da man sich dieselbe als aus m entsprechenden Teilkräften zusammengesetzt denken kann. Es entspricht dies den Grundprinzipien der Messung.

b) nach der Menge des Beschleunigten, soweit dieselbe überhaupt meßbar und vergleichbar ist.

Wenn überhaupt ein bestimmter materieller Punkt eine bestimmte Menge eines bestimmten Stoffes oder bestimmte Mengen verschiedener Stoffe enthält, und eine bestimmte Beschleunigung dieses Punktes eine bestimmte Kraftwirkung darstellt, so stellt eine gleiche Beschleunigung von 2, 3 ... oder n Punkten von genau gleicher Beschaffenheit offenbar eine 2, 3 ... oder n mal so große Wirkung dar. Es handelt sich dann um die gleiche Beschleunigung einer 2, 3 ... oder n fachen Menge der gleichen Materie; auch dies entspricht den Grundprinzipien der Messung.

Bei übereinstimmender Substanzausfüllung aller Raumteile der räumlich begrenzten materiellen „Punkte" müßte offenbar die Menge des mit jedem materiellen Punkte zu Bewegenden den Volumina der materiellen Punkte proportional sein. Es wären dann auch bei gleicher Beschleunigung die bewirkenden Kräfte diesen Volumina proportional.

Die in einem gleichgroßen Raumteilchen vorhandene Materie kann nun aber sehr verschieden sein je nach der chemischen Beschaffenheit, und bei gleicher Beschaffenheit kann die Dichte verschieden sein, was wir uns als eine dichtere oder weniger dichte Zusammenordnung noch kleinerer gleichwertiger Unterbestandteile vorzustellen pflegen. Es würden danach verschieden große Volumina gleicher Substanz bei verschiedener Dichte die gleiche Stoffmenge enthalten können; eine gleich große Beschleunigung würde einer gleichen Kraftwirkung entsprechen. Was aber die chemische Verschiedenheit der Stoffe betrifft, so lassen die Erfahrungen der Chemie die Vorstellung zu, daß in den zusammengesetzten chemischen Stoffen die Mengen der zu ihrer Zusammensetzung verwendeten Stoffe unverändert vertreten sind, ja, daß vielleicht in den verschiedenen chemischen Grundstoffen eine und dieselbe Grundmaterie vorhanden ist. Es würden dann die materiellen Punkte trotz der verschiedenartigsten stofflichen Zusammensetzung hinsichtlich der in ihnen enthaltenen Materienmenge direkt vergleichbar sein. Aber auch, wenn wir einstweilen von dieser Vorstellung Umgang nehmen, muß es **untereinander vergleichbare Mengen der verschiedenen chemischen Stoffe geben, deren Beschleunigung um die gleiche Größe die gleiche Kraftwirkung darstellt.** Nur wird man dann einstweilen nicht sagen dürfen, daß diese untereinander vergleichbaren Mengen der verschiedenen Stoffe überhaupt die gleiche Menge von Materie darstellen, sondern **man wird das, was als vergleichbares Maß des zu Bewegenden dient,** mit einem besonderen Ausdruck bezeichnen müssen: man nennt es gleiche **Masse.**

Als Einheit der Masse wird diejenige, für die verschiedenen Stoffe verschieden große Stoffmenge zu bezeichnen sein, welche durch eine bestimmte Kraft von der Intensität 1 (Einheit der Kraftgröße) die Beschleunigung 1 erfährt.

Es kann eine bestimmte Gewichtsmenge eines bestimmten Stoffes (unter bestimmten Umständen gemessen) als Einheit der Masse festgesetzt werden oder bei bestimmter Dichte des Stoffes ein bestimmtes Volum desselben. Es ist das zunächst rein willkürlich. Mit Hilfe der Wage aber lassen sich nach diesem Einheitsmaß die Stoffmengen (Volumina, Gewichte) der übrigen Substanzen bestimmen, welche in gleicher Weise die Masse 1 haben. Aus dem Umstand, daß verschiedene Mengen des gleichen Stoffes und beliebige Mengen verschiedener Stoffe unter gleichen Bedingungen im luftleeren Raum durch die Schwerkraft die gleiche Beschleunigung erhalten, läßt sich nämlich der Schluß ziehen, daß die Einwirkung der Schwerkraft auf die verschiedenen Körper oder das Gewicht derselben ihrer Masse proportional ist. Gleiche Gewichte auf der Wage bedeuten also gleiche Massen. Hierbei ist allerdings zu bemerken, daß die Theorie der Wage nur verständlich ist, wenn wir die Grundannahme machen, daß die Aktion einer Kraft gleich ist ihrer Reaktion (s. unten). Entsprechend der gewählten Einheit der Masse und der Beschleunigung wird natürlich auch umgekehrt das Einheitsmaß der Kraft bestimmt werden können.

Die Wirkung einer Kraft K auf einen materiellen Punkt bemißt sich also nach dem Angeführten aus der Masse μ des materiellen Punktes und aus der Größe der ihm in jedem Augenblick erteilten Beschleunigung

$$K = \mu \cdot \varphi,$$

und zwar handelt es sich dabei im allgemeinen um die **Intensität oder Größe der Kraftwirkung** in einem bestimmten Zeitpunkt. Das Verhältnis verschiedener Kräfte, die an verschiedenen Punkten wirken, und die wir mit

$$K_1 = \mu_1 \varphi_1, \qquad K_2 = \mu_2 \varphi_2,$$
$$K_3 = \mu_3 \varphi_3 \cdots, \quad K_n = \mu_n \varphi_n$$

bezeichnen können, zu einander bleibt, wie leicht ersichtlich, dasselbe, welche Größen wir auch (natürlich in allen Fällen übereinstimmend) als Einheit der Masse und als Einheit der Beschleunigung gewählt haben.

d) Kraftwirkungen zwischen materiellen Punkten.

Für die Kraftwirkungen zwischen verschiedenen materiellen Punkten gelten folgende Grundannahmen[1]):

1. Jede beschleunigende Einwirkung auf einen materiellen Punkt steht in Beziehung zu („geht aus von") anderen materiellen Punkten. Ihre Größe ist abhängig unter anderem von der Entfernung der beiden Punkte voneinander.

2. Die Einwirkung ist eine gegenseitige; wie vom Punkt a eine Einwirkung stattfindet auf den Punkt b, so umgekehrt eine Einwirkung von Punkt b auf Punkt a.

3. Die Wirkung, die von einem materiellen Punkt aus auf einen zweiten ausgeübt wird, vollzieht sich in der geraden Verbindungslinie der beiden Punkte.

4. Die Einwirkung vom ersten auf den zweiten Punkt ist umgekehrt gerichtet, wie die Einwirkung vom zweiten Punkt auf den ersten. (Gegenseitige Anziehung oder Abstoßung der Punkte.)

5. Die Kraft, mit welcher ein erster materieller Punkt auf einen zweiten einwirkt, ist absolut gleich der Kraft, mit welcher der zweite auf den ersten wirkt. (Die Aktion ist gleich der Reaktion.)

$$\mu_1\varphi_1 = \mu_2\varphi_2, \qquad \mu_1\chi_1 = \mu_3\chi_3, \qquad \mu_2\psi_2 = \mu_3\psi_3;$$

daraus folgt ·

$$\frac{\varphi_1}{\varphi_2} = \frac{\mu_2}{\mu_1}, \qquad \frac{\chi_1}{\chi_3} = \frac{\mu_3}{\mu_1}, \qquad \frac{\psi_2}{\psi_3} = \frac{\mu_3}{\mu_2}.$$

Mit materiellen Punkten läßt sich nicht experimentieren; sonst könnte man aus der Beobachtung der Beschleunigungen, welche ein erster und ein zweiter Punkt oder ein erster und ein dritter Punkt aufeinander hervorbringen, die Verhältnisse $\frac{\mu_1}{\mu_2}$ und $\frac{\mu_1}{\mu_3}$ berechnen und durch Division des zweiten dieser Ausdrücke durch den ersten den Wert $\frac{\mu_2}{\mu_3}$ finden. Andererseits würde sich $\frac{\mu_2}{\mu_3}$ berechnen lassen aus Beobachtungen über die Beschleunigungen, welche der zweite und der dritte Punkt aufeinander hervorbringen. Die Übereinstimmung des auf verschiedenem Wege Gefundenen wäre eine Bestätigung der Richtigkeit der Voraussetzungen.

Aber auf Grund der fünf oben angeführten Grundannahmen

---

[1]) Das auf Grund derselben Gefolgerte wird stetsfort durch die Beobachtung bestätigt; einen anderen, etwa rein theoretischen Beweis für diese Annahmen haben wir nicht.

über die Kraftwirkungen zwischen materiellen Punkten lassen sich die Gesetze der Kraftwirkung zwischen ganzen Systemen verbundener materieller Punkte entwickeln. Es ergibt sich die Lehre vom Massenmittelpunkt und vom Ersatz der auf die einzelnen materiellen Punkte wirkenden Kräfte durch Kräfte, welche am Massenmittelpunkt, an der dort konzentriert gedachten Masse angreifen. Und mit ausgedehnten starren Körpern und Zentrikräften lassen sich nun Versuche machen.

Auch hier gilt

$$M_1 \varphi_1 = M_2 \varphi_2 \qquad\qquad M_1 \chi_1 = M_3 \chi_3$$

$$\frac{M_1}{M_2} = \frac{\varphi_2}{\varphi_1} \qquad\qquad\quad \frac{M_1}{M_3} = \frac{\chi_3}{\chi_1}.$$

Durch das Experiment werden die Größen $\dfrac{\varphi_2}{\varphi_1}$ und $\dfrac{\chi_3}{\chi_1}$ bestimmt; durch Rechnung erhält man $\dfrac{M_2}{M_3}$.

Andererseits läßt sich dieser Wert auch durch experimentelle Ermittlung der Beschleunigungen ψ_2 und ψ_3, welche die Massen M_3 und M_2 aufeinander ausüben (wobei $M_2 \psi_2 = M_3 \psi_3$), direkt finden.

Die Übereinstimmung des auf doppeltem Wege Gefundenen läßt den Schluß zu, daß auch die ganze Reihe der Grundannahmen über die Kraftwirkung zwischen materiellen Punkten richtig ist.

Nach Mach wäre der Massenbegriff viel einfacher zu entwickeln, als dies hier geschehen ist, einfach in Form einer Definition auf Grund der Erfahrung, daß Körper aufeinander einwirken und sich je nach den Umständen gleiche oder ungleiche Beschleunigungen erteilen. Gemäß Definition und Vereinbarung wäre das Massenverhältnis der beiden Körper der reziproke Wert des Verhältnisses ihrer Beschleunigungen

$$\frac{M}{M_1} = \frac{\varphi_1}{\varphi}.$$

Dem mehr beschleunigten Körper entspricht die kleinere Masse und umgekehrt.

Eine zweite Definition besagt dann, daß als Kraft das Produkt aus der Masse in ihre Beschleunigung zu betrachten ist. Es folgt daraus, daß die Kräfte, welche zwischen den beiden Körpern wirken, einander gleich sind, da

$$M \varphi = M_1 \varphi_1.$$

Die anscheinende Klarheit und Einfachheit dieser Ableitung ist eine trügerische. Sie sagt gar nichts über die Bedeutung des Faktors der Masse; wir erfahren nichts davon, daß es sich hier um einen der bewegten Substanz innewohnenden, unveränderlichen Faktor handelt. Die Möglichkeit liegt vor, daß dieses willkürlich definierte M für den gleichen materiellen Punkt bei jeder neuen Krafteinwirkung von einem neuen Punkt her einen anderen Wert bekommt. Die gleiche Definition ließe sich ja auch vornehmen, wenn z. B. die Kräfte, welche zwischen zwei genau gleichbeschaffenen materiellen Punkten wirken, dem einen materiellen Punkte eine n mal größere Beschleunigung erteilen würden, als dem anderen, oder wenn zwei ganz ungleich große, aber aus gleicher Substanz bestehende materielle Teilchen durch die zwischen ihnen wirkenden Kräfte die gleiche Beschleunigung erfahren würden. Die Machsche Definition hat eben zunächst nicht das geringste zu tun mit der Vorstellung, daß die Masse die Quantität des Bewegten bedeutet und zusammen mit der Größe der Beschleunigung ein Maß für die Größe der Krafteinwirkung ist.

Natürlich folgt aus $\dfrac{M}{M_1} = \dfrac{\varphi_1}{\varphi}$, daß $M\varphi = M_1\varphi_1$. Durch bloße Definition werden nachträglich $M\varphi$ und $M_1\varphi_1$ den zwischen den zwei Massen wirkenden Kräften gleichgesetzt und dann gefolgert, daß die Kräfte einander gleich sind. Dadurch umgeht Mach die uns unentbehrlich scheinende Grundannahme von der Art der Bemessung der Kraft und von der Gleichheit der Aktion und Reaktion. Dafür ist aber auch sein M ein bloßer Rechnungsfaktor, der aus der angenommenen Tatsache der Verschiedenheit der Beschleunigung hervorgeht, die von allem anderen abhängen könnte, als von der bewegten Substanz, und seine „Kraft" ist etwas, was zwar in der Größe nach durch die Beschleunigung als den einen Faktor bestimmt wird, aber außerdem durch einen zweiten Faktor, der mit der bewegten Substanz nicht das geringste zu tun zu haben braucht.

e) Bewegungsmenge, lebendige Kraft und Arbeit.

Unter der **Bewegungsmenge** eines materiellen Punktes verstehen wir das Produkt aus seiner Masse und seiner Geschwindigkeit.

Bei gleichförmiger Beschleunigung φ eines materiellen Punktes (durch eine einzige, gleichbleibende Krafteinwirkung K) ist (laut Seite 16) der Weg

$$w = t \cdot \frac{v_1 + v_2}{2} = v_1 t \pm \frac{\varphi}{2} \cdot t^2.$$

Bei größerer Anfangsgeschwindigkeit v_1 wird natürlich der gleiche Weg in der Richtung der Kraft oder entgegen derselben rascher zurückgelegt; der Zuwachs oder die Einbuße an Geschwindigkeit ist kleiner und ebenso der Zuwachs oder die Einbuße an Bewegungsmenge.

Es gibt aber eine bestimmte Funktion der Geschwindigkeit, $f(v) = v \cdot \dfrac{v}{2}$ und eine entsprechende Funktion der Bewegungsmenge, $f(Mv) = Mv \cdot \dfrac{v}{2}$, deren Zuwüchse oder Einbußen für dieselbe Masse und Kraft bei gleichbleibendem w unverändert bleiben, trotz verschiedener Anfangsgeschwindigkeit und abhängig davon veränderter Zeit. Die betreffende Funktion $f(Mv) = (Mv)\dfrac{v}{2} = \dfrac{Mv^2}{2}$, nennen wir die **lebendige Kraft** für den betreffenden Augenblick der Bewegung.

Ist v_1 die Geschwindigkeit in einem ersten,

v_2 die Geschwindigkeit in einem zweiten späteren Zeitraum, so ist ferner $v_2 = v_1 \pm \varphi \cdot t$, je nachdem Anfangsgeschwindigkeit und Beschleunigung gleich oder entgegengesetzt gerichtet sind.

$$v_2{}^2 = v_1{}^2 \pm 2 v_1 \varphi t + \varphi^2 t^2,$$

$$v_2{}^2 - v_1{}^2 = \pm\, 2\,v_1\,\varphi \cdot t + \varphi^2\,t^2 = \pm\, 2\,\varphi \left(v_1\,t \pm \frac{\varphi\,t^2}{2} \right) = \pm\, 2\,\varphi \cdot w \,,$$

$$\frac{M \cdot v_2{}^2}{2} - \frac{M v_1{}^2}{2} = \pm\, M\,\varphi \cdot w = \pm\, K \cdot w.$$

$\pm\, K \cdot w$ in dieser Gleichung ist hinsichtlich des doppelten Zeichens so zu deuten, daß bei gleichem Sinn der Einwirkung der Kraft K mit der Richtung der Anfangsgeschwindigkeit die Kraft K positiv zu nehmen ist, ebenso wie ihre Beschleunigung φ. Ist aber die Kraft K entgegengesetzt gerichtet der Anfangsgeschwindigkeit, so ist ihr Zeichen ebenso wie dasjenige ihrer Beschleunigung negativ.

Nun bezeichnen wir das Produkt aus dem von irgend einer Masse in der Richtung und stets im Sinn der Einwirkung dieser Kraft zurückgelegten Wege und der Kraft selbst als die von der Kraft K an der Masse M geleistete positive **Arbeit**.

Obige Gleichung

$$\frac{M \cdot v_2{}^2}{2} - \frac{M v_1{}^2}{2} = \pm\, K \cdot w$$

ist die Grundgleichung für die Beziehung zwischen der Arbeitsleistung einer Kraft an einer Masse und der Veränderung, welche die lebendige Kraft der Masse bei dieser Arbeitsleistung und durch dieselbe erfährt. In ihr vor allem offenbart sich das Prinzip von der Erhaltung der Energie, wie im Schlußabschnitt dieses Kapitels noch näher gezeigt werden soll.

Die Kraft leistet positive Arbeit, solange die Bewegung im Sinne der Krafteinwirkung geschieht. Geschieht aber die Bewegung über die Wegstrecke w in einem der Kraftwirkung entgegengesetzten Sinn, hat also w (welche Größe ja nicht bloß als lineare Strecke, sondern als eine Strecke bestimmt gerichteter Verschiebung gedacht ist) entgegengesetztes Zeichen wie K, so ist die dabei von der Kraft an der Masse geleistete Arbeit negativ.

Man kann auch sagen, daß in diesem Fall nicht die Kraft an der bewegten Masse, sondern die bewegte Masse gegenüber der Kraft Arbeit leistet. (Siehe unten.)

Danach ist nun obige Grundgleichung zwischen der Arbeitsleistung einer Kraft an einer Masse und der Änderung der lebendigen Kraft der letzteren folgendermaßen zu interpretieren.

1. Für den Fall, daß v_1, v_2, φ, K und w gleiche Richtung haben und daß also an und für sich alle diese Größen gleichzeitig positiv genommen werden können, ist

$$\frac{M\,v_2{}^2}{2} - \frac{M\,v_1{}^2}{2} = +\, M\,\varphi \cdot w = +\, K \cdot w.$$

Die Arbeit, welche von einer Kraft an einer in ihrer Richtung und in ihrem Sinn über die Wegstrecke w bewegten Masse geleistet wird, ist positiv und gleich dem Zuwachs, welchen die lebendige Kraft der Masse erfährt. Die Arbeitsleistung besteht in der Vermehrung der lebendigen Kraft.

2. Für den Fall, daß v_1 und K entgegengesetzte Richtung haben, geschieht die Bewegung solange in der Richtung von v_1, als v_2 gleich gerichteten reellen Wert hat.

φ und K haben entgegengesetztes Zeichen wie v_1, v_2 und w;

$$\frac{M v_2{}^2}{2} - \frac{M v_1{}^2}{2} = - M \varphi \cdot w = - K w.$$

Da hier $v_2 = v_1 - \varphi t$, also $v_1 > v_2$, so ist die linke Seite der Gleichung < 0. Es handelt sich also nicht um einen Zuwachs, sondern um eine Abnahme der lebendigen Kraft. Die von der Kraft an der Masse geleistete Arbeit ist negativ; sie besteht nicht in einer Vermehrung sondern in einer Verminderung der lebendigen Kraft der Masse M, oder mit anderen Worten: indem sich die Masse M entgegen der Richtung der Kraft K bewegt, erfährt sie eine Einbuße an lebendiger Kraft; sie leistet dieser Einbuße entsprechend Arbeit gegenüber der Kraft K.

3. Dies gilt auch noch für den Grenzfall, daß $v_2 = 0$; es ist dann $M \frac{v_2{}^2}{2} = 0$, und die Arbeitsgleichung wird zu $- M \frac{v_1{}^2}{2} = - K w$. Der Zuwachs an lebendiger Kraft der Masse M ist der lebendigen Kraft im Anfang der Bewegung absolut gleich; er ist aber kleiner als 0 oder negativ; es handelt sich um eine Einbuße an lebendiger Kraft.

Nach der Formel $\frac{M v_1{}^2}{2} = K w$ berechnen wir z. B. die Steighöhe w, bis zu welcher ein Körper, auf welchem die Schwerkraft mit der Größe K (= dem Gewicht des Körpers) nach unten wirkt, im luftleeren Raum vertikal aufzusteigen vermöchte infolge einer Anfangsgeschwindigkeit v_1. Man muß dabei noch die Beschleunigung g der Schwerkraft kennen, indem $M \cdot g = K$ und $M = \frac{K}{g}$.

4. Wirkt nach Annullierung der Anfangsgeschwindigkeit v_1 die Kraft K noch weiter ein, so ändert sich die Richtung der Bewegung. Das von jetzt an zurückgelegte zweite Stück des Weges W ist gleichgerichtet wie die Kraft K. Für dasselbe gilt die Formel:
$$\frac{M v_3{}^2}{2} - \frac{M v_2{}^2}{2} = M \varphi \cdot W = K W,$$ wobei v_2 und $\frac{M v_2{}^2}{2} = 0$; es ist also $\frac{M v_3{}^2}{2} = K W.$ Die Kraft leistet hierbei positive Arbeit in ihrer Richtung, entsprechend einem Zuwachs der gleich wie sie gerichteten Geschwindigkeit und also auch der lebendigen Kraft der Masse.

Die gesamte Arbeitsleistung der Kraft K während der Bewegung der Masse über die beiden Wegstrecken ist also $K (W - w) =$

$K \cdot h$, wobei h die resultierende Verschiebung der Masse bedeutet. Der Gesamtzuwachs der lebendigen Kraft der Masse ist gleich

$$\frac{M \cdot v_3{}^2}{2} - \frac{M \cdot v_1{}^2}{2}.$$

Nach dem Vorausgehenden ist aber

$$\frac{M \cdot v_3{}^2}{2} - \frac{M \cdot v_1{}^2}{2} = K\,(W - w) = K \cdot h.$$

f) Änderung der lebendigen Kraft und Verhalten der Arbeitsleistung bei der gleichzeitigen Einwirkung mehrerer Kräfte.

Für den Fall, daß eine Masse mit irgend einer Anfangsgeschwindigkeit behaftet ist und sich in deren Richtung unter dem Einfluß zweier oder mehrerer konstanter Kräfte stetig weiter bewegt, ist die von der Resultierenden der Kräfte in ihrer Richtung an der Masse geleistete Arbeit gleich der Summe der Einzelarbeiten, welche von den Einzelkräften mit ihren in die Richtung der Bewegung entfallenden Komponenten in der Richtung der Bewegung geleistet werden. Sie ist aber auch gleich der algebraischen Summe der Arbeiten, welche von den Einzelkräften in ihrer eigenen Richtung bei Bewegung der Masse über die entsprechenden rechtwinkligen Komponenten des Weges geleistet würden. Dies gilt natürlich auch und soll hier bewiesen werden für:

$\alpha\alpha$) Zwei verschieden gerichtete Kräfte, deren Kraftlinien zusammen einen rechten Winkel bilden. Die Kraft K sei die Resultierende zweier Teilkräfte $K \cdot \cos \alpha$ und $K \cdot \sin \alpha$. Man kann dann auch die Zurücklegung des Weges auffassen als Zurücklegung des Weges $w \cdot \sin \alpha$ und $w \cdot \cos \alpha$ in der Richtung dieser Teilkräfte, — und die Anfangsgeschwindigkeit v_1 als Resultierende der Geschwindigkeiten $v_1 \sin \alpha$ und $v_1 \cos \alpha$, die Endgeschwindigkeit v_2 aber als Resultierende der Geschwindigkeiten $v_2 \sin \alpha$ und $v_2 \cos \alpha$ in der Richtung dieser Teilkräfte.

In der Richtung der einen Teilkraft haben wir also zu Anfang der Bewegung eine lebendige Kraft $= \dfrac{M \cdot v_1{}^2 \cos^2 \alpha}{2}$ und zu Ende eine solche $= \dfrac{M \cdot v_2{}^2 \cos^2 \alpha}{2}$. Es fragt sich nun, ob die Beziehung zwischen lebendiger Kraft und Arbeit auch für die Komponente $K \cdot \cos \alpha$ und für die Bewegung in der Richtung und Strecke $w \cdot \cos \alpha$ gilt; es müßte dann

$$\frac{M \cdot v_2{}^2 \cos^2 \alpha}{2} - \frac{M v_1{}^2 \cdot \cos^2 \alpha}{2} = K \cdot \cos \alpha \cdot w \cdot \cos \alpha \text{ sein.}$$

Dies ist in der Tat der Fall, da man für die Bewegung über w (aq der Figur 10) in der Richtung der Kraft K die Gleichung hat

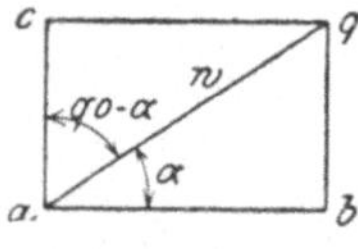

Fig. 10.

$$M \cdot \frac{v_2{}^2}{2} - M \cdot \frac{v_1{}^2}{2} = Kw,$$

und dieselbe nur mit $\cos^2 a$ zu multiplizieren braucht, um obigen Ausdruck zu bekommen. Das gleiche läßt sich für die andere Teilkraft und die Bewegung in ihrer Richtung zeigen.

Die Beziehung zwischen Arbeit und Änderung der lebendigen Kraft gilt also auch für **Komponenten der Kraft und die in ihren Richtungen stattfindenden Bewegungen.**

$\beta\beta$) Noch viel einfacher ist der Beweis für die Richtigkeit des Satzes für den Fall, **wo mehrere Kräfte gleicher Richtung,** z. B. k_1, k_2 und k_3 **zusammen die Resultierende K geben.**

Unter dem Einfluß von k_1 allein und der Anfangsgeschwindigkeit v_1 wird die Strecke w natürlich langsamer durchmessen, die Endgeschwindigkeit v_2 wird eine andere sein; aber die Änderung der lebendigen Kraft

$$L_2 - L_1 = M \frac{v_2{}^2}{2} - M \frac{v_1{}^2}{2} \text{ ist } = k_1 \cdot w.$$

Ebenso hat

$$L_2 - L_1 \text{ bei } k_2 \text{ den Wert } k_2 \cdot w$$
$$\text{und bei } k_3 \text{ den Wert } k_3 \cdot w$$

Summiert man die drei Gleichungen, so ergibt sich für die Summe der drei Werte für $L_2 - L_1$ der Wert $k_1 \cdot w + k_2 \cdot w + k_3 \cdot w = K \cdot w$, da $k_1 + k_2 + k_3 = K$.

Es ist leicht zu zeigen, daß solches auch gilt, wenn die eine oder andere der Komponenten umgekehrt gerichtet ist.

$\gamma\gamma$) **Handelt es sich um zwei gegeneinander wirkende Kräfte P und K,** so ist $L_2 - L_1 = Pw - Kw$, wobei P in der Richtung der Anfangsbewegung, entgegengesetzt zu K wirkt. Es ist dann aber $Pw = (L_2 - L_1) + Kw$ und $-K \cdot w = (L_2 - L_1) - P \cdot w$. Mit andern Worten: **Die Arbeitsleistung** ($P \cdot w$ resp. $- K \cdot w$) **der einzelnen Kraft ist gleich der Änderung der lebendigen Kraft** ($L_2 - L_1$) **plus der gegenüber der andern Kraft geleisteten Arbeit** ($K \cdot w$ resp. $- P \cdot w$).

Man muß also bei der positiven Arbeit, welche von einer Kraft geleistet wird, im allgemeinen unterscheiden zwischen einem Teil, der für sich allein die tatsächliche Änderung der lebendigen Kraft herbeiführen würde und positiv, negativ oder gleich 0 sein kann, und einem zweiten Teil, der zur Arbeitsleistung gegenüber einer zweiten, entgegengesetzten Kraft (Bewegung der Masse ihr entgegen ohne Verminderung ihrer lebendigen Kraft) verwendet wird.

Und bei der negativen Arbeit der zweiten Kraft, muß man

unterscheiden zwischen demjenigen Anteil, welcher bei alleiniger Wirksamkeit dieser Kraft notwendig wäre, um die tatsächliche Änderung der lebendigen Kraft herbeizuführen, und welcher negativ, positiv oder gleich 0 sein müßte, und der (negativen) Arbeit, welche die zweite Kraft der ersten gegenüber leistet.

Kehrt sich die Bewegung um, so wird natürlich die Arbeitsleistung von P negativ und wird $-P \cdot w = (L_2 - L_1) - K \cdot w$ und die Arbeit von K wird positiv: $K \cdot w = (L_2 - L_1) + P \cdot w$. Gilt der oben ganz allgemein formulierte Satz für in gleichem Sinn durchgeführte Teilbewegungen, so gilt er natürlich auch für die Gesamtarbeiten der Kräfte bei einer Hin- und Herbewegung.

g) Bewegung, lebendige Kraft und Arbeit bei beliebig sich ändernder Krafteinwirkung.

Man kann sich die in jedem Augenblick vorhandenen Geschwindigkeiten und Beschleunigungen nach zwei (resp. drei) Richtungen des Raumes zerlegt denken. Man muß dabei den im ganzen durchmessenen Weg in so kleine Teile zerlegen, daß für jeden derselben die Beschleunigung konstant ist, und daß jede Wegstrecke stetig (ohne Bewegung über die Endlage hinaus und Rückkehr zur Endlage) durchmessen wird.

Für irgendeine der drei Richtungen der Zerlegung bezeichnen wir die lebendigen Kräfte am Anfang der ersten und der folgenden Wegstrecken mit L_0, L_1, L_2, $L_3 \cdots L_n$, die Wegstrecken mit w_1, w_2, $w_3 \cdots w_n$, die entsprechenden Kräfte k_1, k_2, $k_3 \cdots k_n$. So ist

$$L_1 - L_0 = k_1 \cdot w_1$$
$$L_2 - L_1 = k_2 \cdot w_2$$
$$L_3 - L_2 = k_3 \cdot w_3$$
$$\cdot \quad \cdot \quad \cdot \quad \cdot \quad \cdot \quad \cdot$$
$$\cdot \quad \cdot \quad \cdot \quad \cdot \quad \cdot \quad \cdot$$
$$L_n - L_{n-1} = k_n \cdot w_n.$$

Durch Summation beider Seiten der Gleichungen erhalten wir:

$$-L_0 + L_1 - L_1 + L_2 - L_2 + L_3 \cdots - L_{n-1} + L_n = L_n - L_0$$
$$L_n - L_0 = k_1 w_1 + k_2 w_2 + k_3 w_3 + \cdots k_n w_n.$$

Für jede Hauptrichtung ist die Summe der auf den verschiedenen Wegstrecken geleisteten Einzelarbeiten gleich dem Gesamtzuwachs an lebendiger Kraft.

Wählt man die Zahl n der kleinen Wegstrecken sehr groß und alle Strecken gleich lang $= dw$, so daß

$$n \cdot dw = W,$$

so ist

$$L_n - L_0 = dw\,(k_1 + k_2 + k_3 + \cdots k_n)$$

$$= n\,dw\,\frac{(k_1 + k_2 + k_3 + \cdots k_n)}{n}$$

$$= W \cdot \frac{k_1 + k_2 + k_3 + \cdots k_n}{n}$$

Der Zuwachs an lebendiger Kraft ist gleich der gesamten Wegstrecke mal dem algebraischen Mittel der beschleunigenden Kräfte auf sämtlichen gleichen kleinsten Wegstrecken. Unter der gesamten Wegstrecke darf hierbei natürlich nicht der Betrag der resultierenden Verschiebung, sondern muß die gesamte Bahn der Masse unter Mitberechnung jeder Vor- und Rückbewegung verstanden sein.

h) Oszillierende Bewegung.

Besonders wichtig ist der Fall, wo auf die gleiche Masse in entgegengesetzter Richtung zwei Kräfte so aufeinander wirken, daß eine oszillierende Bewegung um eine Mittellage stattfindet.

Die eine Kraft wirke konstant mit gleicher Größe. Die Intensität ihrer Einwirkung in jedem Augenblick ist gleich $P = M\varphi$. Ihre Wirkung in einer bestimmten Zeit T bemißt sich nach der Bewegungsmenge, welche sie in dieser Zeit für sich allein der Masse erteilen würde; sie ist gleich

$$M \cdot v_2 - M \cdot v_1 = M \cdot \varphi \cdot T = P \cdot T.$$

Die zweite, entgegengesetzt gerichtete Kraft K wirke ungleichförmig und zwar periodisch zu- und abnehmend. Teilen wir die Periode T in n genügend kleine Zeitteilchen dt, so ist die ganze Wirkung der Kraft in den Zeitteilchen 1, 2, 3 $\cdots n$

oder

$$K_1\,dt,\ K_2\,dt,\ K_3\,dt \cdots K_n\,dt,$$

$$M\varphi_1\,dt,\ M\varphi_2\,dt,\ M\varphi_3\,dt \cdots M\varphi_n\,dt.$$

Die Gesamtheit dieser Einwirkungen in der Periode T $(= n \cdot dt)$ ist

$$M \cdot dt\,(\varphi_1 + \varphi_2 + \varphi_3 + \cdots + \varphi_n)$$

$$= M \cdot n \cdot dt\,\frac{\varphi_1 + \varphi_2 + \varphi_3 + \cdots + \varphi_n}{n}$$

oder gleich $M \cdot T \cdot r$, wobei r den mittleren Wert der Beschleunigung in der Periode T, nach gleichen Zeitteilchen berechnet, bedeutet. Diese Größe stellt aber auch die Bewegungsmenge dar, welche die variable Kraft K während einer Periode für sich allein der Masse erteilen würde.

Wirken P und K gleichzeitig, so ist die pro Periode der Masse erteilte resultierende Bewegungsmenge $= PT - MrT$. Für $Mr = P$ ist $PT - MrT = 0$.

Es kehrt dann in analogen Phasen der verschiedenen Perioden die gleiche Geschwindigkeit (nach Größe und Richtung) und damit auch der gleiche Wert der lebendigen Kraft wieder.

Dabei kann nun aber im Verlauf einer Periode die Masse in der Richtung der einen der beiden Kräfte eine Strecke weiterrücken, oder es findet pro Periode weder in der Richtung der einen, noch in derjenigen der andern Kraft eine Verschiebung statt.

Man kann die ganze Bahn durch eine horizontal fortschreitende wellenförmige Kurve darstellen, indem man den Fortschritt in der Zeit als horizontale Abszisse nimmt und die Höhenlage der Masse resp. ihre Entfernung von einem bestimmten Ausgangspunkt durch Ordinaten über dieser Abszisse bestimmt. Je nach dem verschiedenen oben bezeichneten Verhalten wird die Kurve im ganzen um eine auf- oder absteigende oder um eine horizontale Mittellinie hin- und hergehen (Fig. 12, 13 und 14).

Auch die Kräfte können wir als Funktionen der Zeit durch Kurven darstellen.

In Fig. 11 sei cg die Abszisse, welche den Fortschritt der Zeit bedeutet.

Nach der einen Seite (unten) tragen wir, für die in gleichen Intervallen aufeinanderfolgende Zeitpunkte, als Ordinaten die Wir-

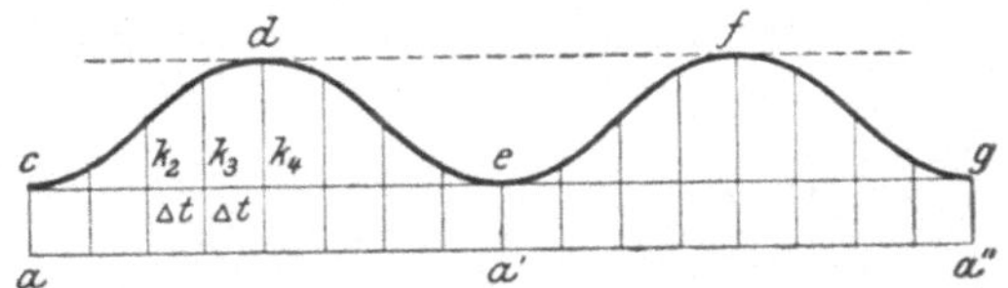

Fig. 11.

kungen P der Schwerkraft auf den frei in der Luft schwebend gedachten Körper auf. Eine variable, periodisch wirkende Kraft K halte der Einwirkung der Schwere das Gleichgewicht. Die Größen der Kraft K seien als Ordinaten über der Abszisse aufgetragen.

Wir erhalten so zwei Kurven: die gerade Linie aa'' als Kurve der Einwirkung der Schwere, parallel zu cg und die wellenförmige Linie $cdefg$ als die Kurve der aufwärtsgerichteten Kraft K.

Jedes einzelne Feld zwischen einem Abschnitt Δt der Abszisse und der entsprechenden Kurve der Schwere ist gleich $\Delta t \cdot P$. Das ganze Feld $cea'a = P \cdot T$ entspricht der Einwirkung der Schwere in der Zeit T einer Periode. Ebenso entspricht ein Feld zwischen einem Stück Δt der Abszisse und dem darüber gelegenen Stück der Kurve der Kraft K der Einwirkung der Kraft K während des ganzen entsprechenden Zeitraumes $\varDelta t$ und das ganze Feld $cdec$ zwischen dem Kurvenstück cde und dem entsprechenden Teil der Abszisse entspricht der Gesamteinwirkung der Kraft während der Zeit T einer Periode (Felder der Bewegungsmengen).

Wenn nun K im Mittel (nach gleichen Zeiträumen berechnet) absolute $= P$ ist, so müssen die genannten Felder der beiden Kräfte pro Periode einander an Flächeninhalt gleich sein. Der Körper oszilliert dann in der oben angegebenen Weise um eine auf- oder absteigende oder eine horizontale Mittellage auf und ab.

Die Arbeitsleistungen der beiden Kräfte verhalten sich dabei folgendermaßen: Was die Arbeitsleistung der Schwere betrifft, so kommt hier die ganze Bewegungsbahn des Körpers in Betracht. Die absteigenden Stücke entsprechen positiven, die aufsteigenden entsprechen negativen Arbeitsleistungen der Schwerkraft.

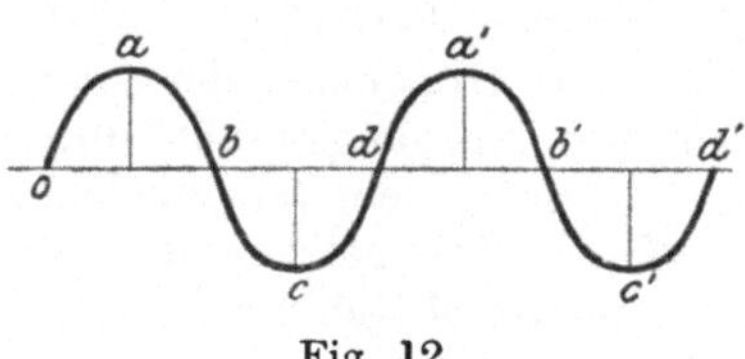

Fig. 12.

Im ersten Fall, wo es sich um ein Oszillieren um eine horizontale Mittellage handelt (Fig. 12), sind die auf- und absteigenden Strecken einander gleich. Pro Periode ist absolute $+ Ph = - Ph$. Eine Änderung der lebendigen Kraft hat nach Verlauf der ganzen Periode nicht stattgefunden. Die Gesamtarbeit der Schwere pro Periode ist $= 0$.

Im zweiten Fall, bei aufsteigender Mittellage (Fig. 13) sind die aufsteigenden Abschnitte der Bahn größer; die negative Arbeit der Schwere ist also pro Periode größer als die positive.

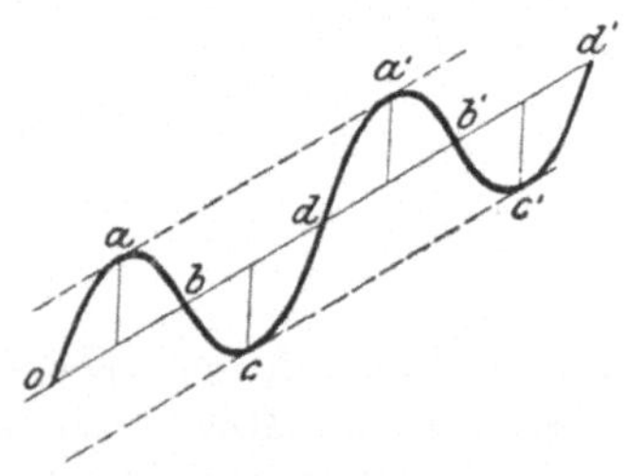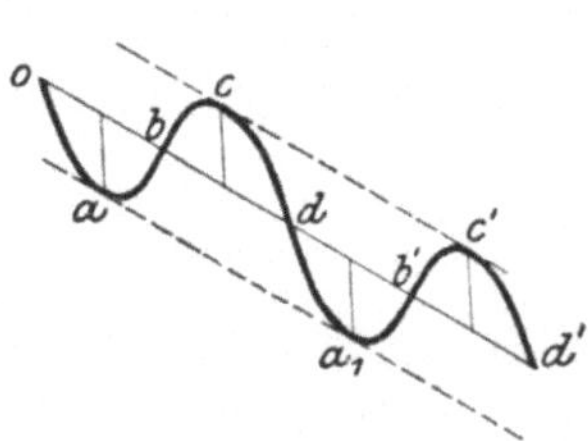

Fig. 13.   Fig. 14.

Es muß hier also in jeder Periode durch die Kraft K entgegen der Schwere eine gewisse Arbeit geleistet werden.

Im dritten Fall, bei absteigender Mittellage (Fig. 14) sind die absteigenden Stücke größer als die aufsteigenden; die positive Arbeit der Schwere ist pro Periode größer als die negative. Die Gesamtarbeit der Schwere pro Periode ist positiv.

Was aber die Kraft K betrifft, so fällt ihre Wirkungszeit mit der Verzögerung der Abwärtsbewegung und der nachfolgenden Beschleunigung der Aufwärtsbewegung, also mit den Bahnabschnitten bcd, $b'c'd'$ etc. zusammen. Im Anfang haben wir jeweilen Abwärtsbewegung des Körpers entgegen der Kraft K, wobei diese Kraft negative Arbeit leistet; darauf folgt Aufwärtsbewegung des Massenmittelpunktes des Körpers im Sinne der Einwirkung von K, wobei K positive Arbeit leistet.

Nach S. 26 ist $Pw = (L_2 - L_1) + K \cdot w$ für jede stetige Abwärtsbewegung und $K \cdot w = (L_2 - L_1) + P \cdot w$ für jede stetige Aufwärtsbewegung. Da nun aber zu Anfang und Ende jeder Abwärtsbewegung des Körpers die Geschwindigkeit und die lebendige Kraft $= 0$ sind, so wird die ganze Arbeitsleistung der Schwere verwendet, um die von b bis c gegenüber der Kraft K geleistete Arbeit hervorzubringen, und zwar in der Weise, daß zu Anfang der Abwärtsbewegung allerdings eine abwärts gerichtete Geschwindigkeit einen Zuwachs erfährt, im anderen Teil der Abwärtsbewegung aber die erworbene Geschwindigkeit nebst der noch hinzukommenden positiven Arbeit der Schwere zur Arbeitsleistung gegenüber K verbraucht wird.

Bei der Aufwärtsbewegung wird dann die ganze positive Arbeitsleistung der Kraft K nur zu Anfang entwickelt, und zwar zur Arbeitsleistung gegenüber der Schwere und außerdem zur Erzeugung aufwärtsgerichteter Geschwindigkeit resp. lebendiger Kraft. Die nach Aufhören der Einwirkung von K anfänglich vorhandene aufwärtsgerichtete Geschwindigkeit und die entsprechende lebendige Kraft werden dann im zweiten Teile des Aufstieges zur weiteren Arbeitsleistung gegenüber der Schwere aufgebraucht. Die Gesamtarbeitsleistung von K während einer Aufwärtsbewegung eines Körpers muß der gesamten beim Aufstieg der Schwere gegenüber geleisteten Arbeit gleich sein, da ja auch wieder zu Anfang und Ende die Geschwindigkeit und die lebendige Kraft $= 0$ sind.

All das hier Auseinandergesetzte gilt natürlich nicht bloß für den einzelnen materiellen Punkt, sondern auch für eine beliebige Masse, deren materielle Teilchen in gleicher Weise beschleunigt oder verzögert werden und sich parallel miteinander, stets mit gleicher Richtung und Geschwindigkeit bewegen.

i) Wichtigkeit der Beziehung zwischen der Änderung der lebendigen Kraft und der Arbeit. Kinetische und potentielle Energie. Das Gesetz der Erhaltung der Energie.

Wir haben es für notwendig gehalten, im Vorhergehenden die Prinzipien der Beurteilung der Arbeitsleistung ganz besonders eingehend zu besprechen und zu exemplifizieren, weil sich auf diesem Gebiete ganz besonders leicht unklare und unrichtige Vorstellungen geltend machen, und wegen der außerordentlichen Bedeutung, welche der richtigen Auffassung des Arbeitsbegriffes in der Mechanik zukommt.

Die Bedeutung der Einführung der Begriffe Arbeit und lebendige Kraft und der Erörterung der Beziehungen zwischen beiden, die Bedeutung insbesondere der Berücksichtigung der in der Richtung der wirksamen Kräfte stattfindenden Verschiebungen liegt vor allem im folgenden:

Indem die Wirkung einer Kraft auf ein Masseteilchen von anderen Masseteilchen abhängt und ausgeht, ist die Möglichkeit einer solchen Wirkung räumlich beschränkt. Mit der Annäherung oder Entfernung der Teilchen gegenüber einander ändert sich die Intensität der Kraft. Sie ist eine bestimmte „Funktion" der Entfernung zwischen den betreffenden materiellen Teilchen. Im allgemeinen hat bei Bewegung des Teilchens in gerader Linie die Intensität der Kraft nach der einen und andern Seite mindestens einen maximalen und einen minimalen Grenzwert, sei es unter Umkehr der Richtung (Hindurchgehen durch 0) oder ohne Umkehr; und zwar wächst im allgemeinen bei der Verschiebung des Teilchens entgegen der Richtung der einwirkenden Kraft zunächst die Intensität der Kraft bis zu einem Maximum (so z. B. bei Annäherung an die Ausgangspunkte einer abstoßenden oder bei Entfernung von den Ausgangspunkten einer anziehenden Kraft), bei Bewegung in der entgegengesetzten Richtung erreicht sie ein Minimum.

Daraus ergibt sich, daß der Gesamtbetrag von lebendiger Kraft, welcher einer Masse von einer Kraft in ihrer Richtung überhaupt erteilt werden kann, ein beschränkter ist.

Das Arbeitsvermögen der Kraft ist ein endliches und beschränktes. Man bezeichnet das Arbeitsvermögen einer Kraft mit Bezug auf eine an einer bestimmten Stelle des Wirkungsbereiches der Kraft gelegene Masse als potentielle Energie der Kraft mit Bezug auf jene Masse oder auch als potentielle Energie (Energie der Lage) der Masse mit Bezug auf jene Kraft. Die lebendige Kraft einer Masse aber bezeichnen wir als die kinetische Energie derselben.

Jede Verschiebung im Sinne und in der Richtnng der Krafteinwirkung bedeutet im allgemeinen eine Verminderung der potentiellen Energie oder des Arbeitsvermögens der Kraft mit Bezug auf die Masse, resp. eine Verminderung der Bewegung und lebendigen Kraft (kinetische Energie), welche jene Kraft der Masse überhaupt noch zu erteilen vermag.

Jede Bewegung entgegen der Einwirkung der Kraft ist umgekehrt im allgemeinen ein Gewinn an potentieller Energie, eine Vermehrung des Arbeitsvermögens der Kraft.

Ein Gewinn an Arbeitsvermögen für die eine Kraft kann nun ersichtlich nur erzielt werden, sei es durch Verbrauch von lebendiger Kraft, welche durch entgegengesetzt gerichtete Kräfte erzeugt worden ist, sei es durch gleichzeitige Wirkung einer solchen Kraft — allgemeiner gesagt durch vorausgegangene oder im Augenblick selbst stattfindende entsprechende Arbeitsleistung entgegengesetzt gerichteter Kräfte, welche mit Verlust an potentieller Energie dieser Kräfte für die gleiche Masse verbunden ist.

Eine Masse, auf welche eine bestimmte Kraft einwirkt, bildet mit den Massenteilchen, von welchen diese Kraftwirkung ausgeht, ein materielles System. Es kann aber auf die gleiche Masse zugleich eine zweite Kraft einwirken, von anderen Teilchen her, mit welchen zusammen die Masse auch wieder ein (zweites) System bildet. Solange nur ein einziges System und nur eine einzige Krafteinwirkung in Betracht kommt, bleibt der Gesamtbetrag der lebendigen Kraft, welche die Masse aus diesem System bereits gewonnen hat oder noch gewinnen kann (kinetische plus potentielle Energie), stets derselbe, welches auch die Lage und Bewegung der Masse in diesem System sein mag. Jedem Verlust an potentieller Energie entspricht ein Gewinn an kinetischer Energie und umgekehrt. Befindet sich aber die Masse als Glied von zwei verschiedenen Systemen unter dem Einfluß zweier verschiedener (entgegengesetzt gerichteter) Kräfte, so ändert sich mit ihrer Bewegung der Gesamtbetrag von Energie, den sie in jedem einzelnen der beiden Systeme besitzt. Um den gleichen Betrag, um welchen sich dabei die gesamte Energie der Masse in dem einen System (dessen Kraftrichtung mit der Bewegungsrichtung übereinstimmt) vermindert, um denselben Betrag vermehrt sich die (potentielle) Energie der Masse in dem zweiten System. Die Verminderung der Energie im ersten System entspricht der Arbeitsleistung gegenüber der Kraft des zweiten Systems. Der Gesamtbetrag der beiden potentiellen Energien und der kinetischen Energie der Masse ist stets derselbe.

So handelt es sich hier um die Gewinn- und Verlustrechnung der Arbeitsvermögen, um das Soll und Haben der einander entgegengesetzten Kräfte, eine Sache, die für die Beurteilung der Frage von der Erhaltung der Energie im allgemeinen und besondern natürlich von der allergrößten Bedeutung ist.

II. Die Mechanik des Systems materieller Punkte.

A. Materielle Punktsysteme im allgemeinen.

a) Konfiguration.

1. Unter der Konfiguration eines Systems materieller Punkte in irgendeinem bestimmten Augenblick verstehen wir das in diesem Augenblick gegebene Lageverhältnis seiner materiellen Punkte, die hinsichtlich ihrer Masse bekannt sind, zueinander.

2. Das Produkt aus der Masse eines materiellen Punktes und seinem Abstand von einem bestimmten Punkt des umgebenden bestimmten Raumes nennen wir das **Massenmoment** des materiellen Punktes mit Bezug auf diesen Raumpunkt; das Produkt aus

der Masse des materiellen Punktes und seinem Abstand von einer bestimmten Geraden, resp. von einer bestimmten Ebene, bezeichnen wir als das **Massenmoment** des materiellen Punktes gegenüber dieser Geraden resp. gegenüber dieser Ebene.

3. Zwei oder mehrere materielle Punkte, die hinsichtlich ihrer mechanischen Verhältnisse zusammen ins Auge gefaßt werden, stellen ein System materieller Punkte dar. Die zwischen Punkten dieses Systems wirkenden Kräfte sind **innere Kräfte** des Systems; die Kräfte, welche zwischen materiellen Punkten des Systems und Punkten wirken, welche nicht zum System gehören, sind **äußere Kräfte** mit Bezug auf das System. Nur die eine Seite der Wirkung der äußeren Kräfte kommt an dem System selbst zur Geltung.

4. Eine Ebene, welche so durch ein System materieller Punkte gelegt ist, daß die beiden Summen der Massenmomente der auf der gleichen Seite der Ebene gelegenen materiellen Punkte mit Bezug auf diese Ebene einander gleich sind, nennen wir eine **Massenmittelebene** des Systems.

Es läßt sich natürlich in jeder beliebigen Richtung eine, aber auch nur eine einzige solche Massenmittelebene durch das System legen.

5. Drei Massenmittelebenen eines Systems, welche senkrecht aufeinanderstehen, haben einen Raumpunkt gemeinsam. Dieser Punkt ist der **Massenmittelpunkt.** Es läßt sich zeigen, daß auch jede beliebige andere Massenmittellinie durch diesen Punkt gehen muß.

Der Massenmittelpunkt erfüllt also die Bedingung, daß mit Bezug auf irgendeine durch denselben gelegte Ebene die beiden Summen der Massenmomente der auf gleicher Seite derselben gelegenen materiellen Punkte einander gleich sind.

Der Massenmittelpunkt eines Systems von zwei, drei oder beliebig vielen materiellen Punkten läßt sich bei gegebener Konfiguration des Systems in folgender Weise geometrisch finden (Fig. 15). Es läßt sich zunächst für zwei beliebige Punkte μ_1 und μ_2 des Systems nach obiger Definition der Massenmittelpunkt finden, indem man durch die Verbindungslinie $\mu_1\mu_2$ zwei Ebenen senkrecht zueinander legt — die natürlich Mittelebenen sein müssen —, und senkrecht zur Verbindungslinie eine dritte Ebene so, daß die Abstände d_1 und d_2 der beiden Massenpunkte μ_1 und

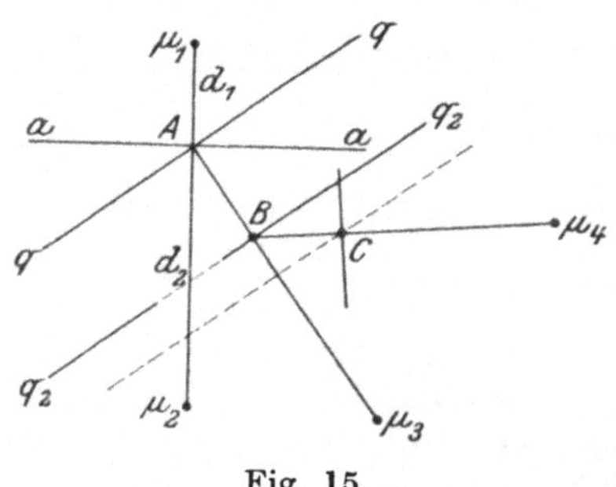

Fig. 15.

μ_2 von dem Schnittpunkt A sich umgekehrt verhalten wie die Massen. A ist dann der gesuchte Massenmittelpunkt; denn es ist ja $\mu_1 d_1 = \mu_2 d_2$. Weiter läßt sich zeigen, daß nun für jede beliebige andere durch A gelegte Ebene, z. B. für qq (welche mit $\mu_1 \mu_2$ den Winkel α bildet und von welcher wir die Schnittlinie mit der Bildebene angeben), die Abstände von μ_1 und μ_2, nämlich $d_1 \sin \alpha$ und $d_2 \sin \alpha$ sich ebenfalls umgekehrt verhalten wie die Massen und an verschiedenen Seiten gelegen sind (wenn sie nicht beide $= 0$ sind).

Die Summe der Massenmomente von μ_1 und μ_2 mit Bezug auf eine zu qq parallele Ebene $q_2 q_2$, die im Abstand r von qq liegt, ist dann $= \mu_1 (r + d_1 \sin \alpha) + \mu_2 (r - d_2 \sin \alpha) = \mu_1 d_1 \sin \alpha + \mu_1 r + \mu_2 r - \mu_2 d_2 \sin \alpha$ und, da $\mu_1 d_1 \sin \alpha = \mu_2 d_2 \sin \alpha$, auch $= r (\mu_1 + \mu_2)$ oder gleich dem Massenmoment der beiden in A konzentriert gedachten Massen gegenüber dieser Ebene $q_2 q_2$. Wir wählen nun diese Ebene so, daß sie senkrecht steht zu der Verbindungslinie von A mit einem dritten Massenpunkt μ_3 und daß sie die Verbindungslinie im Punkt B so trifft, daß $\overline{AB} \cdot (\mu_1 + \mu_2) = \overline{B\mu_3} \cdot \mu_3$. Es ist dann B der gemeinsame Massenmittelpunkt für $(\mu_1 + \mu_2)$ und für μ_3.

In derselben Weise wird die Betrachtung fortgesetzt. In der Verbindungslinie von B mit einem vierten Massenteilchen μ_4 ist C der Massenmittelpunkt für die Massen $\mu_1 + \mu_2 + \mu_3$, die man sich in B konzentriert denken kann, und für das neue Teilchen μ_4, vorausgesetzt, daß $\overline{BC} (\mu_1 + \mu_2 + \mu_3) = \overline{C\mu_4} \cdot \mu_4$, indem ja auch gegenüber einer senkrecht zu $B\mu_4$ durch C gehenden Ebene das Moment von μ_1 und μ_2 durch das Moment von $(\mu_1 + \mu_2)$ in A und das Moment von $(\mu_1 + \mu_2)$ in A zusammen mit dem Moment μ_3 durch $(\mu_1 + \mu_2 + \mu_3)$ in B ersetzt werden kann usw.

Auf diese Weise kann die Betrachtung fortgesetzt werden, bis sämtliche Punkte des materiellen Systems berücksichtigt sind und der Gesamtmassenmittelpunkt gefunden ist.

b) Bewegung.

1. **Bewegungsmöglichkeiten.** Die materiellen Teilchen eines Systems können sich gegenüber dem umgebenden bestimmten Raum in einem bestimmten kleinen Zeitteilchen entweder alle in gleicher Richtung und mit der gleichen Geschwindigkeit oder aber in ungleicher Weise bewegen.

α) Im ersten Falle handelt es sich um eine **translatorische Bewegung** des Systems, bei welcher an der Konfiguration nichts geändert wird, und bei welcher die Bewegung des Massenmittelpunktes nach Größe und Richtung mit derjenigen jedes einzelnen Teilchens übereinstimmt. Im besonderen Fall kann die Bewegung sämtlicher Teilchen und diejenige des Massenmittelpunktes gleich 0 sein.

β) Bei ungleicher Bewegung der Teilchen läßt sich für irgend einen bestimmten Augenblick die Bewegung jedes einzelnen Teilchens so zerlegen, daß eine „translatorische" Komponente der Bewegung des Massenmittelpunktes nach Größe und Richtung gleich ist. Hinsichtlich der übrigbleibenden Komponenten (welche für drei nicht in einer geraden Linie liegende Punkte stets ungleich sind) sind zwei Fälle denkbar:

$\alpha\alpha$) Bei der entsprechenden Bewegung der Teilchen wird an der Konfiguration des Systems nichts geändert. Dasselbe bewegt sich wie ein starres System um den Massenmittelpunkt (s. unten); es vollzieht eine **Drehung** um eine durch den Massenmittelpunkt gehende gerade Linie als Achse (s. unten).

$\beta\beta$) Die Teilchen ändern ihre Lage gegenüber einander und gegenüber dem Massenmittelpunkt. Es findet eine innere Bewegung oder **Konfigurationsänderung** statt. Eine Konfigurationsänderung kann auch mit einer Drehung des Ganzen kombiniert sein.

2. Anteil der Bewegung, welcher auf die Drehung um den Massenmittelpunkt und auf die Konfigurationsänderung entfällt. Für diesen Anteil gilt folgendes: Versteht man unter dem **Geschwindigkeitsmoment** eines Teilchens gegenüber einem Punkt, einer Geraden, einer Ebene das Produkt aus seiner Masse und der Geschwindigkeit seiner Annäherung an ein solches Ziel, so muß gegenüber jeder der drei durch den Massenmittelpunkt gehenden, senkrecht zueinander stehenden Hauptmittelebenen des Systems in einem bestimmten Augenblick die Summe sämtlicher Geschwindigkeitsmomente der Teilchen (wenn man die zwei verschiedenen Bewegungsrichtungen als positiv und negativ in der Rechnung aufführt) gleich 0 sein. Selbstverständlich ist es möglich, die Bewegung jedes Teilchens in drei Komponenten zu zerlegen, welche zu den drei Mittelebenen, die den Hauptebenen des umgebenden Raumes parallel laufen, senkrecht stehen.

Beweis. Durch die Bewegung irgendeines Massenteilchens μ gegenüber der Mittelebene, welche mit der Geschwindigkeit v erfolgt, wird der gemeinsame Massenmittelpunkt des Systems in der gleichen Richtung verschoben mit einer Geschwindigkeit, welche um so viel mal kleiner ist als v, als die Gesamtmasse M des Systems größer ist als die Masse des einzelnen Teilchens, also mit der Geschwindigkeit $v \cdot \dfrac{\mu}{M}$. Dies gilt für den Einfluß jedes anderen senkrecht zur Mittelebene bewegten Teilchens in gleicher Weise. Der Summe aller Geschwindigkeitsmomente der einzelnen Teilchen

$$(\mu_1 v_1 + \mu_2 v_2 + \mu_3 v_3 + \cdots + \mu_n v_n)$$

entspricht einer Gesamtgeschwindigkeit des Massenmittelpunktes

$$= \left(\frac{\mu_1}{M} v_1 + \frac{\mu_2}{M} v_2 + \frac{\mu_3}{M} v_3 + \cdots + \frac{\mu_n}{M} v_n \right)$$

$$= \frac{1}{M} (\mu_1 v_1 + \mu_2 v_2 + \mu_3 v_3 + \cdots + \mu_n \cdot v_n).$$

Soll dieser Betrag $= 0$ sein, so muß die Summe der eingeklammerten Werte $= 0$ sein. Das Gleiche gilt auch für jede der beiden andern Hauptrichtungen. Ist diese Bedingung für jede der drei Hauptrichtungen erfüllt und kommen keine Beschleunigungen hinzu, so bleibt der Massenmittelpunkt in seiner Lage und die Bewegung der Massenteilchen des Systems gegenüber den Mittelebenen kann unverändert auch in einem folgenden Zeitteil weitergehen. Treten Beschleunigungen hinzu, so handelt es sich um Hinzufügung von Geschwindigkeit der Bewegung von Massenteilchen oder um Hinzufügung von Geschwindigkeitsmoment.

Es muß dann in ganz analoger Weise für die Summe sämtlicher in irgendeiner Richtung hinzugefügter Geschwindigkeitsmomente **(Momente der Beschleunigungen)** gelten, daß ihr Gesamtbetrag $= 0$ sein muß, wenn an dem Bewegungszustand des Massenmittelpunktes nichts geändert werden soll. Es muß $(\mu_1 \varphi_1 + \mu_2 \varphi_2 + \mu_3 \varphi_3 + \cdots \mu_n \varphi_n)$ in dem betreffenden Augenblick $= 0$ sein.

Indem nun die Beschleunigungsmomente den beschleunigenden Kräften entsprechen, so ergibt sich:

An dem Bewegungszustand des Massenmittelpunktes wird nichts geändert, wenn die in die drei Hauptrichtungen entfallenden Komponenten der Kräfte, welche den effektiven Beschleunigungsmomenten der einzelnen Teilchen entsprechen, jeweilen zusammen $= 0$ sind.

Ist die Summe der Bewegungsmomente, d. h. der Geschwindigkeits- und der Beschleunigungsmomente in irgendeiner der drei Hauptrichtungen (gegenüber den entsprechenden drei Mittelebenen) nicht gleich 0, so muß dieselbe dem Produkt aus der Gesamtmasse und der Geschwindigkeit resp. Beschleunigung des Massenmittelpunktes in der betreffenden Richtung entsprechen.

3. **Andeutungen über die Beurteilung der Bewegung eines Systems frei beweglicher Punkte, Einfluß zur Drehung.**

Es entspricht (Fig. 16, S. 38) jeder einzelnen Geschwindigkeit v' oder Beschleunigung φ' an einem bestimmten, vollständig frei beweglich gedachten Teilchen μ, wie früher gezeigt wurde, eine Geschwindigkeit oder Beschleunigung des Massenmittelpunktes in gleicher Richtung, aber in dem geringeren Betrag $v' \dfrac{\mu}{M}$ oder $\varphi' \dfrac{\mu}{M}$. Sieht man aber von dieser Bewegung des Massenmittelpunktes und einer damit übereinstimmenden Komponente von v' oder φ' ab, so bleibt noch ein Rest v resp. φ, um welchen μ dem Massenmittelpunkt vorausgeht, während der jenseits des Mittelpunktes S der Gesamtmasse in der Fortsetzung der Linie μS gelegene Mittelpunkt s der übrigen Masse des Systems um einen $\dfrac{\mu}{M - \mu}$ mal geringeren Betrag in entgegengesetzter Richtung sich verschiebt resp. beschleunigt wird. Die Verbindungslinie $\mu' S' s'$ dreht sich also um den Massenmittelpunkt. Außerdem können μ und s auseinanderrücken, oder sich einander nähern, oder die gleiche Entfernung beibehalten. Jedenfalls handelt es sich, abgesehen von letzterem, um eine Art von Herumführung von Masse um den Schwerpunkt, welche man mit einer Drehung vergleichen kann. Doch darf die drehende Einwirkung auf das Ganze nicht einfach nach der Drehung der Verbindungslinie $\mu S s$ bemessen werden. Um denselben zu finden, müßte ermittelt werden, welche Drehbeschleunigung parallel der Mittelebene, in der die Bewegung von μ erfolgt, das ganze System erfahren würde, wenn sich die effektiven Kräfte, welche durch die Beschleunigung φ von μ und die entgegengesetzte Beschleunigung $\varphi\,\dfrac{\mu}{M-\mu}$ von $(M-\mu)$ in s repräsentiert sind, so auf sämtliche Punkte des Systems übertragen und verteilten, daß jeder Punkt im gleichen Sinn und proportional seiner Entfernung von der Drehungsachse beschleunigt wird. Eine solche Verteilung könnte nur unter Mitwirkung innerer Kräfte geschehen; es läßt sich aber schon jetzt aus einigen Proben leicht ersehen, daß dabei die **Entfernung der Kraftlinien der effektiven Kräfte von der Drehungsachse** eine wichtige Rolle spielt. Die Übertragung und Zerlegung kann nur in der Weise stattfinden, daß das **Produkt aus der effektiven Kraft und der Entfernung ihrer Kraftlinie von der Drehungsachse** (ihr „statisches Moment" gegenüber dieser Achse) **unverändert** bleibt. Im vorliegenden Beispiel sind bei einer Entfernung r der Kraftlinie $\mu\mu^2$ von der Drehungsachse die statischen Momente der

Fig. 16.

zur Verteilung verfügbaren effektiven Kräfte $= r\cdot\mu\varphi$ und $= r\mu\varphi\,\dfrac{\mu}{M-\mu}$

oder im ganzen $= \varphi\cdot r\cdot\mu\cdot\dfrac{M}{M-\mu}\cdot$ Genau gleich groß aber ist, wie sich leicht erkennen läßt, das statische Moment der für die Drehung des Ganzen verfügbaren effektiven Kraft, bei einer Einwirkung, welche auf ein zweites in der Kraftlinie $\mu\mu^2$ gelegenes Massenteilchen in einem Betrage $= -\mu\cdot\varphi'$ einwirkt. Nur ist die drehende Einwirkung dieser Gegenkraft auf das Ganze dem Sinn nach umgekehrt. (Lehre von der Drehung des starren Körpers s. S. 46 u. ff.)

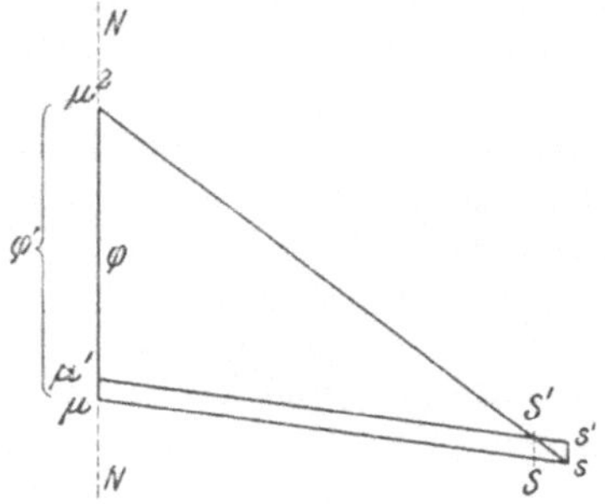

    Man erkennt aus diesen Andeutungen, daß beim nicht starren System die Verhältnisse sehr kompliziert liegen, und daß es oft nicht leicht sein wird, festzustellen, welches bei den Bewegungen und Beschleunigungen, die am Bewegungszustand des Massenmittelpunktes resultierend nichts ändern, der Anteil der Drehung um den Massenmittelpunkt ohne Konfigurationsänderung und welches der Anteil der bloßen Konfigurationsänderung ohne Drehung der Gesamtmasse ist. Aber soviel läßt sich leicht einsehen, daß **innere Kräfte, die am System selbst nach zwei Seiten in gleicher Weise wirken, der Gesamtmasse keine Drehbeschleunigung um den Massenmittelpunkt zu erteilen vermögen.** Indem sie nach der einen Seite hin Massenteilchen beschleunigen und dadurch der Gesamtmasse eine translatorische und eine Drehbeschleunigung erteilen, hat die Gegenkraft genau dieselbe Wirkung in der entgegengesetzten Richtung. **Eine Drehbeschleunigung des Ganzen kann also nur durch äußere Kräfte hervorgerufen sein** und muß zu der äußeren Bewegung resp. Bewegungsbeschleunigung gerechnet werden.

    4. Anderes Verfahren der Zerlegung der Bewegung. Man könnte bei der Feststellung der Bewegungsmöglichkeiten eines beliebigen Systems materieller Punkte auch ausgehen von der Konfigurationsänderung, die sich für sich allein folgendermaßen feststellen läßt. Durch den Massenmittelpunkt o und ein erstes materielles Teilchen a wird eine gerade Linie gelegt. Die Änderung des Abstandes oa in dem ins Auge gefaßten Zeitteilchen läßt sich nun bestimmen, ferner die Lageveränderung irgendeines zweiten materiellen Teilchens b gegenüber a und o in einer durch die drei Punkte gelegten Ebene, sowie endlich die Lage und Lageveränderung irgendeines anderen Punktes gegenüber dieser Ebene, der Geraden oa und dem Punkte o. Unbestimmt bleiben erstens die Bewegung des Massenmittelpunktes o gegenüber dem umgebenden bestimmten Raum, zweitens die Drehungen, welche genannte Ebene gegenüber der Geraden oa und welche diese Gerade gegenüber zwei zu ihr und zueinander senkrecht stehenden, ebenfalls durch den Punkt o gehenden Achsen ausführt. Was also neben der bloßen Konfigurationsänderung noch von Bewegungen in Betracht kommt, ist die gemeinsame translatorische Bewegung aller Punkte des Systems mit dem Massenmittelpunkt und die gemeinsame Drehbewegung aller Punkte des Systems um den Massenmittelpunkt. Bei dieser Drehbewegung ebensogut wie bei der translatorischen Bewegung verhält sich das System wie ein vollkommen starres System, an welchem keine Konfigurationsänderung stattfindet.

c) Wichtigste Schlußfolgerungen.

1. Innere Kräfte, welche in einem beliebigen materiellen System wirken, haben, wie sich aus dem Vorstehenden ergibt, keinen Einfluß auf den Bewegungszustand des Massenmittelpunktes des Systems und vermögen auch nicht der Gesamtmasse eine Drehbeschleunigung gegenüber irgendeiner durch den Massenmittelpunkt gehenden Geraden (als Achse) zu erteilen.

2. Äußere Kräfte, welche auf ein System einwirken, erteilen entweder allen materiellen Teilchen eine Beschleunigung in gleicher oder annähernd gleicher Richtung („Fernkräfte"), oder sie wirken zunächst nur auf bestimmte Teilchen ein. Im letzteren Fall ist eine völlig isolierte Beschleunigung dieser Teilchen denkbar.

Meist allerdings überträgt sich alsbald, durch Mitwirkung wachgerufener innerer Kräfte, die beschleunigende Einwirkung von den zuerst betroffenen Teilchen auf andere, meist unter Zerlegung in Komponenten, wobei die ersten Teilchen soviel an effektiver Kraft $\mu\varphi$ einbüßen, als die folgenden hinsichtlich des Produktes aus ihrer Masse und ihrer Beschleunigung in der gleichen Richtung gewinnen. Da aber durch die inneren Kräfte, welche diese Bewegungsübertragung bewirken, am Bewegungszustand des Massenmittelpunktes nichts geändert wird, so ist auch in diesem Fall die beschleunigende Wirkung auf das Ganze so, als ob die äußere Kraft in gleicher Größe und Richtung auf die im Massenmittelpunkt konzentriert gedachte Gesamtmasse einwirkte. An dem Einfluß zur Drehung der Gesamtmasse um den Massenmittelpunkt, gemessen durch die Summe der Produkte der effektiven Kräfte und ihrer Abstände von der betreffenden Drehungsachse des Massenmittelpunktes wird durch diese Übertragung ebenfalls nichts geändert.

3. Die bisherige Betrachtung über Systeme materieller Punkte zeigt, daß unsere Definition des materiellen Punktes berechtigt

war, und daß es nicht nötig ist, sich den materiellen Punkt als ohne räumliche Ausdehnung, als mathematischen Punkt zu denken; auch wenn derselbe eine gewisse räumliche Ausdehnung besitzt und eine Zusammensetzung aus kleineren, gegeneinander in engen Grenzen beweglichen Unterteilen, so kommt doch bei der Ableitung des mechanischen Verhaltens des materiellen Punktes nur die Bewegung der Gesamtmasse resp. ihres Massenmittelpunktes in Betracht; die von einem andern materiellen Punkt her von außen auf ihn einwirkende Kraft läßt sich in dieser Beziehung immer durch eine von Massenmittelpunkt zu Massenmittelpunkt wirkende Kraft ersetzen. (Zentrikraft.) Der Massenmittelpunkt, in welchem man sich dabei die Masse konzentriert denken kann, ist nun wirklich ein mathematischer Punkt.

B. Das starre System.

a) Begriff der Starrheit. Bedingungen des statischen Gleichgewichtes.

Der Begriff der Starrheit ist ein relativer. Ein Körper, als ein System materieller Punkte, kann als starr betrachtet werden mit Bezug auf die tatsächlich an ihm wirkenden Kräfte, wenn durch dieselben die Lage der Teilchen zueinander nicht in bemerkenswerter Weise geändert wird. Hierbei kommt es auch noch auf die Grenze an, unter welcher kleine Lageveränderungen der Teilchen von der Berücksichtigung ausgeschlossen sind. Tatsächlich kann die Konfiguration eines Körpers beim Hinzutreten der Einwirkung einer neuen Kraft, die lokal angreift und nicht von vornherein auf alle Teilchen in gleicher Weise beschleunigend wirkt, niemals völlig unverändert bleiben. Ist im Augenblick der Einwirkung die Lage der Teilchen gegeneinander gesichert, so müssen durch das Hinzutreten der neuen Kraft die zunächst von ihrer Einwirkung betroffenen Teilchen ihren Nachbarteilchen gegenüber in Bewegung gesetzt werden. Die ihnen mitgeteilte Beschleunigung wird allerdings in solcher Weise auf die übrigen Masseteilchen übertragen und verteilt werden, daß für die gröbere Betrachtung die Konfiguration nicht verändert wird. Tatsächlich aber überträgt sich auch in diesem Fall die bewegende Einwirkung von Teilchen zu Teilchen nur durch Vermittelung von neuen inneren Kräften, welche erst durch die Bewegung des ersten Teilchens gegenüber dem zweiten wachgerufen sind. Es kann auch die bewegende Einwirkung einer ersten lokal angreifenden Kraft durch eine zweite, an anderer Stelle angreifende Kraft immer nur aufgehoben werden durch die Vermittelung innerer Kräfte, welche infolge kleiner, wirklich erfolgter Lageveränderungen der Teilchen zwischen den Angriffspunkten der beiden Kräfte wachgerufen sind. Es handelt sich bei diesen inneren Kräften natürlich um die molekularen Kräfte des Zusammenhanges (Elastizität).

Die inneren Kräfte werden durch die Änderung der Lage der Teilchen des Systems gegeneinander stets paarweise, als Wirkung und Gegenwirkung, hervorgerufen. Sie ändern, wie früher gezeigt worden, nichts an dem Bewegungszustand des Massenmittelpunktes dieses Systems. Jede äußere Kraft aber wirkt für sich allein so auf den Bewegungszustand des Massenmittelpunktes, als ob die Gesamtmasse im Massenmittelpunkt konzentriert wäre, und als ob die Kraft in gleicher Größe und Richtung direkt auf diesen Massenmittelpunkt einwirkte.

Daraus ergibt sich schon, daß ein starres System durch äußere Kräfte im Gleichgewicht gehalten sein kann, nur wenn die in gleicher Größe und Richtung nach dem Massenmittelpunkt verlegten äußeren Kräfte dort zusammen sich aufheben. Damit ist aber nur die eine Bedingung des Gleichgewichtes erfüllt, daß der Massenmittelpunkt in seinem Bewegungszustand nicht geändert wird. Außerdem ist natürlich die Konfigurationsveränderung beim starren Körper verschwindend klein laut Voraussetzung. Dagegen ist nicht ohne weiteres jede Drehbewegung um den Massenmittelpunkt verhindert.

Wohl aber besteht **völliges Gleichgewicht der Kräfte**, und sowohl eine Beschleunigung des Massenmittelpunktes als eine Einwirkung zur Drehung um denselben ist ausgeschlossen, wenn die Vektoren der äußeren Kräfte durch Verschiebung in ihren Richtungslinien paarweise nach gemeinsamem Angriffspunkt verlegt, durch einen resultierenden Vektor ersetzt und, bei Fortsetzung dieses Verfahrens mit den gewonnenen Resultierenden, schließlich alle auf einen einzigen Angriffspunkt verlegt werden können und dort die Resultierende 0 geben (Statisches Gleichgewicht).

b) Besondere Fälle des vollkommenen statischen Gleichgewichtes der Kräfte am starren Körper.

1. **Zwei Kräfte, welche auf das starre System in derselben Linie, in gleicher Größe aber in entgegengesetztem Sinn einwirken**, halten sich an demselben Gleichgewicht, gleichgültig an welchen Punkten der Kraftlinie sie angreifen.

Daß hier obige Bedingung erfüllbar ist, läßt sich sofort erkennen.

An diesem einfachen Beispiele gelingt es am besten, sich die **Art der Wirkung von Teilchen zu Teilchen** klar zu machen. Durch das Hinzutreten der beiden äußeren Kräfte K und $-K$ sind ihre ersten Angriffspunkte a und b einander, wenn auch noch so wenig, genähert worden, bis der an jedem Angriffspunkt einwirkenden Kraft durch eine von den benachbarten Teilchen her wirkende, gleich große resultierende Gegenkraft das Gleichgewicht gehalten ist. (Daß ein Oszillieren um die Gleichgewichtslage mehr oder weniger lang stattfinden kann, braucht hierbei nicht weiter berücksichtigt zu werden). Die Gegenkraft wird im allgemeinen nicht bloß von einem Teilchen ausgehen, sondern von mehreren, und die Resultierende sein mehrerer verschieden gerichteter Kräfte; es läßt sich jede derselben zerlegen in eine Komponente parallel der Wirkungslinie der äußeren Kraft und in Komponenten senkrecht zu derselben. Letztere werden sich selbst gegenseitig am Angriffspunkt der äußeren Kraft das Gleichgewicht halten, die Komponenten in der Richtungslinie der äußeren Kraft aber sind zusammen der letzteren gleich und halten ihr Gleichgewicht.

Die Teilchen nun, von denen diese Gegenwirkungen ausgehen, erfahren selbst vom ersten Angriffspunkt der Kraft aus eine Einwirkung, welche an jedem Teilchen ebenso groß ist und in der gleichen Kraftlinie wirkt, wie die von ihm ausgehende Gegenwirkung. Den queren Komponenten wird durch die zwischen den Teilchen der zweiten Schicht wachgerufenen Widerstandskräfte Gleichgewicht gehalten.

Jedes Teilchen der zweiten Schicht, die wir uns gegenüber dem zuerst betroffenen Teilchen nach der Seite des Angriffspunktes der zweiten äußeren Kraft abliegend denken müssen, kann nun aber nur dadurch vollkommen im Gleichgewicht gehalten sein, daß es durch tatsächliche Verschiebung nach den folgenden Teilchen hin noch weitere Widerstandskräfte wachgerufen hat. Auch hier wieder, zwischen der zweiten und dritten Schicht von Teilchen, können die Kraftlinien beliebig gerichtet sein; aber die in der Richtung der äußeren Kraft gelegenen Komponenten müssen sich hier so gut wie zwischen den ersten Angriffspunkten der Kraft und der zweiten Schicht durch eine Mittelkraft ersetzen lassen, welche in der Kraftlinie der äußeren Kraft liegt; die queren Komponenten der inneren Kräfte und Gegenkräfte halten sich auch hier wieder Gleichgewicht, resp. es wird ihnen Gleichgewicht gehalten durch den Widerstand der Teilchen der neuen Schicht gegen Auseinanderbewegung oder Zusammendrängung. In ähnlicher Weise pflanzt sich nun die Wirkung von Schicht zu Schicht fort. An der letzten Schicht, zunächst dem Angriffspunkt b der zweiten äußeren Kraft, resp. zwischen ihr und diesem Angriffspunkt, muß die Resultierende der inneren Widerstandskraft auch wieder in der Kraftlinie der Kräfte K und $-K$ gelegen sein, und im ganzen Zwischenraum zwischen den Angriffspunkten von K und $-K$ müssen die Resultierenden der zwischen aufeinander folgenden Schichten wirkenden inneren Kräfte und Gegenkräfte nicht bloß jeweilen in der Kraftlinie dieser äußeren Kräfte gelegen, sondern ihnen zusammen an Größe gleich sein.

Man muß annehmen, daß im allgemeinen in der Mitte des Zwischenraumes die hervorgerufenen inneren Verschiebungen und wachgerufenen inneren Kräfte auf ein größeres Querschnittsfeld ausgebreitet und auf eine größere Zahl von Teilchen verteilt sind, während sie sich gegen a und b hin mehr und mehr auf eine engere Zone und schließlich auf die Punkte a und b einschränken.

2. Zwei Kräfte, welche in verschiedener Richtung der gleichen Ebene eines starren Körpers wirken, lassen sich nach dem

Schnittpunkt ihrer Kraftlinien verlegen und hier nach dem Prinzip des Parallelogramms durch eine Resultierende ersetzen; diese selbst kann in ihrer Kraftlinie mit ihrem Angriffspunkt verschoben werden, ohne daß dabei am Gleichgewicht (oder an der ersten Bewegung des Körpers infolge der Wirkung dieser Kräfte) etwas geändert wird. Ihnen kann Gleichgewicht gehalten werden durch eine Gegenkraft, welche in der Linie der Resultierenden der nach dem Schnittpunkt ihrer Kraftlinien verlegten Kräfte wirkt und dieser an Größe gleich und der Richtung nach entgegengesetzt ist. (Nur freilich werden auch hier je nach der Verlegung der Angriffspunkte die Verhältnisse der wachgerufenen inneren Kräfte verschiedene sein.)

3. **Zwei parallele und gleichgerichtete Kräfte** lassen sich ersetzen durch eine Mittelkraft, welche parallel zu den beiden Kräften, zwischen denselben, in einer durch ihre Kraftlinien bestimmten Ebene wirkt, gleich ist der Summe beider Kräfte und den kürzesten Abstand der beiden Kraftlinien so teilt, daß die Produkte aus den Teilkräften und ihren Abständen von der Mittelkraft einander gleich sind.

In Fig. 17 seien k und k_1 die beiden Parallelkräfte, $m\,m_1$ sei eine kürzeste Verbindungslinie ihrer Kraftlinien und o der Teilpunkt, der dieselbe so teilt, daß die Teilstücke a und a_1 umgekehrt proportional zu k und k_1 sind ($ka = k_1 a_1$). OO sei eine Parallele zu den Kraftlinien von k und k_1 durch diesen Teilpunkt. Eine Kraft $M = k + k_1$ in dieser Linie ist dann imstande, die beiden Kräfte k und k_1 zu ersetzen; sie stellt ihre Mittelkraft dar.

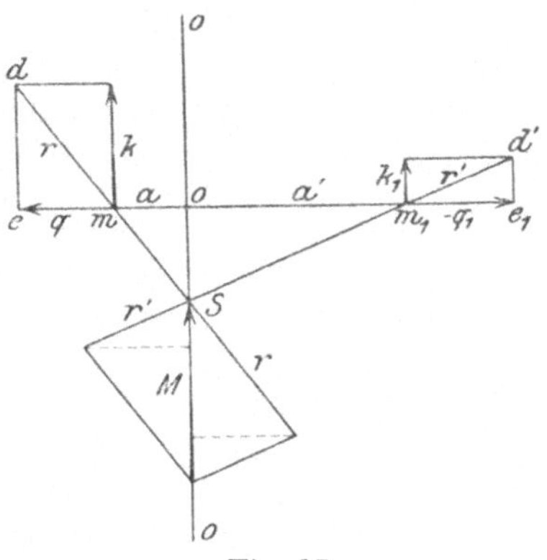

Fig. 17.

Beweis. Man verlege die Kräfte k und k_1 mit ihren Angriffspunkten nach m und m_1, welche Punkte in der gleichen kürzesten Verbindungslinie der beiden Kraftlinien liegen. Man ziehe ferner zwei gerade Linien durch m resp. m_1 und einen beliebigen Punkt s der Geraden OO. Man errichtet sodann über k und der über m hinaus verlängerten Verbindungslinie ein Rechteck, dessen Diagonale md die Verlängerung von $\overline{sm}$ ist, und ebenso über k_1 und der verlängerten Verbindungslinie $\overline{mm_1}$ ein Rechteck, dessen Diagonale md_1 die Verlängerung von $\overline{sm_1}$ darstellt. Dann sind die in der Figur horizontal verlaufenden Seiten der beiden Rechtecke einander gleich; q ist absolut $= q_1$. Es verhält sich nämlich

$$\overline{so} : k = \overline{mo} : q, \text{ woraus folgt, daß } a \cdot k = q \cdot \overline{so},$$

ferner ist $\overline{so} : k_1 = \overline{om_1} : q_1$, woraus folgt, daß $a_1 \cdot k_1 = q_1 \cdot \overline{so}$.

Da nun $ak = a_1 k_1$, so muß $q = q_1$ sein.

Man kann sich also in m die Kraft $\overline{me} = q$ und in m_1 die umgekehrt gerichtete Kraft $\overline{me_1} = q_1$ hinzugefügt denken, ohne daß etwas geändert ist, da diese Kräfte sich das Gleichgewicht halten. q und k kann man durch $\overline{md} = r$, q_1 und k_1 durch $\overline{m_1 d_1} = r_1$ ersetzen; endlich kann man r und r_1 nach s verlegen und durch eine gegen o gerichtete Resultierende M ersetzen. Es läßt sich leicht ersehen, daß diese Resultierende $M = k + k_1$ sein muß.

4. **Zwei ungleich große Parallelkräfte, die nach entgegengesetzter Seite wirken** (Fig. 18), lassen sich ebenfalls durch

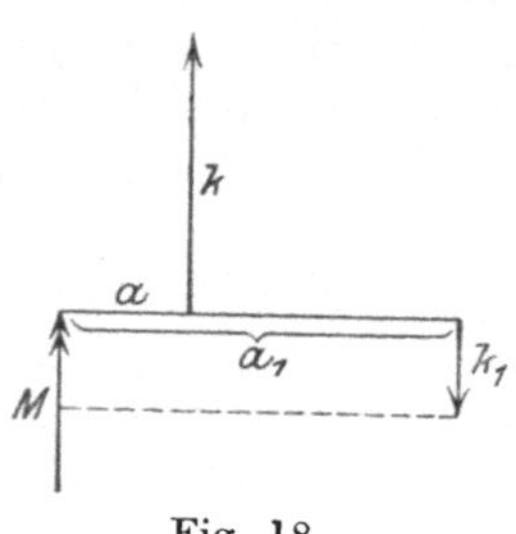

Fig. 18.

eine parallele Mittelkraft ersetzen (oder durch ihre Gegenkraft im Gleichgewicht halten), und zwar ist diese Mittelkraft gleich der Differenz der beiden Einzelkräfte, und ihre Kraftlinie liegt in der gleichen Ebene mit denselben, aber sie schneidet deren kürzeste Verbindungslinie nicht zwischen den beiden Kräften, sondern außerhalb, auf der Seite der größeren Kraft. Auch sie trifft die Verbindungslinie resp. deren Fortsetzung so, daß die Produkte aus den Einzelkräften und ihren Abständen von der Mittelkraft einander gleich sind. Also ist

$$k \cdot a = k_1 \cdot a_1$$
$$\text{und} \quad M = k - k_1.$$

(Der Beweis kann ohne Zuhilfenahme der Lehre vom statischen Moment in analoger Weise geführt werden wie beim vorigen Satz.)

5. **Gleich große, entgegengesetzt gerichtete Parallelkräfte, die in verschiedenen Kraftlinien wirken, lassen sich nicht durch eine einzige Mittelkraft ersetzen und auch nicht durch eine einzige Kraft im Gleichgewicht halten.** Solche zwei Parallelkräfte bilden zusammen ein sog. **Kräftepaar.**

Denkt man sich den Unterschied der beiden ungleich gerichteten, ungleichen Kräfte, die in verschiedenen Kraftlinien wirken, immer kleiner werdend, so wird die Mittelkraft immer kleiner, und ihre Kraftlinie rückt von den Linien der beiden Einzelkräfte immer weiter ab, auf der Seite der größeren der beiden Kräfte. Verschwindet der Unterschied in der Größe der beiden Kräfte, so ist theoretisch die Mittelkraft $= 0$, ihre Kraftlinie liegt in ∞ Entfernung von den beiden Einzelkräften, aber ebensogut auf der einen, als auf der anderen Seite. Man kommt ja zu dem Grenzfall, in welchem der Unterschied der beiden Kraftgrößen verschwindet, ebensogut, wenn man von dem Fall ausgeht, daß die links gelegene Kraft die größere ist, als wenn man ausgeht von dem Fall, wo die rechts gelegene Kraft größer ist.

Schon lange aber, bevor dieser Grenzfall erreicht ist, rückt die

Mittelkraft weit über den Bereich des starren Körpers hinaus und kann den beiden ungleichen Kräften durch eine am starren Körper selbst angreifende Kraft tatsächlich nicht mehr Gleichgewicht gehalten werden, wohl aber natürlich durch zwei einander entgegengesetzt gerichtete, am starren Körper angreifende Kräfte. Vom Kräftepaar wird im Folgenden noch ausführlicher die Rede sein.

c) Bewegungsbedingungen des starren Körpers.

1. Bewegung der starren Linie.

Für die Bewegung der Punkte einer starren Linie kann nur in Betracht kommen:

    a) die Bewegung in der Richtung dieser Linie,

    b) die Bewegung senkrecht dazu.

Die Bewegung in der Richtung der Linie kann nicht von einem Punkte allein, sondern immer nur vor allen zugleich in gleichem Betrag ausgeführt werden, weil ja sonst die Entfernung der Punkte voneinander verändert würde. Eine solche Bewegung bezeichnen wir als eine translatorische. Die Bewegung senkrecht zur Linie kann nach zwei senkrecht zueinander durch die Linie gelegten Ebenen zerlegt werden. In jeder dieser beiden Ebenen kann sich irgend ein Punkt der Geraden senkrecht zu dieser nur bewegen, wenn alle anderen Punkte die gleiche Bewegung mitmachen (translatorische Bewegung), oder wenn die Größe der Bewegung (Geschwindig-

Fig. 19.

keit der Punkte) nach einem Ende der Linie hin fortschreitend, für gleichgroße Abstände um denselben Betrag zu- oder abnimmt. Nur dann bleibt die Anordnung der Punkte zu einer geraden Linie und ihre Entfernung voneinander bei einer solchen Teilbewegung gesichert. Es muß dann im zweiten Fall, bei ungleicher Bewegung, irgendeine Stelle in der Linie oder in ihrer Fortsetzung geben, wo die Geschwindigkeit senkrecht zur Linie $= o$ ist (Fig. 19). Die Linie ändert dabei im allgemeinen ihre Richtung. Eine solche Bewegung nennen wir eine Drehung (der Fall, daß sich alle Punkte der Quere nach gleich bewegen, wobei der o-Punkt in unendlicher Entfernung liegt und wobei es sich tatsächlich um eine translatorische Bewegung handelt, kann als Grenzfall der Drehung betrachtet werden). Jenseits des o-Punktes muß die Bewegung umgekehrt gerichtet sein und mit der Entfernung von o in dieser umgekehrten Richtung wieder absolut zunehmen. Ganz dieselbe Betrachtung gilt für die quere Bewegung in der zweiten dazu senkrechten Ebene. Doch braucht der o-Punkt dieser Bewegung mit demjenigen der Drehung in der ersten Ebene nicht zusammenzufallen.

Es kann z. B. der o-Punkt der Querbewegung in der ersten Ebene eine quere Bewegung v zeigen, entsprechend der queren Bewegung der Linie in der zweiten Ebene. Man kann sich nun für jeden Punkt die Bewegung in dieser zweiten Ebene zerlegt denken in eine Bewegung v und einen Rest. Dieser Rest muß dann wieder eine Drehbewegung sein, deren o-Punkt nunmehr mit dem o-Punkt der Drehung in der ersten Ebene zusammenfällt. Die gleiche Bewegung v aller Punkte senkrecht zur Linie kann nun noch mit der gleichen Bewegung aller Punkte in der Richtung der Linie zu einer resultierenden Bewegung vereinigt werden, welche für alle Punkte gleich ist. Die beiden Drehungen aber, die in den beiden senkrecht zueinander stehenden Ebenen um den gleichen o-Punkt erfolgen, ergeben für jeden Punkt die Bewegung in der Diagonale eines über den beiden queren Komponenten errichteten Rechteckes, die ebenfalls quer zur starren Linie steht. Da in beiden Ebenen die queren Bewegungen proportional der Entfernung von o, wenn auch in verschiedenem Maße, zunehmen, so muß dies auch für die Resultierenden Geltung haben. Auch müssen die Resultierenden alle in der gleichen Ebene liegen. Statt der beiden gleichzeitigen Drehungen von $\overline{oa}$ nach $\overline{ob}$ und von $\overline{oa}$ nach $\overline{oc}$ haben wir also die resultierende Drehung in einer dazwischengelegenen Ebene aus der Lage $\overline{oa}$ in die Lage $\overline{od}$ (Zerlegung und Vereinigung von Drehbewegungen [Fig. 20]).

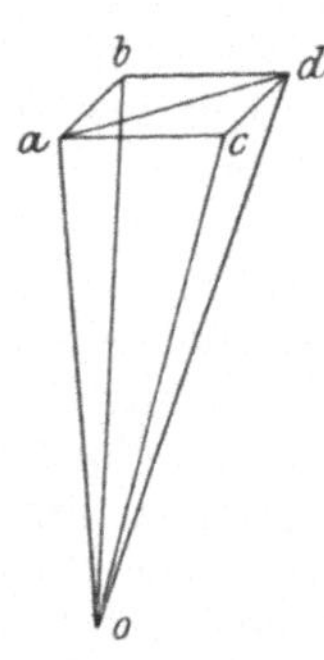

Fig. 20.

2. Bewegung der starren Ebene und des starren Körpers.

Die Lage und Bewegung einer starren Ebene ist ebenso wie diejenige eines starren Körpers bestimmt, wenn die Lage und Bewegung dreier nicht in einer geraden Linie liegender Punkte derselben bestimmt ist. Die Untersuchung der Bewegungsmöglichkeiten einer starren Ebene fällt daher zusammen mit derjenigen der Bewegungsmöglichkeiten eines starren Körpers.

Irgendein Punkt o des sich bewegenden starren Körpers habe eine bestimmte Bewegung v, welche für einen sehr kleinen Zeitraum als geradlinig gelten darf. Man kann sich nun die Bewegung jedes anderen Punktes zusammengesetzt denken aus einer gleichgroßen und gleichgerichteten Bewegung v und aus einem Rest, welcher mit dieser Bewegung zusammen die effektive Bewegung des Punktes gibt. Man kann sich also die Bewegung des Körpers zerlegt denken in eine gleichgroße und gleichgerichtete Bewegung aller Punkte — eine solche Bewegung nennen wir eine translatorische Bewegung — und in eine Bewegung, bei welcher mindestens der zuerst ins Auge gefaßte Punkt in Ruhe bleibt. Für letztere Bewegung gilt Folgendes:

Irgendeine geradlinige Reihe von Punkten, welche den Punkt o und den zweiten Punkt a enthält, kann sich vermöge derselben im gegebenen Augenblick nur bewegen in Form einer Drehbewegung um den Punkt o als 0-Punkt in einer Ebene oaa', welche durch diese Linie oa geht (Fig. 21). Infolge dieser Drehbewegung bewege sich der Punkt a dieser Linie im Verlauf eines bestimmten Zeitteilchens über die Strecke aa'.

Irgendeine zweite gerade Linie xx des Körpers, welche auf der Linie oa im Punkte a senkrecht steht und zugleich senkrecht zu der Richtung aa' der Bewegung des Punktes a, kann sich nun mit keinem ihrer Punkte in den Richtungen der Ebene oax verschieben, sondern nur in der Ebene, welche durch xx und die Linie aa' bestimmt ist, also nur senkrecht zu xx und parallel zu aa'; alle Punkte von xx können sich dabei verschieden bewegen, dann aber nur so, daß die Geschwindigkeit mit der Entfernung von a auf der einen

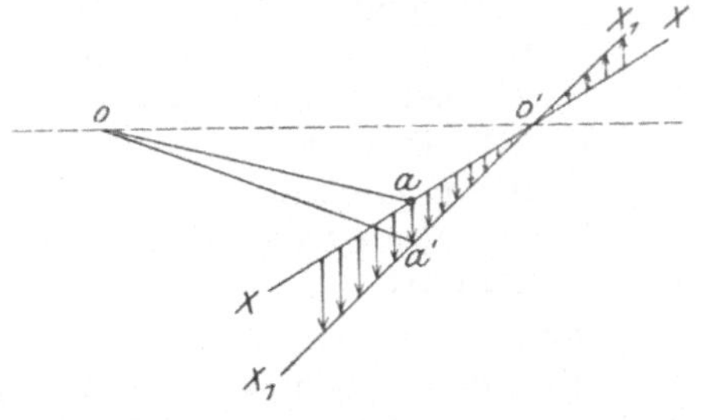

Fig. 21.

Seite stetig zu-, auf der andern stetig abnimmt, mit gleichem Unterschied für gleiche Längenabstände. An irgendeiner Stelle der Linie xx muß ein Punkt vorhanden sein, der die Bewegung o hat (eventuell erst in ∞ Entfernung von a); dies ist ein zweiter 0-Punkt. Es muß dann aber auch jeder andere Punkt in der Verbindungslinie des ersten 0-Punktes o mit dem zweiten 0-Punkte o' und ihrer Verlängerung die Bewegung 0 haben.

Die Art der Drehung des starren Körpers um den ersten o-Punkt in einem bestimmten kleinen Zeitteilchen (instantane Drehung) läßt sich also dahin näher bestimmen, daß es sich in Wirklichkeit immer um eine Drehung um eine gerade Linie von bestimmter Richtung handelt. Diese Linie nennen wir die **Achse der Drehung.**

Die instantane Bewegung des starren Körpers läßt sich also immer zerlegen

1. in eine translatorische Bewegung, bei welcher alle Punkte in der gleichen Richtung und mit gleicher Geschwindigkeit sich bewegen, eine Bewegung, welche sie mit der ganzen Bewegung eines beliebig gewählten Punktes gemeinsam haben, und

2. in eine Drehbewegung von bestimmter Winkelgeschwindigkeit um eine bestimmte durch diesen Punkt gehende gerade Linie als Achse.

3. Genaueres Verhalten bei der Drehung um eine Achse.

Es läßt sich weiter zeigen, daß bei der Drehung eines starren Körpers um eine gerade Linie als Achse folgende Beziehungen gelten:

1. alle Punkte bewegen sich in Kreislinien um die Achse;
2. die Geschwindigkeiten sind der Entfernung von der Achse proportional;
3. alle Punkte, welche in der gleichen durch die Achse gehenden Ebene liegen, bewegen sich parallel zueinander, wenn auch mit verschiedener Geschwindigkeit und — bei entgegengesetzter Lage zur Achse — in verschiedenem Sinn; die in verschiedenen Achsenebenen gelegenen Punkte bewegen sich in verschiedener Richtung;
4. alle Punkte, welche in der gleichen zur Achse parallelen Geraden liegen, haben gleiche Richtung und gleichen Sinn der Bewegung und gleiche Geschwindigkeit.

Für irgendeinen Punkt q des starren Körpers, der im ganzen nicht dieselbe Größe und Richtung der Bewegung hat wie der Punkt o, also nicht in der Achse oo' liegt, gilt nun folgendes: Seine Bewegung läßt sich zerlegen in eine Komponente, welche der Bewegung von o nach Größe und Richtung gleich ist, und in eine zweite Komponente, welche der Drehbewegung von q um oo' entspricht. Aus dem Vorigen ergibt sich, daß sämtliche Punkte, welche in einer parallel zur Achse oo' durch den Punkt q laufenden Geraden qq liegen, vermöge der gemeinsamen translatorischen Bewegung mit o und vermöge ihres übereinstimmenden Verhaltens bei der Drehung um oo' die gleiche Bewegung haben müssen wie der Punkt q.

Wenn man nun nicht die Bewegung des Punktes o, sondern diejenige des Punktes q als die allen Punkten des Körpers gemeinsame Bewegung annimmt und den Rest der Bewegung ins Auge faßt, so ist derselbe für die zu oo' parallele, durch q gehende Linie qq gleich 0; die Restbewegung aller Punkte des Körpers muß also eine Drehbewegung um die Linie qq sein.

Mag man also den Punkt, dessen Bewegung man sich bloß durch die translatorische Bewegung herbeigeführt denkt, wählen, wo man will, so ist die Richtung der Achse, um welche die übrigbleibende Drehbewegung stattfindet, stets dieselbe; die Drehung erfolgt ferner um die Drehungsachse stets im gleichen Sinn und mit der gleichen Winkelgeschwindigkeit, wie sich ebenfalls leicht zeigen läßt. Jede gerade Linie in einer zur Achse senkrechten Ebene nimmt an der Drehung teil und zeigt dieselbe Winkelgeschwindigkeit, welche Linie auch als Achse der Drehung angenommen sein mag.

Als das Wesentliche und Charakteristische bei der Drehung eines starren Körpers erscheint demnach die nach Größe und Richtung ungleiche Bewegung der Teilchen parallel einer bestimmten Ebene (Drehungsebene), die senkrecht zu der Drehungsachse steht, und das Maß (die Winkelgeschwindigkeit) der Drehung irgendeiner in einer Drehungsebene verlaufenden Geraden.

4. Wahl der Drehungsachse.

Die Wahl der Achse ist demzufolge zunächst eine willkürliche. Besteht für uns bei der Untersuchung nur eines einzigen kurzen Augenblickes der Bewegung (instantane Drehung) völlige Freiheit bezüglich der Wahl der Drehungsachse (abgesehen von der Richtung derselben), so liegen die Verhältnisse anders, wenn der Fortgang der Bewegung in Betracht gezogen wird. Da gibt es Punkte des starren Körpers, welche in den Ebenen der Drehung ihre Lage gegenüber dem starren körperlichen System, auf welches die Bewegung bezogen wird, oder mit welchem der sich drehenden Körper enger verbunden ist, weniger als alle anderen oder gar nicht verändern. Diese Punkte werden diejenigen sein, welche von uns bei der Wahl des Ortes der Drehungsachse bevorzugt werden.

So könnte man beispielsweise bei Betrachtung nur eines einzelnen Augenblickes die Bewegung des Rades eines fahrenden Wagens auffassen als reine Drehung um den untersten Punkt des Rades, der in diesem Augenblick gegenüber der Erde in Ruhe ist. Bei Beziehung der Bewegung des Rades aber auf die Bewegung des Wagenkörpers, unter Berücksichtigung des Fortganges der Bewegung, erkennt man, daß dem Mittelpunkt des Rades, den man sich starr mit dem Rad verbunden denken kann, eine Bewegung zugleich mit dem Wagenkörper resp. eine gleichmäßige translatorische Bewegung gegenüber dem Boden zukommt, so daß es zweckmäßig ist, die Bewegung des Wagenrades aufzufassen als die Kombination einer translatorischen Bewegung, welche das Rad mit dem Gestell des Wagens gemeinsam ausführt, mit einer Drehung um eine durch die Mitte des Rades gehende Achse.

Nach diesem Prinzip verfährt man auch bei der Bestimmung der Drehungsachsen für die Bewegung der Glieder in den Gelenken des menschlichen Körpers. Als Drehungsachse wird diejenige senkrecht zur Drehungsebene verlaufende Gerade gewählt, welche sich gegenüber den beiden im betreffenden Gelenk miteinander verbundenen Gliedern nicht oder am wenigsten verschiebt.

Im Kugelgelenk (Hüftgelenk, Schultergelenk) beispielsweise behält der Mittelpunkt des kugligen Gelenkkopfes seine Lage gegenüber der Pfanne bei allen Drehungen bei. So zerfällt die Bewegung des Oberschenkels oder Oberarmes in eine Drehbewegung um eine durch diesen Mittelpunkt gehende Achse und in die Bewegung, welche Oberschenkel und Oberarm gemeinsam mit der Pfanne des Hüftbeines resp. des Schulterblattes ausführen.

Beiläufig gesagt, können am Kugelgelenk die Drehungsebene und die Achse der Drehung von Moment zu Moment ihre Richtung ändern; doch geschieht dies bei fortlaufenden Bewegungen im allgemeinen stetig, indem jede Fortsetzung der Bewegung das Ergebnis ist einer schon vorhandenen Drehung und eines neuen drehenden Einflusses, dessen Wirkung nur allmählich, mit 0 beginnend, zutage treten kann.

5. Hinzufügung und Zerlegung von Drehbewegung.

Zu einer bestimmten ersten kleinen (instantanen) Drehung eines starren Körpers kann eine gleichzeitige zweite hinzugefügt werden. Die Achsen beider Drehungen lassen sich so wählen, daß sie sich in einem Punkte schneiden. Durch beide Achsen oQ und oR (Fig. 22) läßt sich eine Ebene legen und im Schnittpunkt der Achsen kann man eine Senkrechte zu dieser Ebene errichten.

Ein Punkt a dieser Senkrechten bewege sich infolge der Drehung um Qo senkrecht zur Ebene Qoa in einem bestimmten kleinen Zeitteilchen um aq, infolge der Bewegung um oR senkrecht zur Ebene Roa um die Strecke ar in derselben Zeit (die Winkelgeschwindigkeiten beider Drehungen sind proportional aq und ar). Die resultierende Bewegung von a wird in der Diagonale ad des über aq und ar errichteten Parallelogramms, und zwar ebenfalls senkrecht zu oa erfolgen müssen. Aus dem gleichen Grunde der Beteiligung an den beiden Drehungen wird auch jeder andere Punkt von oa in der Ebene oad sich bewegen müssen mit nach o hin abnehmender Geschwindigkeit; andererseits folgt auch aus der Tatsache, daß diese Punkte der starren Linie oa angehören, die gleiche Notwendigkeit direkt. Die Bewegung des Körpers wird eine Drehung parallel zu dieser Ebene sein um eine Achse, welche (weil senkrecht zu oad) zwischen oQ und oR in der Ebene oQR gelegen ist. Man wird die Richtung dieser Achse finden, indem man auf die Achsen Qo und Ro von o aus Beträge aufträgt, welche den Winkelgeschwindigkeiten der Drehung um diese Achsen entsprechen, und über diesen Beträgen ein Parallelogramm errichtet; die Diagonale oD des Parallelogramms entspricht der gesuchten Achse der gemeinsamen Drehung und ist in ihrer Länge zugleich ein Maß der resultierenden Drehgeschwindigkeit. Ebenso kann eine dritte, vierte, fünfte Drehung hinzugefügt und kann dadurch eine neue resultierende Drehung erzeugt werden. Umgekehrt läßt sich eine Drehung in mehrere

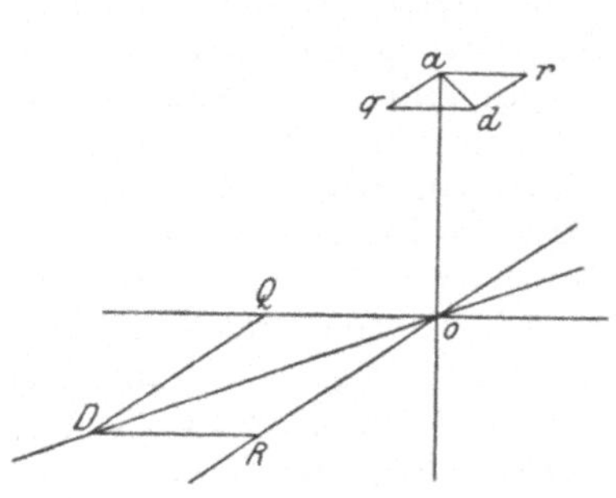

Fig. 22.

Drehungskomponenten zerlegen. Insbesondere kommt man in den Fall, eine Drehung in zwei oder drei mit ihren Drehungsebenen oder Drehungsachsen senkrecht zueinander stehende Drehungen zu zerlegen. Nur bei zueinander senkrecht stehenden Achsen ist die Zerlegung so vorgenommen, daß von keiner der Komponenten der Drehung irgend etwas in der anderen Drehungskomponente oder in den beiden anderen enthalten ist, und daß andererseits kein Teil der Drehung vernachlässigt ist.

Die vom Schnittpunkt der Achsen aus auf die Achsen aufgetragenen Längen, welche der Winkelgeschwindigkeit der Drehung um die betreffende Achse proportional sind, werden als **Halbachsen** bezeichnet. Man einigt sich dahin, daß man sie immer nach derjenigen Seite hin aufträgt, von welcher aus gesehen die betreffende Drehung im Sinne der Bewegung des Uhrzeigers zu erfolgen scheint.

6. Geschwindigkeit der Drehung.

Die Geschwindigkeit der Drehung eines starren Körpers um eine Achse wird bemessen entweder nach dem in der Zeiteinheit durchmessenen Drehungswinkel in Winkelgraden **(Winkelgeschwindigkeit)** oder gewöhnlich nach der linearen Geschwindigkeit der Kreisbewegung um die Achse, welche irgend ein in der Entfernung 1 von der Achse gelegener Punkt aufweist (Wegstrecke, welche dieser Punkt bei gleichbleibender Geschwindigkeit in der Zeiteinheit zurücklegen würde). Unter **Drehgeschwindigkeit** ist im folgenden die nach diesem letzteren Prinzip gemessene Geschwindigkeit der Drehung verstanden. Ist der Radius des Kreises 1, so ist der ganze Kreisumfang, der 360 Winkelgraden entspricht, gleich einer Länge 2π. Einer Drehgeschwindigkeit 1 entspricht also eine Winkelgeschwindigkeit von $\dfrac{360}{2\pi}$ Winkelgraden.

d) Einfluß der Kräfte zur Drehung eines starren Körpers.

1. Begriff des statischen Momentes.

Um die Einflüsse verschiedener Kräfte zur Drehung eines starren Körpers um eine bestimmte gerade Linie als Achse zu schätzen und zu vergleichen, ist der Begriff des statischen Momentes eingeführt. Wir definieren diesen Begriff zunächst rein geometrisch und ziehen zunächst rein geometrisch aus dieser Definition weitere Folgerungen. **Das statische Moment einer Kraft** mit Bezug auf eine bestimmte Linie als Achse ist das Produkt aus zwei Faktoren, der Projektion oder Komponente der Kraft, welche, bei rechtwinkliger Zerlegung nach der Richtung der Achse und nach der Achsenquerebene durch den Angriffspunkt der Kraft, in letztere entfällt, und der kürzesten Entfernung der Kraftlinie dieser Kraftkomponente von der Achse.

In Fig. 23 sei K die Kraft; ihre in die Achsenquerebene qq entfallende Komponente ist $K' = K \cos \alpha$. Ferner sei r der kürzeste Abstand der Projektion K' von der Achse, welche senkrecht zur Ebene qq durch o geht; so ist $K'r$ das statische Moment der Kraft K mit Bezug auf die Achse.

In Fig 24 sei a der Angriffspunkt der Kraft K in einer durch die Bildfläche dargestellten Ebene, welche zur Achse senkrecht steht und von derselben im Punkte o geschnitten wird. Verbindet man a mit dem Achsenpunkt o durch eine auf der Achse senkrecht stehende

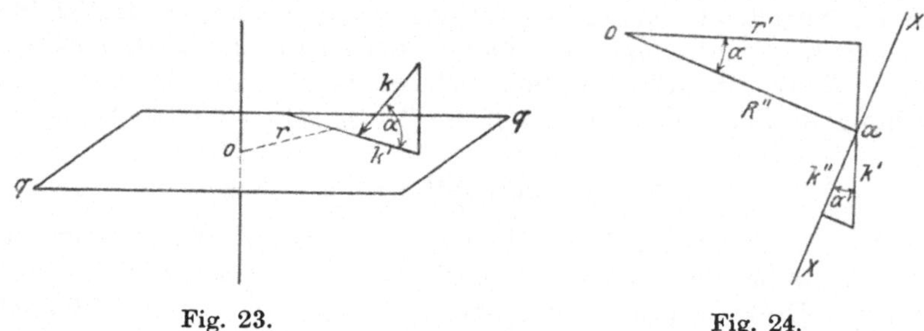

<table>
<tr><td>Fig. 23.</td><td>Fig. 24.</td></tr>
</table>

Gerade R'' und zieht in derselben Querebene die Gerade XX senkrecht zu R'' durch den Punkt a; ist ferner K' die Projektion des Vektors der Kraft K auf die Querebene, r' eine von o auf die Linie K' oder ihre Fortsetzung gezogene Senkrechte und K'' bei rechtwinkliger Zerlegung von K' nach XX und R'' die in die Richtung XX entfallende Komponente, so ist

$K'' = K' \cdot \cos \alpha'$, wenn α' der Winkel zwischen K' und dieser Richtung XX

und $= K \cdot \cos \alpha$,   ,, α ,,   ,,   ,, K ,,   ,,   ,,   ist.

Da nun der Winkel α' zwischen K und K'' = dem Winkel zwischen R'' und r', so ist das Moment der Kraft K gegenüber der Achse

$$= K'r' = K' \cdot R'' \cdot \cos \alpha' = K''R'' \cdot$$
$$= K' \cos \alpha' \cdot R''.$$

Man kann also das statische Moment einer Kraft mit Bezug auf eine bestimmte Achse auch definieren als das Produkt aus dem kürzesten Abstand des Angriffspunktes der Kraft von der Achse (Perpendikel vom Angriffspunkt zur Achse) und derjenigen rechtwinkligen Komponente der Kraft, welche im Angriffspunkt der Kraft, in der gleichen Querebene zur Achse auf dem genannten Perpendikel senkrecht steht.

Man kann die Kraft immer so nach drei senkrecht zueinander stehenden Richtungen zerlegen, daß erste Komponente in die Richtung des Perpendikels vom Angriffspunkt zur Achse fällt und eine zweite der Achse parallel ist. Diese beiden Komponenten haben laut

Definition kein statisches Moment gegenüber der Achse. Ein solches kommt bloß der dritten Komponente zu, welche in der oben bezeichneten Weise bestimmt wird.

Nur diese Komponente hat einen **drehenden Einfluß** auf den starren Körper, vorausgesetzt, daß wirklich die statischen Momente das Maß des drehenden Einflusses darstellen. In der Tat lehrt die Erfahrung folgendes:

Wird ein starrer Körper so eingespannt, daß er sich bloß um eine bestimmte Gerade als Achse drehen kann, so haben Kräfte, welche irgendwie gegen die Achse hingerichtet sind oder der Achse parallel laufen (in welchem Fall ihre Kraftlinie die Achse gleichsam in unendlicher Ferne noch trifft) keinen drehenden Einfluß auf den Körper. Sie rufen in der Achse Widerstände hervor und werden durch dieselben völlig im Gleichgewicht gehalten. In jedem anderen Fall, wenn also die Kraftlinie an der Achse oder ihrer Verlängerung vorbei geht, macht sich ein bewegender, drehender Einfluß geltend.

Es bestehen im allgemeinen **zwei verschiedene Möglichkeiten der Drehung eines starren Körpers** um eine bestimmte Achse. In unserem Fall besteht die Möglichkeit, daß sich der Angriffspunkt der Kraft entweder entgegen der drehenden Komponente K'' oder im Sinne der Einwirkung derselben verschieben kann. Es ist leicht einzusehen, daß das letztere der Fall sein wird.

Wo verschiedene drehend einwirkende Kräfte in Betracht kommen, muß man sich nun über ein **Mittel zur Unterscheidung der beiden Arten der Drehung** einigen. Man verständigt sich zunächst über diejenige Seite der Achse, von welcher aus die Drehung betrachtet werden soll. Diejenige Drehung sodann, welche bei dieser Betrachtung entsprechend der Drehung des Uhrzeigers erfolgt, wird als positiv, die umgekehrte Drehung wird als negativ bezeichnet. Dem entsprechend werden auch die Kräfte K'' in a, je nachdem sie für sich allein die eine oder andere Art der Drehung hervorrufen, als positiv oder negativ bezeichnet und ebenso ihre statischen Momente. Inwiefern nun die statischen Momente wirklich genau das Maß des drehenden Einflusses darstellen, wird später gezeigt werden.

2. Geometrische Ableitungen.

Rein geometrisch lassen sich aus der geometrischen Definition des statischen Momentes noch folgende Sätze ableiten:

α) **Das statische Moment einer Kraft bleibt dasselbe, nach welchem Punkt ihrer Kraftlinie auch der Angriffspunkt der Kraft verlegt wird.**

Zwei gleich große Kräfte, welche in der gleichen Linie wirken, haben absolut genommen das gleiche statische Moment, an welchem Punkt der Linie sie auch angreifen.

Zwei gleich große Kräfte, welche in derselben Kraftlinie aber in entgegengesetztem Sinn wirken, haben zwei statische Momente von gleicher Größe und entgegengesetztem Vorzeichen, deren Summe $= O$ ist.

$\beta)$ Ganz allgemein gilt der wichtige Satz:

Die Summe der statischen Momente mehrerer Kräfte mit Bezug auf eine gerade Linie als Achse ist gleich dem statischen Moment ihrer Mittelkraft mit Bezug auf diese Achse.

Beweis. Sämtliche Kräfte lassen sich in ihren Kraftlinien so verschieben, daß die Angriffspunkte in der gleichen Achsenquerebene

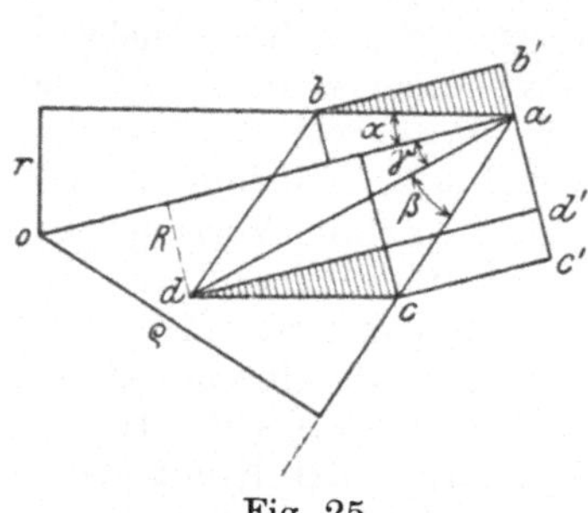

Fig. 25.

liegen. Für die statischen Momente kommen dann nur diejenigen Komponenten in Betracht, welche den Projektionen der Kraftvektoren auf die betreffende Querebene entsprechen, und außerdem die kürzesten Abstände dieser Vektoren von der Achse. Das Problem reduziert sich also auf dasjenige nach dem Verhalten der statischen Momente von verschiedenen, in derselben Achsenquerebene gelegenen Kräften.

Irgend zwei Kräfte, welche nicht in verschiedenen, unter sich parallelen Kraftlinien liegen, lassen sich nach dem gleichen Angriffspunkt a verlegen und durch zwei Vektoren $\overline{ab}$ und $\overline{ac}$ darstellen. (Fig. 25.)

$\overline{ab}$ im Abstand r von der Achse hat das Moment $\overline{ab} \cdot r$

ac „ „ „ ϱ „ „ „ „ „ „ $\overline{ac} \cdot \varrho.$

$\overline{ab} \cdot r$ wird ersetzt durch $\overline{ab'} R$

$\overline{ac} \cdot \varrho$ „ „ „ $\overline{ac'} \cdot R,$

wobei R der Abstand des neuen Angriffspunktes a von der Achse ist und $\overline{ab'}$ und $\overline{ac'}$ die senkrecht zu R stehenden Komponenten von $\overline{ab}$ und $\overline{ac}$ darstellen.

Die Summe der Momente der beiden Einzelkräfte ist demnach

$$\overline{ac'} \cdot R - \overline{ab'} \cdot R$$
$$= R(\overline{ac'} - \overline{ab'}).$$

Errichten wir über $\overline{ab}$ und $\overline{ac}$ ein Parallelogramm, so ist $\overline{ad}$ die Resultierende der beiden Kraftvektoren $\overline{ab}$ und $\overline{ac}$.

Wir ziehen dd' parallel zu R, so sind die beiden schraffierten Dreiecke einander kongruent und $\overline{ad'} = \overline{ac'} - \overline{ab'}$. Es ist aber nun das Moment der Mittelkraft $\overline{ad}$ zur Achse $OO' = \overline{ad'} \cdot R = R(\overline{ac'} - \overline{ab'})$. In ähnlicher Weise läßt sich der Satz für jeden Fall beweisen, weiter dann also auch für die Mittelkraft zweier Kräfte und eine dritte Kraft, welche nicht mit ihr ein Kräftepaar bildet, usw. Der Satz gilt also für beliebig viele Kräfte, die in der gleichen Ebene liegen und sich sukzessive fortschreitend zu einer Mittelkraft vereinigen lassen. Man muß natürlich jeweilen für zwei in dem gleichen Punkt angreifende Kräfte den Sinn der drehenden Einwirkung der Komponenten, welche senkrecht zu der Verbindungslinie R des Angriffspunktes mit der Achse gerichtet sind, berücksichtigen und dem entsprechend diese Komponenten und die entsprechenden Drehungsmomente mit positivem oder negativem Vorzeichen in die Rechnung einführen.

3. Sätze vom Kräftepaar.

Ferner ergeben sich rein geometrisch abgeleitet folgende Sätze über das Kräftepaar:

α) Die Summe der statischen Momente der Kräfte eines Kräftepaares gegenüber irgendeiner auf der Ebene des Kräftepaares senkrecht stehenden Achse ist gleich dem Produkt aus der Größe einer der beiden Teikräfte und dem kürzesten Abstand der Kraftlinien beider Kräfte voneinander. Das Vorzeichen des resultierenden statischen Momentes entspricht dem Vorzeichen des Momentes der von der Achse weiter entfernten Kraft, wenn beide Kräfte an der gleichen Seite der Achse

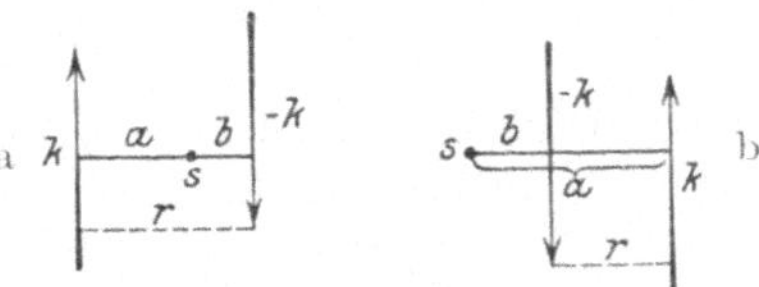

Fig. 26 a u. b.

liegen, dem Vorzeichen beider Kraftmomente aber, wenn beide Kräfte an verschiedenen Seiten der Achse gelegen sind.

Das resultierende statische Moment (die Summe der statischen Momente beider Kräfte) des Kräftepaares wird kurzweg als das **Moment des Kräftepaares** bezeichnet.

Obiger Satz ist leicht zu beweisen (Fig. 26 a und b): Es ist ja der Abstand der beiden Kräfte voneinander gleich der Differenz oder Summe ihrer Abstände von der Achse s; $K \cdot r = K \cdot a \pm K \cdot b$.

β) Jedes Kräftepaar am freien starren Körper läßt sich durch ein anderes Kräftepaar ersetzen, dessen Moment gleich groß ist, dessen Ebene die gleiche Richtung hat und das (mit Bezug auf irgendeine zu seiner Ebene senkrecht stehende Achse) in gleichem Sinn drehend wirkt.

Dieser Satz ist für Kräftepaare der gleichen Ebene selbstverständlich. Der Beweis für die Behauptung, daß Kräftepaare, die in verschiedenen Ebenen liegen, die gleiche Wirkung haben, wenn ihr Moment gleich groß und der Sinn ihrer drehenden Einwirkung derselbe ist (mit Bezug auf eine Achse senkrecht zu ihrer Ebene), und daß sich ihre Wirkung gegenseitig aufhebt, wenn der Sinn der Drehung ein entgegengesetzter ist, ist folgender:

Von zwei in verschiedenen parallelen Ebenen wirkenden Kräftepaaren von gleichem Moment und entgegengesetztem Sinn ist zu beweisen, daß sie sich gegenseitig aufheben.

Das eine der beiden Kräftepaare läßt sich in seiner eigenen Ebene immer so ersetzen, daß seine Einzelkräfte denjenigen des anderen Kräftepaares parallel und gleich sind (Fig. 27). Auch die

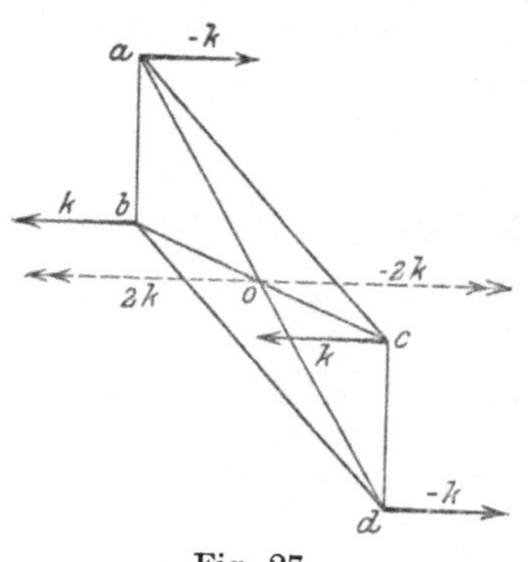

Fig. 27.

Hebelarme ab und cd der beiden Kräftepaare müssen dann einander gleich und parallel sein; man konstruiert das Parallelogramm $abcd$ und zieht seine Diagonalen, die sich halbieren. Nun fügt man im Schnittpunkt O derselben, parallel zu den Einzelkräften eine Kraft $2k$ und eine gleich große Gegenkraft $-2k$ hinzu, so ist die hiermit hervorgebrachte Veränderung $= 0$. Es hält aber die Kraft $-2k$ in O den beiden Kräften $+k$ in b und c das Gleichgewicht und die Kraft $2k$ in O den beiden Kräften $-k$ in a und d. Sämtliche Kräfte zusammen halten sich also im Gleichgewicht, demnach auch die beiden Kräftepaare für sich allein.

γ) **Zerlegung eines Kräftepaares in zwei Kräftepaare, deren Ebenen sich in einer Geraden der Ebene des ursprünglichen Kräftepaares rechtwinklig schneiden.**

Wir können das erste Kräftepaar immer so wählen oder ersetzen, daß die eine Parallelkraft mit der Schnittlinie der drei Ebenen zusammenfällt.

In Fig. 28 stehe die Bildfläche senkrecht zu der Schnittlinie der drei Kräftepaarebenen. Durch den Punkt a wirke senkrecht zur Bildfläche die Kraft k, durch s in umgekehrter Richtung die Kraft $-k$. Es seien bs, as und cs die Linien, in welchem die drei senkrecht zur Bildfläche stehenden Kraftebenen sich mit der Bildfläche schneiden. Die Punkte b und c sind so gewählt, daß $absc$ ein Rechteck ist.

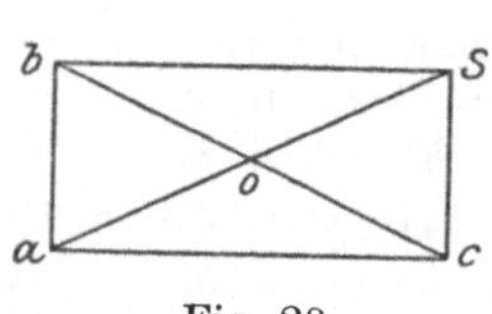

Fig. 28.

Wir ziehen die Gerade bc, so ist o der Halbierungspunkt von as und bc. Wir ersetzen das Kräftepaar k in a und $-k$ in s durch das Kräftepaar $2k$ in o und $-2k$ in s, die Kraft $2k$ in o aber durch k in b und k in c. So sind zwei Kräftepaare entstanden, nämlich

$$k \text{ in } b \text{ und } -k \text{ in } s$$
und
$$k \text{ in } c \text{ und } -k \text{ in } s,$$

welche das ursprüngliche Kräftepaar vollkommen ersetzen.

δ) **Zerlegung eines Kräftepaares nach drei senkrecht zueinander stehenden Koordinatenebenen.**

Man kann immer das ursprüngliche Kräftepaar so parallel zu sich verschieben, daß die eine Parallelkraft durch den Mittelpunkt des Koordinatensystems geht.

Man zerlegt nun die beiden Parallelkräfte in ihren Schnittpunkten mit einer der Koordinatenebenen in Komponenten senkrecht zu dieser Ebene und in Komponenten, welche in diese Ebene entfallen, und bekommt so ein Kräftepaar in dieser Ebene und ein zweites in einer dazu senkrecht stehenden Ebene, welche durch den Mittelpunkt des Koordinatensystems geht; letzteres kann dann nach dem vorigen Paragraphen ersetzt werden durch zwei Kräftepaare in den zwei übrigen Hauptebenen des Koordinatensystems.

e) Statisches Gleichgewicht am starren Körper.

1. Gleichgewicht der statischen Momente beim statischen Gleichgewicht.

Jede Kraft läßt sich in der früher erörterten Weise durch Hinzufügung einer gleich großen, gleich gerichteten Kraft und ihrer Gegenkraft an einem bestimmten Punkte m des Körpers ersetzen durch eine gleich gerichtete Einzelkraft im Punkte m und durch ein Kräftepaar, dessen Ebene durch die Linie der äußeren Kraft und den Punke m geht und dessen Moment gleich dem Produkt aus der Kraft und ihrem kürzesten Abstand vom Punkte m ist. Verfährt man so mit Bezug auf den Punkt m für sämtliche äußeren Kräfte, so erhält man eine Anzahl Einzelkräfte in m, für welche man eine resultierende Einzelkraft setzen kann, und eine Anzahl Kräftepaare, welche man durch ein einziges resultierendes Kräftepaar ersetzen kann.

Man kann weiterhin sämtliche Einzelkräfte in m nach drei in m rechtwinklig sich schneidenden Koordinatenachsen zerlegen, ebenso die Kräftepaare nach drei rechtwinklig zueinander stehenden Mittelebenen. Für den Fall des Gleichgewichtes zwischen sämtlichen äußeren Kräften am starren Körper muß nun also

1. die algebraische Summe der in jede der drei Koordinatenrichtungen entfallenden Komponenten der Einzelkräfte für sich $= 0$ sein,
2. die algebraische Summe der statischen Momente sämtlicher Kräfte, oder was dasselbe ist, der Momente sämtlicher Kräftepaare (resp. ihrer Komponenten) in bezug auf jede der drei Koordinatenachsen für sich $= 0$ sein.

Dies gilt natürlich auch, wenn wir als Punkt m den Massenmittelpunkt des Körpers gewählt haben.

Da die Bedingungen für jeden beliebigen Punkt m erfüllt sein müssen, ergibt sich, daß für den Fall, wo die äußeren Kräfte sich an einem Körper das Gleichgewicht halten, mit Bezug auf jede beliebig gelegene und jede beliebig gerichtete Achse das Gleichgewicht der statischen Momente vorhanden sein muß.

2. Gleichgewicht gegenüber der Schwere.

Es handelt sich bei der Einwirkung der Schwerkraft um die Einwirkung einer Kraft, welche auf jedes Masseteilchen proportional seiner Masse in vertikaler Richtung einwirkt.

Wir können uns ein rechtwinkliges Koordinatensystem im starren Körper so gelegt denken, daß der Mittelpunkt desselben mit dem Massenmittelpunkt und eine der Koordinatenachsen mit der vertikalen Richtung der Schwerkraft zusammenfällt.

Jede Einzelwirkung k der Schwerkraft auf das einzelne materielle Teilchen kann in der durch den Massenmittelpunkt gehenden Kraftebene nach dem soeben erwähnten Prinzip ersetzt werden durch drei Kräfte (indem man im Massenmittelpunkt noch eine Kraft k und $- k$ hinzufügt). Zwei dieser Kräfte bilden ein Kräftepaar in der betreffenden vertikalen Kraftebene, die dritte Kraft ist eine Einzelkraft im Massenmittelpunkt. Wenn man das Kräftepaar nach den drei Koordinatenebenen zerlegt, so findet man, daß der in die horizontale Ebene entfallende Teil $= 0$ ist. Es kommen also nur Komponenten in den vertikalen Hauptebenen und Drehungseinwirkungen um die beiden horizontalen Koordinatenachsen in Betracht.

Die Summe aber der Momente der Kräftepaarkomponenten, welche in einer der beiden vertikalen Koordinatenebenen wirken, ist gleich der Summe aller statischen Momente der an den einzelnen Teilchen angreifenden Kräfte mit Bezug auf diejenige horizontale Achse des Massenmittelpunktes, welche zu der betreffenden vertikalen Hauptebene senkrecht steht. Jede dieser beiden Summen aber muß für sich $= 0$ sein.

Nun handelt es sich bei dem statischen Moment gegenüber einer horizontalen Achse für jedes Teilchen um eine vertikale Kraft, welche der Masse proportional ist. Der Hebelarm aber entspricht dem je nach der Lage positiv oder negativ zu rechnenden Abstand der Kraft von der betreffenden horizontalen Achse oder des betreffenden Teilchens von der vertikalen Koordinatenebene, die durch diese Achse geht und eine Mittelebene ist. Die statischen Momente mit Bezug auf diese Achse entsprechen also den Massenmomenten mit Bezug auf die entsprechende Koordinaten- oder Mittelebene. Ihre Summe muß $= 0$ sein, gemäß der Definition der Mittelebene.

Der Einwirkung der Schwere ist also Gleichgewicht gehalten, wenn in der Vertikalen durch den Massenmittelpunkt eine Gegenkraft wirkt gegen die Resultierende der Einzelkräfte, welche den Einwirkungen der Schwerkraft auf die Einzelteilchen entsprechen.

Dies gilt für jede beliebige Stellung des Körpers. Der Massenmittelpunkt des Körpers ist also der Punkt, durch welchen bei jeder

Lage des Körpers die Mittelkraft sämtlicher Schwerkraftseinwirkungen auf die einzelnen Teilchen gerichtet ist und dessen Unterstützung durch eine gleich große entgegengesetzt gerichtete Kraft die bewegende Einwirkung der Schwere verhindert. Deshalb bezeichnen wir den Massenmittelpunkt auch als den **Schwerpunkt** des Körpers.

Der Körper, welcher dem Einfluß der Schwere unterworfen ist, muß natürlich auch dann im Gleichgewicht sein, wenn mehrere Gegenkräfte vorhanden sind, deren resultierende Einwirkung die Gegenkraft darstellt zu der Mittelkraft der Schwere.

Bezüglich der Schwerpunktsbestimmungen, der Lehre vom stabilen, labilen und indifferenten Gleichgewicht und der vielen praktischen Aufgaben der Statik muß auf die Lehrbücher der Physik und Mechanik verwiesen werden.

f) Effektive Kräfte der Bewegung. Prinzip von d'Alembert.

Fällt von den äußeren Kräften, welche sich an einem starren Körper Gleichgewicht halten, eine aus, z. B. dadurch, daß eine gleich große, entgegengesetzt in der gleichen Kraftlinie wirkende Kraft hinzugefügt wird, so wird offenbar das Gleichgewicht im erstem Augenblick stets in der gleichen Weise gestört sein, die Bewegung wird stets in der gleichen Weise beginnen, welches auch die Angriffspunkte der übrigen Kräfte in ihren Kraftlinien sein mögen, und an welchem Punkt ihrer Kraftlinie die hinzugefügte neue Kraft angreifen mag. Ebenso beginnt die Bewegung in gleicher Weise, wenn man sich alle äußeren Kräfte bis auf eine weggenommen denkt, wo auch diese eine Kraft in ihrer Kraftlinie angreifen mag.

Die wirkliche Beschleunigung, welche irgend ein Punkt eines beliebigen materiellen Systems und also auch eines starren Körpers erfährt, kann als **effektive Beschleunigung** bezeichnet werden; die ihr entsprechende Kraft, welche diese Beschleunigung am betreffenden Teilchen hervorbringen würde, wenn dasselbe völlig frei wäre, ist die **effektive Kraft**. Sie muß die Resultierende sein sämmtlicher Einzelkräfte, welche auf das Teilchen einwirken; an den Angriffsstellen der äußeren Kräfte gehören auch die Einwirkungen der äußeren Kräfte zu diesen Einzelkräften. Im übrigen muß es sich um die Wirkungen innerer Kräfte handeln.

An einem irgendwie beschaffenen System materieller Punkte, welche in irgend welcher Bewegung gegeneinander und gegenüber dem bestimmten Raum, auf welchen die Lage und Bewegung bezogen wird, begriffen sind und welche in einem bestimmten Augenblick, sei es durch innere Kräfte des Systems, sei es durch äußere Kräfte, sei es durch mehrere verschiedene gleichzeitige Krafteinwirkungen, irgend welche resultierende effektive Beschleunigungen erfahren, können die effektiven Beschleunigungen anulliert resp. aufgehoben werden, wenn an jedem materiellen Punkt, entgegengesetzt der Richtung der effektiven Beschleunigung eine Kraft angreift, deren absoluter Wert gleich ist dem Produkt aus der effektiven Beschleunigung und der Masse des materiellen Punktes.

Da die inneren Kräfte für sich am Bewegungszustand des Massenmittelpunktes des ganzen Systems nichts ändern und der Gesamtmasse auch keine Drehbeschleunigung um irgendeine Achse des Massenmittelpunktes zu erteilen vermögen, so muß der gesamten Einwirkung der äußeren Kräfte nach diesen zwei Beziehungen durch jene hinzugefügten Gegenkräfte der effektiven Kräfte das Gleichgewicht gehalten sein.

Dieses Prinzip (von d'Alembert) gilt nun ganz besonders auch für den starren Körper.

g) Fortgesetzte Drehbewegung.

1. Zentripetalkraft.

Bei der Drehung eines starren Körpers um eine Achse kommen bloß solche Bewegungen der Teilchen in Betracht, welche in Ebenen senkrecht zur Achse (Querebenen) stattfinden und zur kürzesten Verbindungslinie des Teilchens mit der Achse senkrecht gestellt sind. Jedes Teilchen bewegt sich in einer Kreislinie um die Achse. Hat nun bei seiner Kreisbewegung um die Achse ein materieller Punkt in einem bestimmten Augenblick eine tangentiale Geschwindigkeit v, so wird er sich vermöge derselben allein nicht im Kreis, sondern in der Richtung der Tangente weiterbewegen. Zur Fortbewegung in der Kreislinie mit gleichbleibender tangentialer Geschwindigkeit ist notwendig, daß in jedem Augenblick in der Richtung der kürzesten Verbindungslinie mit der Achse eine **Zentripetalkraft** einwirkt, deren Größe

$$K = m \frac{v^2}{r},$$

wobei m die Masse des materiellen Punktes und r seinen Abstand von der Achse bedeutet.

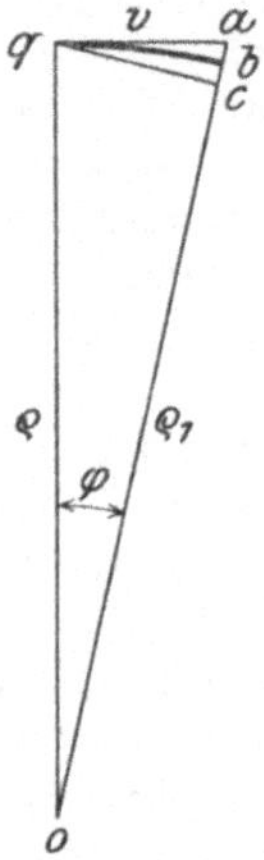

Fig. 29.

Die Richtigkeit der Beziehung $K = m \dfrac{v^2}{r}$ ergibt sich aus folgendem:

Die tangentiale Lineargeschwindigkeit des materiellen Punktes μ in q (Fig. 29) sei $= \overline{qa} = v$. Der Abstand des Punktes μ von der Drehungsachse $\overline{oq} = \varrho$. Die Drehgeschwindigkeit sei $= \varphi$; dann ist

$v = \varphi \varrho$. Wir ziehen $\overline{oa} = \dfrac{\overline{oq}}{\cos \varphi} = \varrho_1$ und messen $\overline{ob} = \varrho$ ab. Der Punkt μ bewegt sich von q nach b statt nach a, wenn auf ihn in der Richtung ao eine gleichförmige Kraft einwirkt, vermöge welcher er an und für sich eine Beschleunigung erfahren und eine Strecke $/\!/$ und $= \overline{ab}$ in der Zeiteinheit zurücklegen würde; er erhält dabei eine

Endgeschwindigkeit in der Richtung ao von $\overline{2ab} = \chi$, gemäß dem für die gleichförmig beschleunigte Bewegung geltenden Satze:

$$W \; (= \text{Weg}) = v_1 + \frac{1}{2}\,\varphi\,t^2;$$

für $v_1 = o$ und $t = 1$ ist nämlich die Endgeschwindigkeit in dieser Zeit $= \varphi = 2\,W$. Die zu dieser Beschleunigung notwendige Kraft $= K = M\chi$. Wir ziehen endlich qc senkrecht zu oa, so daß $oc = \varrho \cdot \cos \varphi$.

Es liegt nun qb zwischen qa und qc und und die Länge ob

$$< \frac{\varrho}{\cos \varphi}$$

$$> \varrho \cdot \cos \varphi$$

Es liegt um so genauer b in der Mitte zwischen a und c, je kleiner wir die Zeiteinheit und die Größe φ gewählt haben.

Nun verhält sich

$$\overline{ac}\,(= \chi) : v = v : \varrho$$

$$\text{folglich ist } \chi = \frac{v^2}{\varrho} \qquad \text{und } K = M\chi = \frac{M\,v^2}{\varrho}.$$

Diese Ableitung ist um so genauer in allen Teilen richtig, je kleiner die ins Auge gefaßte Zeiteinheit und je kleiner φ gegenüber ϱ ist. Je kleiner φ, um so genauer trifft die wirkliche Kreisbahn von q bis zur Linie oa in b die Mitte zwischen a und c; um so genauer entspricht sie in ihrer Länge der Linie qa und ist die Geschwindigkeit in der Kreisbahn $= v$, und um so vollständiger trifft andererseits die vom Punkte μ unter dem Einfluß der Anfangsgeschwindigkeit v und der konstanten Kraft K zurückgelegte Kurve im ganzen Verlauf mit dieser Kreislinie zusammen.

Dabei befindet sich am Ende des Zeitteilchens der Punkt μ wieder im Abstand ϱ von der Achse und hat eine Tangentialgeschwindigkeit senkrecht zu $\varrho = v$, so daß für das nächste Zeitteilchen wieder genau dieselben Anfangsbedingungen gegeben sind wie für das zuvor ins Auge gefaßte.

2. Wirkung der Zentrifugalkräfte auf feste Drehungsachsen.

Bei Drehung um eine feste Achse, in welcher der Körper durch äußere Kräfte oder Widerstände festgehalten wird, ist das Abrücken der Teilchen von der Achse durch die bei solcher Entfernung sofort wachgerufenen inneren Kräfte des Zusammenhaltes verhindert. In der kürzesten Verbindungslinie zwischen einem Teilchen μ und der Achse kann und muß man sich eine vollständige Kette von Teilchen denken, in welcher durch eine wenn auch noch so geringe wirkliche Entfernung des Teilchens μ von der Achse innere Kräfte wachgerufen sind. Zwischen je zwei nach der Achse zu aufeinander folgenden Teilchen wirken in einer senkrecht zur Achse stehenden Kraftlinie eine Zentripetalkraft auf das äußere und eine **Zentrifugalkraft** auf das innere Teilchen; an den Enden der Kette wirken dementsprechend: eine Zentripetalkraft auf das Teilchen μ und eine Zentrifugalkraft auf die Achse. Jedem Teilchen μ entspricht eine solche Kette von Kraftwirkungen in der Linie seiner Verbindung mit der Achse (eventuell auch kommt eine Wirkung in mehreren Linien, unter Zerlegung in Komponenten, in Betracht). Gegen die Achse zu fallen die Linien der Zentrifugalwirkung verschiedener Teilchen teilweise zusammen, es summieren sich die inneren Kraftwirkungen zwischen aufeinanderfolgenden Teilchen. In der Achse selbst treffen alle zentrifugalen Einwirkungen, von all den Teilchen her, die an verschiedener Seite außerhalb der Achse liegen, zusammen und halten sich in größerem oder geringerem Maße Gleichgewicht.

Bei festen Achsen, welche nicht durch den Massenmittelpunkt gehen, wo also die Masse einseitig stärker angehäuft, ist, ist solches Gleichgewicht nicht vollkommen; vielmehr sind äußere, auf die Achse wirkende Kräfte notwendig, um an dieser der überwiegenden Einwirkung der Zentrifugalkräfte von Seite der stärkeren Massenanhäufung her Gleichgewicht zu halten.

3. Zentrifugalkraftwirkung am sich drehenden freien Körper.

Es sei zunächst in Erinnerung gebracht, daß mit Bezug auf irgendeine durch den Massenmittelpunkt gelegte Ebene (Mittelebene) die beiden Summen aus den Produkten der Massen der an der gleichen Seite der Mittelebene gelegenen materiellen Punkte und ihren Abständen von dieser Ebene einander gleich sind. Die beiden Summen dieser Produkte aber sind zusammen $= 0$, wenn man die auf verschiedenen Seiten der Mittelebene gelegenen Abstände mit verschiedenen Zeichen in die Gleichung einführt:

$$\sum \mu \varrho = 0.$$

Man wählt nun die Drehungsachse als zz-Achse (Fig. 30) eines Koordinatensystems, ferner zwei senkrecht zueinander und zur Drehungsachse durch den Schwerpunkt gehende Geraden als xx- und yy-Achse und man bezeichnet die kürzeste Verbindungslinie irgendeines materiellen Punktes des Körpers mit der zz-Achse jeweilen mit r.

Der Abstand x des Punktes von der yz-Ebene ist dann $= r \cos a$, wenn a den Winkel zwischen r und der yz-Ebene bedeutet.

Der Abstand y von der xz-Ebene $= r \sin a$.

Es muß nun, wenn alle y oberhalb der xz-Ebene als positiv, alle unterhalb der xz-Ebene gelegenen y als negativ eingeführt werden,

$$\sum \mu r \sin \alpha = 0$$

sein; ebenso ist

$$\sum \mu r \cos \alpha = 0.$$

Wir machen folgende Annahmen bezüglich der Drehung um die Schwerpunktachse zz (Fig. 30): Alle Bewegungen der Punkte infolge der Drehung finden parallel der xy-Ebene statt. Die Drehgeschwindigkeit sei ω.

Jeder materielle Punkt bewegt sich mit der Geschwindigkeit $r\omega$; die beiden Komponenten dieser Bewegung parallel xx und yy sind $\omega r \sin \alpha$ und $\omega r \cos \alpha$.

$\mu r \omega \sin \alpha$ ist die Bewegungsmenge des Punktes μ gegenüber der yz-Ebene, $\mu r \omega \cos \alpha$ diejenige gegenüber der xz-Ebene.

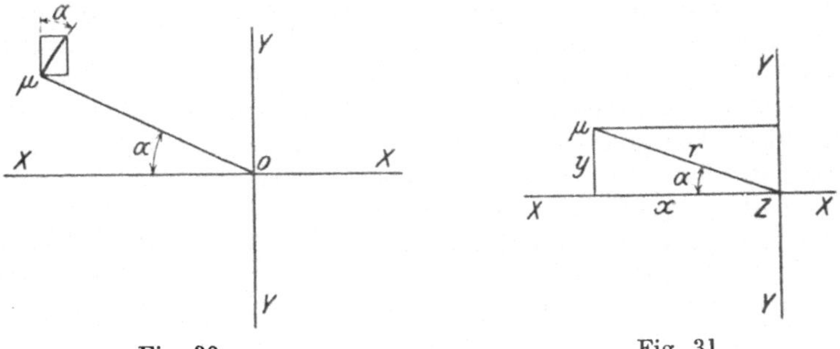

Fig. 30.   Fig. 31.

Nun muß $\sum \mu r \omega \sin \alpha = 0$ sein, wenn der Massenmittelpunkt durch die effektive Drehbewegung nicht verändert werden soll (Gleichgewicht der Bewegungsmengen gegenüber der yz-Ebene); und zwar sind dabei alle oberhalb der xz-Ebene sich abspielenden $\mu r \omega \sin \alpha$ nach der gleichen Seite gerichtet, die unterhalb der genannten Ebene gelegenen aber nach der entgegengesetzten Seite.

Ebenso muß $\sum \mu r \omega \cos \alpha = 0$ sein (Summe aller Bewegungsmengen senkrecht zu der xz-Ebene) usw.

Berechnen wir nun (Fig. 31) für eine Drehung ω um die durch den Massenmittelpunkt gehende Drehungsachse zz die Zentrifugalkräfte, welchen in den kürzesten Verbindungslinien der Punkte mit der Achse Gleichgewicht gehalten sein muß.

Jeder materielle Punkt bewegt sich mit der tangentialen Geschwindigkeit ωr im Kreis. Die Zentrifugalkraft, welche auf die Achse wirkt $= \mu \dfrac{(\omega r)^2}{r} = \mu r \omega^2$.

Jede derartige Einwirkung auf die Achse läßt sich zerlegen in eine Komponente $\parallel xx = \mu r \cos \alpha\, \omega^2$ und in eine Komponente $\parallel yy = \mu r \sin \alpha\, \omega^2$. Die auf der oberen Seite der xz-Ebene gelegenen y-Komponenten haben entgegengesetzte Richtung wie die unterhalb gelegenen, und ebenso verhält es sich mit den zu beiden Seiten der yz-Ebene gelegenen x-Komponenten.

Da auch hier $\sum \mu r \sin \alpha = 0$ ist,

und ebenso $\sum \mu r \cos \alpha = 0$, so muß

dementsprechend natürlich auch

$$\omega^2 \sum \mu r \sin \alpha = 0 \text{ und } \omega^2 \sum \mu r \cos \alpha = 0 \text{ sein.}$$

Eine Beeinflussung der Bewegung des Massenmittelpunktes kann also durch die Zentrifugalkräfte nicht stattfinden.

Es ist nun aber denkbar, daß die parallel yy verlaufenden, in der zz-Achse angreifenden Teilkräfte eine drehende Wirkung gegenüber der xx-Achse ausüben. Das einzelne statische Moment würde $\mu \omega^2 r \sin \alpha \cdot z$ sein, wenn r den Abstand von der zz-Achse, z aber den Abstand des Punktes μ von der xy-Ebene darstellt. Ebenso ist denkbar, daß die parallel der xx-Achse wirkenden Komponenten eine drehende Wirkung um die yy-Achse ausüben; das einzelne statische Moment gegenüber dieser Achse ist $\mu \omega^2 \cdot r \cos \alpha \cdot z$. Es fragt sich also noch, wie sich die Summen der statischen Momente gegenüber den beiden anderen Achsen, oder wie sich $\Sigma (\mu \omega^2 z \cdot r \cos \alpha \cdot)$ und $\Sigma (\mu \omega^2 z \cdot r \sin \alpha \cdot)$ verhalten.

In der Tat leuchtet ein, daß diese Momentsummen nicht $= 0$ sein können, wenn die Masse ungleich um die Achse zz verteilt und am einen Ende der Achse, z. B. hauptsächlich auf der einen, am anderen Ende auf der gegenüberliegenden Seite angehäuft ist (Fig. 32). In diesem Fall überwiegen an jedem Ende der Achse die Zentrifugalwirkungen nach der Seite der stärkeren Massenanhäufung hin. Nehmen wir an, daß die Schwerpunktsachse bis jetzt eine feste war, und daß sie bei einer Drehungsgeschwindigkeit ω plötzlich freigegeben wird, so sind die Bedingungen zur Fortbewegung aller Punkte in Kreislinien um diese Achse nicht gegeben; vielmehr werden sich an den Stellen stärkerer einseitiger Massenanhäufung die Teilchen nicht vollständig in Kreislinien um die Achse, sondern mehr in tangentialer Richtung weiterbewegen. Das will sagen, daß die Achse zz nach den Seiten der stärkeren

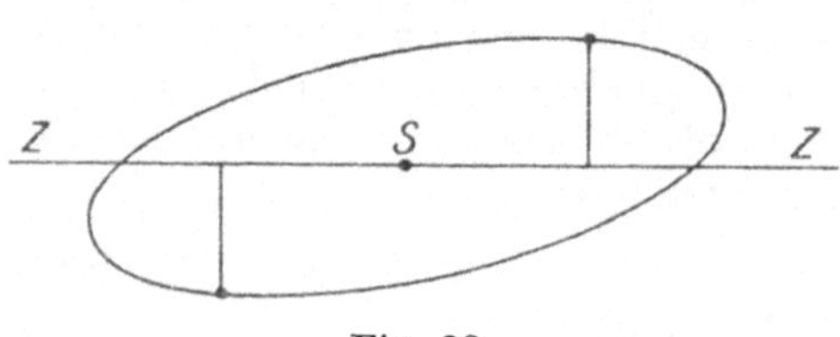

Fig. 32.

Massenanhäufung eine Ablenkung erfahren wird und anfangen wird, mit ihren beiden Enden entgegengesetzte Exkursionen um eine mittlere Lage auszuführen, bei gleichbleibender Lage des Schwerpunktes.

Sollen aber diese Nebenbewegungen der Achse zz, welche Drehungen des Körpers um die beiden anderen Hauptachsen entsprechen, verhindert sein, so müßte die Schwerpunktsachse zz durch besondere äußere Kräfte gegenüber den einseitigen resultierenden Einwirkungen der Zentrifugalkräfte in ihrer Lage festgehalten sein. Solche Einwirkungen fehlen nur dann, wenn die statischen Momente der y-Komponenten der Zentrifugalkräfte gegenüber der Achse xx zusammen $= 0$ sind, und wenn ebenso die Summe der statischen Momente der x-Komponenten der durch zz wirkenden Zentrifugalkräfte gegenüber der Achse yy gleich 0 ist. Es müßte sowohl $\Sigma \mu \omega^2 \cdot z \cdot r \cdot \cos \alpha$ als auch $\Sigma \mu \omega^2 \cdot z \cdot r \cdot \sin \alpha = 0$ sein.

$$r \cos \alpha \text{ eines Punktes ist seine } x\text{-Koordinate}$$
$$r \sin \alpha \quad ,, \qquad ,, \qquad ,, \quad ,, \quad y\text{-} \qquad ,,$$

Es müßte also $\omega^2 \Sigma \mu z x = 0$, und ebenso

$$\omega^2 \Sigma \mu z y = 0 \text{ sein,}$$

was eine größere Symmetrie der Massenverteilung zu den Mittelebenen, welche durch die Drehungsachse zz gelegt werden können, voraussetzt.

h) Lebendige Kräfte bei der Drehung. Trägheitsmoment.

Die tangentiale Geschwindigkeit v jedes Teilchens μ des sich mit bestimmter Drehgeschwindigkeit drehenden starren Körpers ist $= \omega r$, wenn r den Abstand von der Drehungsachse, ω die Drehgeschwindigkeit bedeutet. Die lebendige Kraft des Teilchens $= \dfrac{\mu v^2}{2}$ $= \dfrac{\mu \omega^2 r^2}{2}$

$$\sum \frac{\mu v^2}{2} = \frac{\omega^2}{2} \sum \mu r^2$$

die Größe $\Sigma \mu r^2$ hängt einzig von der Konfiguration und Massenverteilung des Körpers ab; wir bezeichnen sie aus später ersichtlichem Grunde als **Trägheitsmoment** $= T$ des Körpers für jene Achse.

Bezüglich der Begriffe Trägheitshalbmesser, reduzierte Masse usw. sowie der Bestimmung des Trägheitsmomentes für starre Körper von bestimmter, regelmäßiger Gestalt und gleichartiger Substanz müssen wir auf die Lehrbücher der Physik und Mechanik verweisen. Dagegen soll hier die wichtige Beziehung besprochen werden, welche zwischen dem Trägheitsmoment eines Körpers mit Bezug auf eine im Abstand a vom Schwerpunkt gelegene Achse und dem Trägheitsmoment des gleichen Körpers mit Bezug auf die damit parallele Schwerpunktsachse besteht.

s (Fig. 33) sei der Schwerpunkt des Körpers; die ins Auge gefaßte Schwerpunktsachse stehe senkrecht zur Bildfläche, ebenso die zweite Achse, die im Abstand a vom Schwerpunkt den Punkt o der Bildfläche schneidet; der Abstand irgendeines Punktes μ von der Achse o sei $= \varrho$, von der Schwerpunktsachse $= r$. Der Abstand des Punktes μ von einer durch beide Achsen gehenden Ebene sei $= z$. Der Fußpunkt von z in der betreffenden Achsenebene sei um x von der Schwerpunktsachse entfernt. Wird a positiv genommen, so ist x negativ, wenn es auf der anderen Seite des Schwerpunktes liegt. Dagegen sind alle r und ϱ und alle z positiv zu nehmen.

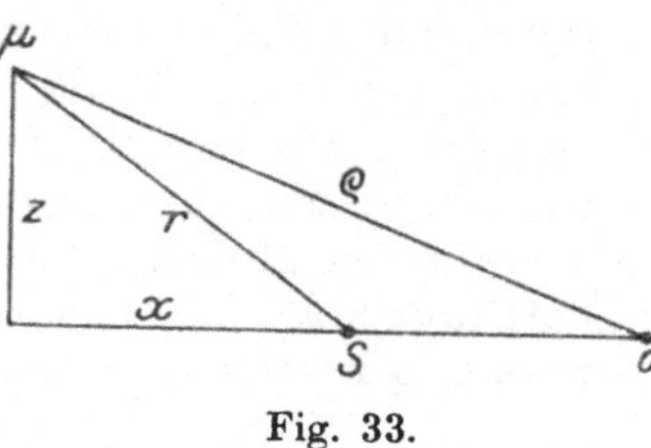

Fig. 33.

Nun ist für jedes μ:

$$r^2 = x^2 + z^2$$
$$\varrho^2 = (a \pm x)^2 + z^2 = a^2 \pm 2\,ax + x^2 + z^2 = a^2 \pm 2\,ax + r^2.$$

Das Trägheitsmoment gegenüber o bezeichnen wir mit T_o; das Trägheitsmoment gegenüber der mit o parallelen Schwerpunktsachse mit T_s.

$$T_o = \Sigma \mu \varrho^2 = \Sigma \mu r^2 + \Sigma \mu a^2 + 2\,a \Sigma (\pm \mu x).$$

Das letzte Glied rechts ist $= o$, da nach der Lehre vom Schwerpunkt $\Sigma (\pm \mu x) = o$. Folglich ist:

$$T_o = \Sigma \mu r^2 + \Sigma \mu a^2 = T_s + a^2 \Sigma \mu = T_s + a^2 M,$$

wobei $M = \Sigma \mu$ die Masse des ganzen Körpers bezeichnet.

Das Trägheitsmoment eines Körpers gegenüber einer im Abstand a vom Schwerpunkt gelegenen Achse ist also gleich dem Trägheitsmoment des Körpers, zu dessen Massenteilchen man sich aber in der betreffenden Achse die ganze Masse des Körpers noch einmal hinzugefügt denken muß, gegenüber der mit dieser Achse parallelen Schwerpunktsachse.

i) Einwirkung einer äußeren Kraft zur Drehung.

Irgendeine äußere Kraft K, welche auf einen um eine feste Achse drehbaren Körper einwirkt, erteilt demselben für sich allein im allgemeinen, sofern sie nicht gegen die Achse gerichtet ist oder derselben parallel läuft, eine Drehbeschleunigung.

Es überträgt sich die äußere Einwirkung von ihrem Angriffspunkte aus von Teilchen zu Teilchen, unter Mitwirkung von inneren Kräften, nach den Gesetzen der Kräftezerlegung und -vereinigung. Ein Teil der Einwirkung trifft auf die Achse, wo ihr von den äußeren Kräften, welche die Achse festhalten, Gleichgewicht gehalten wird. Da außerdem keine äußeren Kräfte wirken, und alle inneren Kräfte sich unter sich Gleichgewicht halten, so muß nach dem früher erörterten Prinzip Gleichgewicht bestehen zwischen der äußeren Kraft K, den äußeren Kräften, welche die Achse festhalten, und deren irgendwie gerichtete Resultierende wir mit A_w bezeichnen wollen, und den Gegenkräften, welche denjenigen Kräften Gleichgewicht halten würden, die den effektiven Beschleunigungen der einzelnen Teilchen entsprechen, oder mit andern Worten: die Mittelkraft E sämtlicher Kräfte, welche den effektiven Beschleunigungen der einzelnen Teilchen entsprechen, ist gleich der Mittelkraft der äußeren Kräfte.

$$K + A_w - E = 0$$
$$K + A_w = E$$
$$A_w = E - K$$
$$K = E - A_w.$$

(Statt der Mittelkraft der effektiven Beschleunigungen und statt der Mittelkraft der äußeren Kräfte kann auch je ein resultierendes Kräftepaar gegeben sein.)

Die effektive Beschleunigung irgendeines Massenpunktes muß $= \varrho \cdot \omega$ sein, wenn ϱ den Abstand des Punktes von der Achse und ω die Drehbeschleunigung (Beschleunigung der Kreisbewegung eines Punktes im Abstand 1 von der Achse) bedeutet; die entsprechende effektive Kraft ist $\mu \varrho \omega$; ihr statisches Moment gegenüber der Achse ist $\mu \varrho^2 \omega$. Die Summe aller statischen Momente der effektiven Kräfte $= \omega \, \Sigma(\mu \varrho^2) = \omega \cdot T$; andererseits ist das statische Moment der Kraft K gegenüber der Achse $= Ka$, wobei a den Abstand der Kraftlinie von K von der Achse bedeutet.

Da nun das statische Moment einer Kraft gleich ist der Summe der statischen Momente ihrer sämtlichen Komponenten, so ergibt sich der wichtige Satz:

$$Ka = \omega \cdot T \quad \text{und} \quad \omega = \frac{Ka}{T}.$$

Die Drehbeschleunigung einer Kraft ist gleich ihrem statischen Moment (Kraftmoment) dividiert durch das Trägheitsmoment, alles mit Bezug auf die gleiche Achse.

Hierin erst liegt der Nachweis für die wahre Bedeutung des statischen Momentes einer Kraft mit Bezug auf eine bestimmte Achse als Maßstab für die Größe der Einwirkung der Kraft zur Drehung des Körpers, an welchem sie angreift, um diese Achse. (Bisher war das statische Moment nur mathematisch definiert, und alle bis zuvor abgeleiteten Sätze waren nur mathematische Folgerungen aus dieser Definition.)

Indem die Drehbeschleunigung umgekehrt proportional ist der Größe $\Sigma(\mu\varrho^2)$, erweist sich diese Größe gleichsam als das Moment, welches der in Ruhe befindliche Körper der Drehbeschleunigung hindernd entgegensetzt, woraus sich der Name „Trägheitsmoment" erklärt.

k) Bewegung des freien starren Körpers.

1. Wirkung einer Einzelkraft auf den frei beweglichen starren Körper.

Früher schon wurde gezeigt, daß durch die Einwirkung einer äußeren Kraft K auf irgend ein freies materielles System der Bewegungszustand des Massenmittelpunktes so beeinflußt wird (im ersten Augenblick der Einwirkung), als ob die Gesamtmasse in ihm konzentriert wäre und die Kraft in gleicher Größe und Richtung auf ihn selbst einwirkte. Die Beschleunigung des Massenmittelpunktes entspricht dem arithmetischen Mittel der für gleiche Massenteilchen berechneten Einzelbeschleunigungen in der Richtung der Kraft, und verhält sich ebenso, wie wenn die Einwirkung sich gleichmäßig auf sämtliche Masseneinheiten verteilte. Tatsächlich werden nun die einzelnen Teilchen stets in erheblich verschiedener Weise beschleunigt, wenn es sich nicht um eine Fernkraft, sondern eine lokal angreifende Kraft und wenn es sich um irgendwie leichter gegeneinander bewegliche Teilchen handelt. Beim starren Körper aber erfolgt eine ungleiche Beschleunigung der Teilchen der Größe und Richtung nach nur dann, wenn die äußere, lokalangreifende Kraft mit ihrer Kraftlinie nicht den Massenmittelpunkt trifft. Es muss dabei die Übertragung effektiver Kraft von Teilchen zu Teilchen so geschehen, daß die Konfiguration unverändert bleibt. Auch hier müssen die effektiven Beschleunigungen der einzelnen Teilchen nicht bloß resultierend der äußeren Kraft nach Größe, Richtung und Kraftlinie gleich sein. Es muß auch die Summe der statischen Momente der effektiven Kräfte mit Bezug auf irgendeine Achse, also auch mit Bezug auf jede Schwerpunktsachse dem Moment der äußeren Kraft mit Bezug auf diese Achse gleich sein. Denn die Mittelkraft der mitwirkenden inneren Kräfte für sich ist $= 0$ und ebenso ihr statisches Moment,

Man kann sich hier die effektive Beschleunigung der Teilchen zerlegt denken in eine Komponente, welche der Beschleunigung des Massenmittelpunktes nach Größe und Richtung entspricht, und in einen Rest, welcher nur einer gemeinsamen Drehungsbeschleunigung des Ganzen um eine Schwerpunktsachse entsprechen kann.

Richtung und Größe der Drehung aber ergibt sich aus folgendem: Wenn wir durch den Schwerpunkt des starren Körpers ein Koordinatensystem so legen, daß die xx-Achse der äußeren Kraft parallel und die yy-Achse senkrecht zu ihr in derjenigen Mittelebene liegen, in welcher die Kraft wirkt, die zz-Ache aber senkrecht zu dieser Ebene steht, so kann von einem statischen Moment der äußeren Kraft nur gegenüber der zz-Achse die Rede sein. Eine Drehung mit einem reellen Wert der Summe der statischen Momente der effektiven Kräfte kann also nur stattfinden um die zz-Achse, parallel einer Ebene, welche durch die äußere Kraft K und den Schwerpunkt geht.

Die parallel der xx-Achse gerichteten Komponenten derjenigen effektiven Kräfte (oder Beschleunigungsmomente, s. S. 37), welche nach Abzug der Komponenten der translatorischen Bewegung mit dem Schwerpunkt übrig bleiben, sind dabei allerdings zusammen $= 0$ und ebenso die parallel der yy-Achse verlaufenden Komponenten, da der Schwerpunkt in Ruhe bleibt; aber es handelt sich weder bei den erstgenannten noch bei den letztgenannten Komponenten um die Möglichkeit der Ersetzung durch eine Mittelkraft, deren Größe 0 ist. Vielmehr haben sämtliche der xx-Achse parallelen Komponenten auf der einen Seite der xz-Ebene einen positiven, und die auf der anderen Seite gelegenen haben einen negativen Wert, so daß für jede Seite eine reelle Mittelkraft gefunden werden kann, die derjenigen der anderen Seite an Größe gleich, aber entgegengesetzt gerichtet sein muß. Die Mittel-
kraft muß so bestimmt sein, dass ihr statisches
Moment gegenüber der zz-Achse die Summe
der statischen Momente der betreffenden Einzel-
komponenten darstellt. Das gleiche gilt für die
Komponenten der yy-Richtung zu beiden Seiten
der yz-Ebene. Die jeweiligen beiden gleich gerichteten Mittelkräfte bilden je zusammen ein
Kräftepaar. Die beiden Kräftepaare lassen sich
aber nach dem gleichen Prinzip durch ein einziges Kräftepaar der xy-Ebene ersetzen,
dessen Moment gegenüber der zz-Achse der
Summe der Momente der entsprechenden effektiven Kräfte gegenüber dieser Achse gleich ist.
Dieses Kräftepaar, welches tatsächlich die dre-

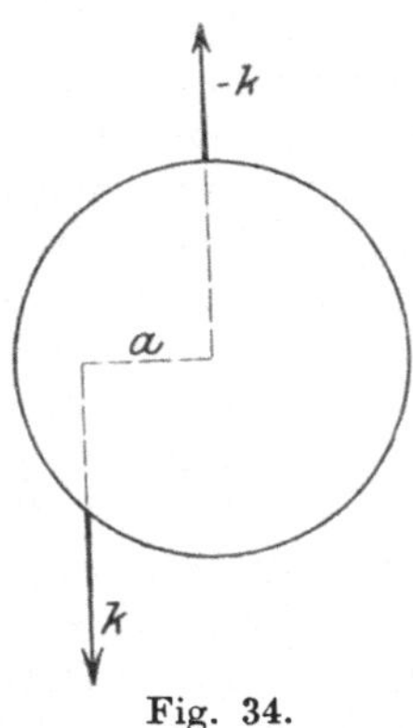

Fig. 34.

henden Anteile der effektiven Kräfte repräsentiert, muß nun ein sta-
tisches Moment gegenüber der zz-Achse besitzen, welches demjenigen der äußeren Kraft K im Abstand a vom Schwerpunkt entspricht. Solches ist der Fall, wenn sein Moment $= K \cdot a$ ist. Es läßt sich das Kräftepaar der xy-Ebene immer so wählen, daß die eine Parallelkraft, als $- K$ im Schwerpunkt wirkt (Fig. 34). Die übrig bleibende zweite Parallelkraft muß dann nach Größe, Richtung und Kraftlinie der äußeren Kraft entsprechen.

Die bewegende Wirkung einer einzelnen Kraft K, welche auf einen freien, starren Körper in einer in der Entfernung a vom Massenmittelpunkt gelegenen Kraftlinie einwirkt, kann demnach mit vollem Rechte folgendermaßen analysiert werden:

Man denkt sich im Massenmittelpunkt S, der mit sämtlichen Teilchen des Körpers in starrer Verbindung angenommen ist, eine Kraft K und eine Kraft $-K$ hinzugefügt. Durch diese Hinzufügung ist nichts geändert, da sich die beiden Kräfte in S Gleichgewicht halten. Es ist nun aber die Einwirkung von K durch die Einwirkung der drei Kräfte, K in der Entfernung a, K in S und $-K$ in S ersetzt. Die Kraft K in S bewirkt die translatorische, gleich große Beschleunigung aller Teilchen und repräsentiert die Mittelkraft der dazu nötigen Einzelkräfte. Die beiden übrigen Kräfte stellen zusammen ein Kräftepaar vom Moment Ka dar, dessen Ebene die Mittelebene ist, in welcher die primäre Kraft K wirkt. Dieses Kräftepaar stellt nach Größe und Richtung die gesamte Einwirkung zur Drehung dar.

2. Wirkung eines Kräftepaares am freien starren Körper.

Die vorhergehende Ableitung war notwendig, weil man nicht ohne weiteres berechtigt ist, alle Sätze, welche über die Substitution eines Kräftepaares durch andere Kräftepaare für den Fall des statischen Gleichgewichtes aller Kräfte gefunden sind, auch auf dynamische Verhältnisse anzuwenden. Aus dem gleichen Grunde möchte es zweckmäßig sein, die Sätze:

1. daß der drehende Einfluß eines Kräftepaares am freien starren Körper unter allen Umständen, in welcher Ebene das Kräftepaar auch gelegen sein mag, in einer Einwirkung zur Drehung um eine zur Ebene des Kräftepaares senkrecht stehende Schwerpunktsachse besteht,
2. daß das Kraftmoment dieser Drehung unter allen Umständen nach Sinn und Größe gleich dem Moment des Kräftepaares ist,

noch etwas genauer für die kinetischen Verhältnisse zu prüfen.

Für ein Kräftepaar, das in einer Mittelebene wirkt, und dessen eine Kraft durch den Schwerpunkt geht, ist die Sache natürlich klar. Es handelt sich ja hier um den gleichen Fall wie bei der Drehung um eine feste Achse. Die Schwerpunktskomponente des Kräftepaares dient zur Feststellung der Achse gegenüber den Einwirkungen, welche von der andern Komponente des Kräftepaares auf die Achse ausgeübt werden (Verhinderung der translatorischen Bewegung des Ganzen). Der Einfluß zur Drehung um die so festgestellte Schwerpunktsachse entspricht dem statischen Moment der ursprünglichen Kraft K gegenüber dieser Achse, und dieses ist gleich dem Kraftmoment des Kräftepaares.

Läßt man nun außer der einen Kraft K im Abstand a und der zugehörigen Parallelkraft $-K$ in S in der gleichen Kraftebene durch den Massenmittelpunkt noch eine zweite parallel gerichtete Kraft $-K$ im Abstand b von S einwirken (Fig. 35) und fügt auch für sie eine gleich große entgegengesetzt gerichtete Kraft

im Massenmittelpunkt hinzu, welche die translatorische Einwirkung
aufhebt, so bleibt für jede der beiden Kräfte K im Abstand a und
$- K$ im Abstand b die drehende Wirkung um die Achse des Massenmittelpunktes allein übrig. Die gesamte drehende Einwirkung entspricht dann der Größe $K(a - b)$, wenn die Kräfte an der gleichen
Seite des Massenmittelpunktes gelegen sind (Fig. 35 a); über den Sinn
der Drehung entscheidet dann die vom Massenmittelpunkt weiter
entfernte Kraft; die drehende Einwirkung ist dagegen $= K(a + b)$,
wenn beide äußeren Kräfte an verschiedenen Seiten des Massenmittelpunktes gelegen sind (Fig. 35 b).

In beiden Fällen ist die drehende Einwirkung $= Kr$, d. h.
gleich dem Moment des von den beiden primär einwirkenden äußeren
Kräften gebildeten Kräftepaares. Die beiden im Massenmittelpunkt
zur Elimination der translatorischen Beschleunigungen hinzugefügten
Kräfte sind zusammen $= 0$. Natürlich können die effektiven Kräfte,
welche sich aus der Einwirkung der Parallelkräfte K im Abstand a

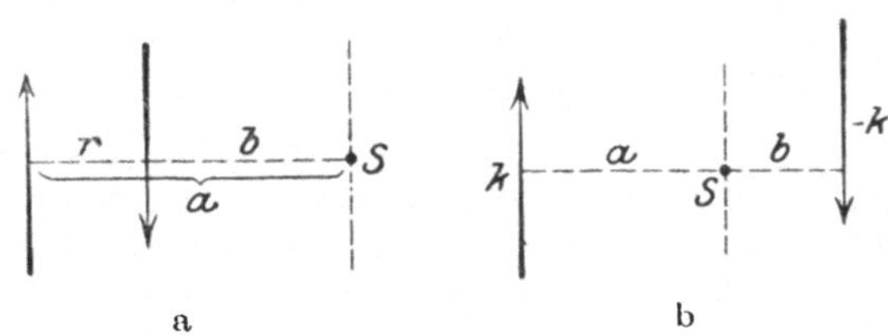

Fig. 35 a und b.

und $- K$ im Abstand b ergeben, in genau derselben Weise durch
ein beliebiges anderes Kräftepaar der gleichen Mittelebene hervorgerufen werden, mögen die Parallelkräfte in ihr gerichtet sein, wie
sie wollen, und einen Abstand voneinander haben, welchen sie wollen,
wenn nur das Moment des Kräftepaares und der Sinn der drehenden
Einwirkung desselben die gleichen sind.

Kräftepaare, deren Ebene nicht durch den Massenmittelpunkt geht. Man kann hier zurückgreifen auf den Satz,
daß im Falle des Gleichgewichtes der Kräfte am starren Körper
jedes Kräftepaar sich ersetzen läßt durch ein beliebiges, anderes
Kräftepaar von gleichgerichteter Drehungsebene, gleichem Sinn der
Drehung und gleichem Moment, also auch durch ein entsprechendes
in einer Mittelebene gelegenes Kräftepaar. Wir können aber zum
gleichen Schluß auch kommen, indem wir direkt von den kinetischen Verhältnissen ausgehen.

In der Ebene MN (Fig. 36, S. 72), im Abstand z vom Massenmittelpunkt wirke das Kräftepaar K und $- K$, dessen Moment
$= Kr$.

Wir nehmen das Perpendikel z, das vom Massenmittelpunkt auf
die Ebene MN gefällt ist und das im Abstand a von der Kraftlinie
K und im Abstand b von der Kraftlinie $- K$ liegt, als zz-Achse

des Koordinatensystems und ziehen durch den Massenmittelpunkt yy
parallel K und xx senkrecht dazu, beide parallel der Kraftebene.
Jede Kraft des Kräftepaares für sich betrachtet läßt sich unter
Hinzufügung von K und $-K$ in S ersetzen durch ein Kräftepaar
einer durch ihre Kraftlinie und den Massenmittelpunkt gelegten Kraftebene und durch eine gleich große, gleich gerichtete Einzelkraft im
Massenmittelpunkt. Die beiden Einzelkräfte im Massenmittelpunkt
heben sich auf, so daß nur die zwei Kräftepaare in Mittelebenen

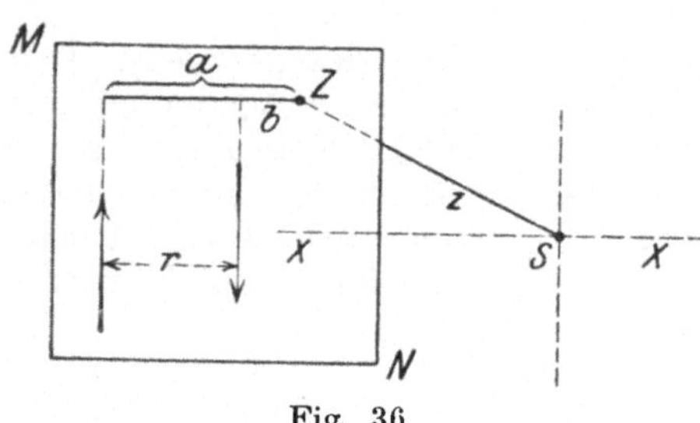

Fig. 36.

übrig bleiben. Jedes derselben
bewirkt eine Drehbeschleunigung, die sich (nach Seite 50)
zerlegen läßt in eine Drehbeschleunigung parallel der
MN-Ebene um die zz-Achse
und in eine Drehbeschleunigung um die xx-Achse. Die
in Betracht kommenden statischen Momente mit Bezug
auf die xx-Achse sind Kz
für die Kraft K und $-Kz$
für die Kraft $-K$; diese beiden heben sich auf, so daß nur die
Drehbeschleunigungen um die zz-Achse parallel der MN-Ebene übrig
bleiben. Die Kraftmomente der beiden Drehungen um die zz-Achse
sind Ka und $+Kb$ und zusammen $=Kr$. Die gesamte Einwirkung ist also eine Drehbeschleunigung parallel der Ebene
des Kräftepaares um eine zu dieser senkrecht stehende
Achse des Massenmittelpunktes, entsprechend dem Moment des
ursprünglichen Kräftepaares.

　　　Zerlegung und Vereinigung von Kräftepaaren. Man
kann nach dem vorigen jedes Kräftepaar in diejenige Mittelebene
verlegen, welche der Ebene des Kräftepaares parallel läuft, und
kann nun jedes Kräftepaar charakterisieren:

1. hinsichtlich der Drehungsachse, um welche es für sich allein
   den Körper dreht, durch eine Gerade, welche durch den
   Massenmittelpunkt geht und auf dieser Mittelebene bzw.
   der Ebene des Kräftepaares senkrecht steht,
2. hinsichtlich der Größe und des Sinnes der Drehung, indem
   man die Momentgröße des Kräftepaares im Linienmaß angibt und dieses Maß vom Massenmittelpunkt aus nach derjenigen Seite der Achse des Kräftepaares hin abträgt, von
   welcher her gesehen die drehende Einwirkung im Sinne der
   Bewegung des Uhrzeigers erfolgt.

Das betreffende abgemessene Stück der Drehungsachse nennt
man die **Halbachse des Kräftepaares.** Daß sich zwei oder mehrere, gleichzeitig um die gleiche Drehungsachse stattfindende Drehbeschleunigungen zu einer einfachen Drehbeschleunigung summieren,
deren Halbachse die Summe der Halbachsen der Teilbeschleuni-

gungen (natürlich unter Berücksichtigung des Sinnes der drehenden Einwirkungen) darstellt, ist leicht zu verstehen. Aber auch gleichzeitige Drehungsbeschleunigungen um verschiedene Achsen vereinigen sich zu einer einheitlichen Drehbeschleunigung um eine neue Achse. Die entsprechende Halbachse verhält sich dann zu den Halbachsen der Teilbeschleunigungen, wie die Resultierende zu den Komponenten (bei zwei Komponenten wie die Diagonale des über ihnen errichteten Parallelogramms, bei drei Komponenten wie die Diagonale des über ihnen errichteten Parallelepipedons).

3. Wirkung mehrerer Einzelkräfte am freien starren Körper.

Die Einwirkungen mehrerer Einzelkräfte auf einen freien starren Körper lassen sich ersetzen durch eine resultierende Einzelkraft im Schwerpunkt und durch ein resultierendes Kräftepaar.

Allgemeine Verhältnisse des Skelettes und der Muskeln.

I. Das Skelett.

A. Allgemeines.

a) Wesen und Bedeutung der Stützsubstanz.

Die Kräfte, welche in der Gelenk- und Muskelmechanik in Betracht kommen, sind verschiedener Art. Das eine Mal, bei der Einwirkung der Schwere, handelt es sich um Kräfte, welche auf alle Teilchen des Körpers annähernd in gleicher Richtung und der Größe nach entsprechend ihrer Masse einwirken, so daß sie an und für sich allen Teilen und Teilchen die gleiche Beschleunigung erteilen (Fernkraft). Das andere Mal sind Kräfte in Frage, welche nur auf kurze Distanz von Teilchen zu Teilchen wirken und bei der geringsten Lageveränderung der Teilchen zueinander nach Größe und Richtung erheblich verändert werden (sog. lokal angreifende oder Nahekräfte).

Zu den letzteren gehören die Zugkräfte, welche im Muskel aktiv, durch besondere, mit Stoffumsatz verbundene Vorgänge hervorgerufen werden, ferner die durch Bewegung von Massen gegeneinander passiv hervorgerufenen äußeren oder inneren Widerstandskräfte.

Das Vorhandensein solcher lokal angreifender Kräfte ist es, was die Anwesenheit eines Stützgerüstes notwendig macht.

Selbst die elementarsten Lebensprozesse, um so mehr natürlich die höheren und komplizierteren Funktionen sind an ein organisiertes Substrat geknüpft, das in seinen einzelnen Teilen verschiedenes leistet.

Zum Wesen der Organisation gehört wohl im kleinen wie im großen eine bestimmte räumliche Abgrenzung und Fassung mancher Unterbestandteile des Substrates und eine dadurch bedingte, bestimmte Lage und Verbindung der Teile untereinander, welche nur innerhalb beschränkter Grenzen sich ändern darf, wenn die Leistung und der Bestand der lebendigen Substanz und des Lebensprozesses gesichert sein sollen. Jede lebendige Substanz aber ist mechanischen Einwirkungen ausgesetzt, welche ihr kunstvolles Gefüge gefährden, indem sie zunächst nur an einzelnen Teilchen angreifen.

Bereits früher wurde auseinandergesetzt, wie bei der Einwirkung einer lokal angreifenden Kraft zunächst bloß die unmittelbar betroffenen Teilchen beschleunigt und in ihrer Lage zu den Nachbarteilchen verändert werden, wie aber dadurch innere Kräfte wachgerufen werden, welche, stets nach zwei Seiten wirkend, einerseits die nächstfolgenden Teilchen im Sinn der Bewegung der zuerst getroffenen Teilchen beschleunigen und damit in diese Bewegung gleichsam hineinziehen, andererseits um ebensoviel die zuerst getroffenen Teilchen in ihrer Bewegung hemmen, und welche so zur Übertragung der Einwirkung von Teilchen zu Teilchen und zur gleichmäßigen oder doch gesetzmäßigen Verteilung der ersten Einwirkung auf das Ganze dienen. Zur Hervorrufung dieser inneren Kräfte der Übertragung sind also tatsächliche, wenn auch noch so geringe innere Lageveränderungen und Verschiebungen unbedingt notwendig.

Ist das Gefüge der Substanz weich, im Verhältnis zur einwirkenden Kraft, so überträgt sich die Bewegung von den zuerst betroffenen Teilchen auf die folgenden usw. nur langsam und mangelhaft, trotz weitgehender Verschiebung der Teilchen gegeneinander; die Grenze, bis zu welcher letztere erfolgen kann ohne Schädigung des Gefüges, kann erreicht sein, lange bevor alle Teilchen in eine gemeinsame Progressiv- oder Drehbewegung des Ganzen einbezogen sind. Das Gefüge wird bei weiterer Fortdauer der ersten Einwirkung zerdrückt, zerrissen, zersprengt.

Anders ist das Verhalten bei der Einwirkung lokal angreifender Kräfte auf relativ starre Substanzen.

Hier sind schon bei geringer Verschiebung der zuerst getroffenen Teilchen große innere Widerstandskräfte wachgerufen, und durch ihre Vermittelung überträgt und verteilt sich die Bewegung und Beschleunigung der zuerst getroffenen Teilchen auf die folgenden und von diesen auf weitere Teilchen so, daß die ganze Masse in die gleiche, einheitliche, ohne weitere Lageveränderung der Teilchen zueinander stattfindende Bewegung hineingezogen ist, lange bevor die schädliche Grenze der Konfigurationsveränderung erreicht ist.

Lokal angreifende Kräfte, welche zunächst nur beschränkte Stellen eines Systems materieller Teilchen treffen, übertragen also ihre Einwirkung um so rascher und bei um so geringerer Verlagerung der Teilchen gegeneinander auf das ganze System, so daß eine einheitliche Bewegung und Beschleunigung desselben ohne weitere Deformation erfolgt, je starrer und fester das System der betreffenden Einwirkung gegenüber ist.

b) Disposition des Stützgerüstes.

Tatsächlich beobachten wir nun, daß überall da, wo in regelmäßiger und typischer Weise Kräfte lokal angreifend am lebenden Körper wirken, auch dafür gesorgt ist, daß diese Einwirkung von starreren Substanzen aufgenommen und durch sie auf eine größere Menge damit verbundener weicherer Teile, ohne schädliche gegenseitige Verlagerung derselben übertragen und verteilt wird. Die Teileinwirkungen aber, welche an verschiedenen Stellen, von den festen auf die weichen Teile übertragen werden, verteilen sich hier von den lokalen Angriffspunkten und Angriffsflächen aus, auch wieder durch Vermittelung relativ starrerer Substanzen auf die Unterabteilungen der Weichteilmasse. Die Übertragung geht auf diese Weise durch immer zartere stützende Substanzen bis ins engste Gebiet weiter, so daß alsbald auch die zartesten, kleinsten Teile ohne schädliche Verlagerung in die gemeinsame einheitliche Bewegung resp. Bewegungsänderung einbezogen sind.

Selbst kleine, höher organisierte Einzelbestandteile der Zelle mögen in dieser Weise aus stützenden und schützenden und aus gestützten und geschützten Bestandteilen zusammengesetzt sein. Die Zelle als Ganzes sodann wird in mannigfaltiger Weise gefestigt und gestützt, bald mehr für sich allein, wenn sie größere Selbständigkeit besitzt, bald in ihrem Zusammenhang mit anderen Zellen. So zeigen die geformten und abgegrenzten ein- und mehrkernigen Bauelemente des Organismus und der verschiedenen Gewebe je nach den mechanischen Ansprüchen, welche an sie gestellt werden, die verschiedensten und mannigfaltigsten Stützeinrichtungen und mechanisch bedeutsamen Struktureigentümlichkeiten.

Bei höheren Pflanzen durchzieht die Gesamtheit der Cellulosemembranen, stellenweise mächtig verdickt und durch Holz- und Korkbildung kompliziert, den ganzen Bau als ein Kontinuum, das hier mehr, hier weniger biegsam ist. Die großen resultierenden Formveränderungen, welche die Pflanze bei der Einwirkung äußerer Kräfte erfahren kann, verteilen sich hier im allgemeinen mehr gleichmäßig über weite Strecken und sind an jeder einzelnen Stelle verhältnismäßig gering.

Bei den Tieren tritt im Gegensatz zur Pflanze eine rasche aktive Formveränderung durch innere Kräfte in den Vordergrund der Erscheinung, sowie der Umstand, daß bei der aktiven Bewegung der Teile gegeneinander und gegenüber der Umgebung an den verschiedensten Stellen, im Innern und an der Oberfläche (und ganz besonders an den Extremitäten, wo solche vorhanden sind) neue Widerstandskräfte und damit neue äußere Krafteinwirkungen hervorgerufen werden.

Die Sicherung des Gefüges wird hier nun in verschiedener Weise erreicht. In einzelnen Fällen z. B. sind es wesentlich die Muskelfasern selbst, welche durch innigen Zusammenschluß unter sich und mit bindegewebigen Teilen, indem sie ein Filzwerk bilden oder als Wand einen mit Flüssigkeit gefüllten Raum umspannen, dem lebenden Körper oder Teilen desselben Stütze und Halt geben (Weichtiere; Zunge, Rüssel etc. bei höheren Tieren). Dazu kann nun eine besondere Festigung der freien Oberfläche durch Chitinbildungen, Kalkeinlagerungen und dergleichen kommen.

Ist hier die Festigung eine mehr gleichmäßige und beruht die Formveränderung des Körpers mehr in einer gleichmäßigen Durchbiegung, so finden wir anderwärts, und namentlich bei höherer

Organisationsstufe eine sog. „Bewegungsgliederung". An Stelle des mehr kontinuierlichen Stützgerüstes der Pflanzen tritt die partielle Festigung einzelner Teile (Glieder) und die Möglichkeit der Bewegung derselben gegeneinander in besonderen Gliederungsstellen, in welchen die Starrheit und Festigkeit des Zusammenhanges vermindert, ja in bestimmten Grenzen aufgehoben ist. Wo zur aktiven inneren Formveränderung Muskeln vorhanden sind, spannen sie sich über die Gliederungsstellen hinweg von Glied zu Glied, von einer gefestigten Partialmasse zur andern. Für das Stützgerüst der einzelnen Glieder aber ergibt sich ebenfalls eine größere Mannigfaltigkeit und Vielseitigkeit der mechanischen Inanspruchnahme. Die Ansprüche an Zug-, Druck- und Abscherungsfestigkeit kombinieren sich in mannigfaltiger, von Stelle zu Stelle wechselnder Weise. Mit fortschreitender Festigung der einzelnen bewegten Glieder läuft parallel die Ausbildungskraft und Ausgiebigkeit der Bewegungen an den Gliederungsstellen, verbunden mit schärferer Einschränkung der Bewegungsfreiheit auf bestimmte nützliche Richtungen. Zugleich auch vollzieht sich eine engere und schärfere Lokalisation des Angriffsgebietes der Muskeln, der die Bewegung an den Gliederungsstellen einschränkenden Widerstände und der äußeren Widerstände, welche bei der Wechselwirkung zwischen der arbeitenden Maschine und der Außenwelt in typischer Weise hervorgerufen werden.

Unter den wirbellosen Tieren ist ganz besonders bei den Artikulaten eine derartige Gliederung scharf ausgeprägt. Die Festigung der Glieder und Segmente erfolgt hier durch Festigung der äußersten Körperschicht (Außenskelett). An die Außenpanzer sind die weicheren Teile und auch die von Glied zu Glied hinübergespannten Muskeln innen angeheftet.

Bei den Wirbeltieren tritt dagegen ein gegliedertes Innenskelett in den Vordergrund der Erscheinung. Die Weichteile sind hier im allgemeinen außen an die Skeletteile angeheftet oder um sie herumgebunden. Doch kommt es unter Umständen auch hier zur Bildung von Hohlräumen, die von einem starren oder gegliederten Skelett mehr oder weniger vollständig umfaßt sind, und in welchen Weichteilmassen als „Eingeweide" untergebracht und vor gröberen mechanischen Einwirkungen geschützt sind (Schädelhöhle und Wirbelkanal, Rumpfhöhle, Brust-, Bauch- und Beckenhöhle, Augenhöhle). Im übrigen gilt hier wie bei den wirbellosen Gliedertieren, daß sich von den festen Stücken des Skelettes aus Membranen und Faserzüge zwischen die Organe und in fortgesetzter Verteilung und Verfeinerung ins Innere der Organe hinein und selbst bis zu den letzten zartesten Gewebsteilen fortsetzen.

Aus dem Angeführten geht hervor, daß im großen und ganzen das Skelett des tierischen und menschlichen Körpers zwar aus getrennten festeren Teilstücken besteht, aber doch unter Hinzurechnung der verbindenden und zusammenhaltenden Teile an den Gelenkstellen ein Kontinuum darstellt.

c) Einwirkende Kräfte. Schwerkraft. Widerstandskräfte.

Die festeren Stücke des gegliederten Skelettes sind im allgemeinen so disponiert, daß alle normalerweise irgendwie in Betracht kommenden, erheblichen lokal angreifenden Kräfte an ihnen angreifen.

Von äußeren Einwirkungen kommen in Betracht die Widerstände, welche sich seitens der äußeren Umgebung der Bewegung des ganzen Körpers oder einzelner Teile desselben entgegensetzen. Insbesondere sind die Extremitäten, deren sich Tiere und Mensch bei den verschiedensten Aktionen und vornehmlich auch bei der Ortsbewegung bedienen, darauf eingerichtet, daß die von ihnen hervorgerufenen äußeren Widerstände sich rasch und möglichst direkt dem Skelett mitteilen. Auch manche mehr zufällige, den Körper von außen treffende Angriffe, Hieb und Stoß, Zug- und Druckwiderstand und Anprall bewegter Massen vermögen wir in günstigen Fällen durch zweckmäßige Abwehrbewegungen mit bestimmten, oft noch besonders bewehrten Körperstellen, unter denen das Skelett zur Aufnahme des Impulses bereit liegt, aufzufangen.

Von den inneren Kräften, die auf die Glieder des Skelettes einwirken, kommen in erster Linie die Muskelkräfte in Betracht. Durch Vermittlung des Skelettes teilt sich ihre Einwirkung, ohne schädliche Verlagerung der zunächst betroffenen Teile gegenüber den andern, dem ganzen Glied mit.

Es ist aber klar, daß das einzelne, durch äußere Kräfte und durch Einwirkung der an ihm angreifenden Muskeln in Bewegung gesetzte (resp. in seinem Bewegungszustand veränderte) Glied sich in schädlicher Weise gegenüber dem übrigen Körper und speziell gegenüber seinen Nachbargliedern verlagern, in sie hineindringen oder sich von ihnen losreißen müßte, wenn nicht an der zwischeninne liegenden Gliederungsstelle, durch Vermittlung der hier zusammentreffenden Skeletteinlagen beider Glieder eine Hemmung und Übertragung von Bewegung und damit ein Ausgleich des Bewegungszustandes stattfände. Es ist also im allgemeinen durchaus notwendig, daß die festen Skeletteinlagen der Glieder an den Gliederungsstellen miteinander Fühlung haben. Die Skelettstücke müssen hier sowohl druck- als zugfest verbunden sein, unter größerer oder geringerer Beschränkung der Beweglichkeit (Gelenkverbindung im weiteren Sinn des Wortes: Junktur). Als eine weitere Kategorie von Einwirkungen, welche das Skelett des einzelnen Gliedes treffen, kommen also drittens die Einwirkungen in Betracht, die am Gelenk durch das Skelett von Glied zu Glied wirken.

Ist der ganze Organismus das ins Auge gefaßte mechanische System, so sind natürlich die Muskelkräfte und die passiv am Gelenk hervorgerufenen Kräfte als innere Kräfte zu bezeichnen im Gegensatz zu den äußeren Einwirkungen. Beschränkt sich aber die mechanische Betrachtung auf ein einzelnes Glied resp. seine Skeletteinlage und stellt diese das ins Auge gefaßte materielle System dar, so sind natürlich die von den Muskeln und vom Gelenk her stattfindenden Einwirkungen für dieses Glied als äußere Kräfte zu betrachten.

In den bisherigen Erörterungen über die Bedeutung des Stützgerüstes ist der Einwirkung der Schwere kaum gedacht worden, obschon die landläufige Meinung dahin geht, als ob das Stützgerüst in erster Linie wegen der Schwere nötig sei. In der Tat nun wirkt die Schwere für sich allein auf alle Teilchen des Körpers in gleicher Weise, entsprechend deren Masse und erteilt an und für sich allen Teilen die gleiche Beschleunigung. Durch die Schwerkraft allein wird demnach an dem gegenseitigen Lageverhältnis der Teile zueinander nichts geändert. Erst dadurch, daß die mit dem Boden in Berührung stehenden Teile durch den Widerstand des Bodens verhindert werden, sich im Sinne der Einwirkung der Schwere zu bewegen, während die von der Unterlage entfernten Teile ihre Bewegung nach unten beginnen oder fortsetzen, könnte eine schädliche Lageveränderung der Teilchen zueinander herbeigeführt werden. So ist es also auch hier eine lokal angreifende Kraft, die Widerstandskraft des Bodens, um welcher willen ein Stützgerüst notwendig und nützlich erscheint. Auch hier wird durch das Stützgerüst die Einwirkung einer Kraft, die lokal angreift und zunächst nur auf wenige Teilchen einwirkt, von ihren Angriffspunkten aus auf die gesamte Körpermasse übertragen und verteilt, ohne daß es zu einer weitgehenden und schädlichen Verlagerung der Teilchen gegeneinander kommt.

So handelt es sich also auch hier nur um einen besonderen Fall dessen, was oben ganz allgemein von der Bedeutung des Stützgerüstes gesagt wurde.

Es ist vielleicht nicht überflüssig, hervorzuhehen, daß jeder Widerstand eine wirkliche Kraft darstellt, welche hervorgerufen ist durch eine wenn auch noch so geringe Bewegung des anscheinend bereits in Berührung mit dem widerstehenden Medium befindlichen Körperoberfläche gegenüber den anliegenden Teilchen des widerstehenden Mediums. Sie wirkt mit gleicher Intensität nach zwei Seiten, in entgegengesetzten Richtungen; sie vermittelt die Übertragung von Bewegung von dem gegen das umgebende Medium andrängenden Körper auf dieses Medium und wirkt umgekehrt von ihm aus hemmend auf die andrängenden Oberflächenteilchen des Körpers. Indem sich die zuerst getroffenen Teilchen des widerstehenden Mediums gegenüber den nächstfolgenden verschieben, werden zwischen ihnen neue Kräfte wachgerufen, welche wieder in ähnlicher Weise wirken usf.

Eine Art Gleichgewichtszustand zwischen den treibenden und hemmenden Kräften kann schließlich herbeigeführt werden ohne Sistierung der Bewegung, wenn durch die Vorbewegung des Körpers im widerstehenden Medium in jedem Augenblick in der Richtung der Bewegung ebensoviel an Widerstandskräften wachgerufen ist, als der Kraft entspricht, welche den Körper vorwärts treibt. So kann bzw. die Abwärtsbewegung eines freifallenden Körpers eine gleichförmige werden, wenn die aufwärtsgerichtete Resultierende der Widerstandskräfte der Luft der abwärtsgerichteten Einwirkung der Schwere gleich geworden ist. Es muß dann in der in Bewegung gesetzten Luft zunächst der Oberfläche des Körpers der Druck überall konstant bleiben, trotz des Ausweichens und Nachströmens von Luftteilchen, indem immer neue Luftschichten in die Verdichtungs- und Verdünnungszone unter und über dem Körper einbezogen werden.

Eine andere Art des Gleichgewichtes besteht, wenn ein schwerer Körper von seiner Unterlage ohne weitergehende Verschiebung in der letzteren getragen wird. Hier ist die Massenanziehung, welche von der Erde auf den schweren Körper ausgeübt wird, gleich der umgekehrt gerichteten Anziehung, welche der betreffende Körper auf die Erdkugel ausübt. Der Körper ist dadurch im Gleichgewicht gehalten, daß sich an seinen den Boden berührenden Oberflächenteilchen, in welche neue Lage sie auch durch das Eindringen des schweren Körpers in die Unterlage gekommen sein mögen, die von oben wirkenden Kräfte und die neu hinzugekommenen, von unten her einwirkenden Nahekräfte Gleichgewicht halten.

In jeder Trennungsfläche aber, welche man sich oberhalb der Unterstützungspunkte durch den Körper hindurch gelegt denkt, muß dem Gewicht des darüber gelegenen Körperabschnittes durch die Widerstandskräfte, die von der unteren Grenzschicht ausgehen, Gleichgewicht gehalten sein. Aus dieser Überlegung ergibt sich, daß an die Festigkeit des Stützgerüstes um so geringere Ansprüche gemacht werden, seitens der von der Unterlage her wirkenden Widerstandskräfte, um je höher gelegene Stellen im Körper es sich handelt. Pflanzen und Tiere, die in bestimmter Weise gegen den Erdboden orientiert sind, zeigen mehr oder weniger deutlich ein Gracilerwerden des Stützgerüstes nach oben hin; darin offenbart sich eine Anpassung des Stützgerüstes an die Ansprüche, welche seitens der Widerstandskräfte gegen die Schwerkraft an dasselbe gestellt werden.

Es ist ja naturgemäß in ganz besonderer Weise dafür gesorgt, daß gerade diese häufigsten aller von der Unterlage resp. vom Boden her einwirkenden Widerstandskräfte, welche durch die Einwirkung der Schwere wachgerufen werden, möglichst direkt auf das Skelett wirken und sich durch seine Vermittlung prompt und ohne schädliche Konfigurationsänderung auf sämtliche Teile des Körpers übertragen können.

Wird durch Aufsprung auf den Boden die Abwärtsbewegung gehemmt, so erreicht die Größe des hervorgerufenen Widerstandes selbstverständlich einen höheren Betrag als beim einfachen Stand; die Kompression des Bodens und die Inanspruchnahme des Skelettes ist eine größere. Die Teilchen des Stützgerüstes werden einander tatsächlich etwas mehr genähert, und ebenso verhält es sich mit den Teilchen der Unterlage. Soweit die Elastizitätsgrenze nicht überschritten ist, findet nach völliger Hemmung der Abwärtsbewegung eine Rückbewegung der Teilchen zu derjenigen Lage statt, welche sie bei einfachem Stand gegeneinander einnehmen und ein Oszillieren um diese Gleichgewichtslage. Je starrer das Skelett ist und je mehr dasselbe für sich allein bei der Hemmung der Abwärtsbewegung beteiligt war, desto weniger bemerkbar in dieses Oszillieren. Auch von der größeren oder geringeren Elastizität der Unterlage hängt es ab, ob eine merkbare Rückbewegung zustande kommt oder nicht. Es gelten hier Verhältnisse, wie sie in den Lehrbüchern bei der Lehre vom elastischen und unelastischen Stoß erläutert werden.

B. Das gegliederte Skelett der höheren Wirbeltiere und des Menschen.

a) Skelettstücke.

Im folgenden betrachten wir das Skelett des Menschen und der höheren Tiere hinsichtlich der gemeinsamen Züge seines Baues. Unter Skelett ist das konstinuierliche Stützgerüst verstanden, welches aus einzelnen, relativ festen und starren Stücken besteht und aus relativ weicheren und biegsameren, aber immerhin widerstandsfähigen Teilen, welche an den Gliederungsstellen des Skelettes die Skelettstücke miteinander verbinden.

Die Skelettstücke sind zum großen Teil auf früherer Stufe der Entwicklung knorplig vorgebildet. Sie bestehen dann im wesentlichen durch und durch aus Knorpel; doch ist die Beschaffenheit des Knorpels an verschiedenen Stellen eine etwas wechselnde. Der Knorpel kann mit der Zeit stellenweise verkalken, ein Vorgang, welcher nicht mit der eigentlichen Verknöcherung zu verwechseln ist, oder vorgängig der Verkalkung im zentralen Teil verknöchern. An den Gliederungsstellen, welche in der kontinuierlichen skeletogenen Anlage infolge der Zentrierung knorpeliger Skelettstücke entstehen, und die sich jetzt schon von nicht differenziertem embryonalem Mesenchym unterscheiden, treten unter Umständen frühzeitig Gelenkspalten auf. Wo dies nicht der Fall ist, geht der Knorpel kontinuierlich in die besonders modifizierten Gewebe der Zwischenzone über. Die übrige Oberfläche des Knorpelstückes ist von der fasrigen Knorpelhaut (Perichondrium) bekleidet.

An Stelle der knorpligen Skelettstücke treten in der Regel früher oder später, durch Vermittlung komplizierter Entwicklungsvorgänge knöcherne Gebilde. Die eigentliche Knochensubstanz ist aber niemals im Bereich des ganzen Skelettstückes in völlig kompakter Anordnung vorhanden. Vielmehr bildet sie einen durchbrochenen Bau und läßt kleinere und größere Räume frei, welche mit blutgefäßführendem Marke gefüllt sind. Unter Umständen treten sogar (beim Menschen

z. B. an gewissen Kopfknochen) an Stelle des Markes Lufträume (Pneumatisation), welche in der Regel mit Hohlräumen des Respirationsapparates kommunizieren.

An gewissen Stellen, so regelmäßig an den Gelenkenden, bleiben Teile der ursprünglichen knorpligen Anlage erhalten, oder es schließen sich faserknorplige oder fasrige Teile der Zwischenzone an. An anderen Stellen der Knochenoberfläche heften sich direkt Bänder, Sehnen oder Muskelfasern fest. Im übrigen ist die äußere Oberfläche des knöchernen Skelettstückes von der sog. Beinhaut (dem Periost) bekleidet.

Zu denjenigen Teilen der knöchernen Skelettstücke, welche an Stelle von Knorpel (meist nach vorgängiger sukzessiver Zerstörung desselben) sich bilden (endochondrale Verknöcherung), fügen sich in der Regel unmittelbar weitere Knochenteile hinzu, welche von vornherein außerhalb der knorpligen Grundlage, im Perichondrium resp. Periost entstanden sind (perichondrale und periostale Verknöcherung).

Die perichondrale resp. periostale Verknöcherung vollzieht sich im Bindegewebe unter Anlehnung an ein schon vorhandenes Knorpel- oder Knochenstück.

Gewisse Skelettstücke können sich auch ganz außerhalb des Bereiches einer knorpligen Unterlage bilden, unter Anlehnung an einen irgend anderen gefestigten Teil.

Zum verknöcherten Skelettstück gehört demnach nicht bloß eigentliche Knochensubstanz; dazu gehören auch Mark, Knochenhaut und je nach Umständen auch faserknorplige Teile, Gelenkknorpel usw.

b) Gliederungsstellen. Einteilung.

Die Gliederungsstellen des Skelettes, an welchen die Skelettstücke gegeneinander abgegrenzt, voneinander getrennt und zugleich miteinander verbunden sind, können zweckmäßig, wie es schon durch Leonardo da Vinci geschehen ist, als Junkturen bezeichnet werden. An jeder Seite einer Junktur findet sich oft nur ein Skelettstück, können aber unter Umständen auch mehrere Skelettstücke gelegen sein. In der Zwischenzone, welche an einer Junktur die beiderseits gelegenen Skelettstücke voneinander trennt, können wir, etwas schematisierend eine Außenzone und eine Mittelzone voneinander unterscheiden. Erstere liegt wesentlich in der Flucht des Periost- oder Perichondriumüberzuges der Skelettstücke, letztere zwischen den gefestigten Teilen der Skelettstücke selbst. Die Außenzone ist unter allen Umständen faserig oder membranös. Die Mittelzone verhält sich verchieden, und je nach ihrer Beschaffenheit können wir die Junkturen in verschiedene Unterabteilungen gruppieren. Wir unterscheiden:

I. Kompakte Junkturen (Synarthrosen). Die Mittelschicht der Zwischenzone ist kompakt, und zwar entweder:

a) knorplig (Synchondrosis) oder

    b) ligamentös oder fibrös wie die Außenzone (Syndesmosis), oder sie ist

    c) von gemischter und komplizierterer geweblicher Beschaffenheit (Symphysis).

II. Junkturen mit Kontinuitätstrennung in der Mittelzone.

    a) Sind in der Mittelzone, in knorpliger oder faserknorpliger Grundlage ein oder mehrere Spalten vorhanden, welche die Mittelschicht nicht vollständig durchsetzen, so handelt es sich um ein „Halbgelenk", eine Hemiarthrose.

    b) Wird die Mittelzone von einer Querspalte oder von mehreren vollständig, bis zur fibrösen oder membronösen Außenzone hin durchsetzt, oder greifen die Spalten sogar noch um das Ende des einen oder anderen Skelettstückes, zwischen ihm und der Außenzone herum, so handelt es sich um ein wahres Gelenk, ein Vollgelenk, eine Diarthrose. Die fasrige Außenzone stellt dann die äußere Abschlußwand der Gelenkspalte oder Gelenkhöhle dar. Sie bildet die „Gelenkkapsel mit ihren Bändern".[1]

c) Synarthrosen.

Die geschlossenen oder kompakten Junkturen sind zum Teil ausgezeichnet durch die Kürze ihrer Zwischenzone (Bandnaht oder Sutur, Knorpelfuge). Sie gestatten bei solcher Beschaffenheit nur eine geringe Bewegung der Skelettstücke gegeneinander. Die durch sie gegebene Gliederung des Skeletts ist dabei oft wichtiger für das Wachstum und für die Formgestaltung des Skeletts als für die aktive Bewegung. Immerhin sind z. B. selbst die Suturen und Knorpelfugen der Schädelkapsel in mechanischer Hinsicht nicht bedeutungslos. Die Art der Deformation der Schädelkapsel durch einwirkende Gewalten und die Art, wie dabei die einzelnen Skelettstücke in Anspruch genommen werden, wird durch sie in erheblicher Weise beeinflußt.

Die aus langen Bandstücken bestehenden Verbindungen von Skelettstücken sichern die Lage der letzteren gegeneinander nur gegenüber auseinandertreibenden Einwirkungen. Gewöhnlich ist dann durch besondere Einrichtungen anderer Art, wenn nicht sogar durch ein Zusammenstoßen der Skelettstücke an näherer oder entfernterer Stelle dafür gesorgt, daß eine schädliche Annäherung der Skelettstücke über gewisse Grenzen hinaus nicht stattfindet. So verhält es sich z. B. bei der Verbindung der Beckenwirbelsäule mit dem Hüftbein. Die Ligg. sacro-tuberosa und sacro-spinosa des Beckens

---

[1] Der Ausdruck Gelenk ist hier natürlich in einem engeren Sinne des Wortes gebraucht. Im weiteren Sinne läßt sich als Gelenk jede Gliederungsstelle bezeichnen, welche irgendwie bemerkenswerte Bewegung der Skeletteile gegeneinander gestattet.

sind nicht als selbständige Skelettverbindungen aufzufassen, sondern als Bänder, welche zu der Articulatio sacro-iliaca gehören.

Die Bandverbindung des Zungenbeins mit der Schädelbasis wird beim Menschen in ihrem Einfluß für die Sicherung der Lage und Einschränkung der Bewegungen des Zungenbeins ergänzt durch die am Zungenbein angreifenden Muskeln, das Sichanstemmen der großen Zungenbeinhörner an die Vorderfläche der Halswirbelsäule etc. Dagegen haben im allgemeinen die persistierenden Synchondrosen und Symphysen eine mittlere Länge der Gliederungszone, so daß sie einerseits eine nicht unerhebliche Bewegung zulassen und andererseits für sich allein genügen, um sowohl die Entfernung der Skelettstücke voneinander als ihre Annäherung auf engere Grenzen zu beschränken. Sie leiten über zu den eigentlichen Gelenken. Es gestatten diese kompakten Junkturen, deren Substanz sowohl Druck- als Zugwiderstand zu leisten vermag, allerdings nur eine geringe direkte Annäherung der Skelettstücke gegeneinander, unter Kompression der Zwischenzone. Ebenso gestatten sie nur eine unbedeutende Entfernung der Skelettstücke voneinander unter Dehnung der Zwischenzone, und auch die seitliche Abscherung (Verschiebung der Skelettstücke gegeneinander parallel Querebenen, ohne Drehung, wobei man sich in der Zwischenzone jede Querschicht gegenüber der nächsten parallel der queren Grenzebene verschoben denken kann), ist bei ihnen von geringem Betrag. Eine größere Exkursion der beiden Skelettstücke kommt nur dadurch zustande, daß an der einen Seite der Zwischenzone in der Längsrichtung eine Zusammenschiebung, an der anderen Seite ein Auseinanderrücken stattfindet, mit allmählichem Übergang vom einen zum andern in den mittleren Längszonen. Dies ermöglicht eine Abdrehung des einen Skelettstückes gegenüber dem andern, wobei

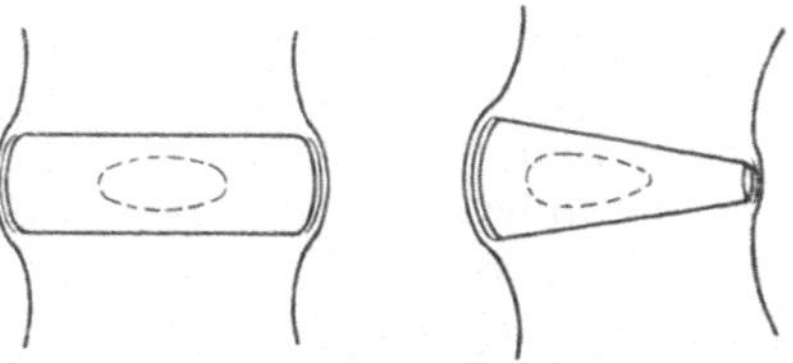

Fig. 37.

die Exkursion mit der Entfernung von der Junktur zunimmt. Einer geringen Verschiebung an der Junkturstelle entspricht dann ein größerer Ausschlag der entgegengesetzten Enden gegeneinander. Es ist also ganz besonders die Biegsamkeit der Junkturstelle, welche die Exkursionsmöglichkeit der beiden Skelettstücke gegeneinander bestimmt.

Eine erhebliche Vergrößerung der Abbiegungsmöglichkeit kann bei relativ kurzer Zwischenzone und straffer peripherer Faserlage dadurch erzielt sein, daß der mittlere Kern der Zwischenzone gallertig erweicht ist, wie solches bei den Zwischenwirbelscheiben der Fall ist (Gallertkern, nucleus pulposus s. gelatinosus).

Ein solcher weicher, halbflüssiger Kern läßt sich an irgendeiner Seite stark zusammendrücken, während er sich auf der entgegengesetzten Seite, nach welcher hin seine Masse ausweicht, entsprechend stark verdickt. Er verhält sich ähnlich wie ein Wasserkissen. Als Ganzes stellt er mit der umschließenden Masse der Zwischenwirbelscheibe ein inkompressibles, festes Polster dar, welches die Wirbelkörpermitten voneinander entfernt hält, aber eine starke und wechselnde Gegeneinanderdrehung der benachbarten Wirbel gestattet (Fig. 37, S. 87).

d) Diarthrosen.

In ganz anderer Weise ermöglicht bei den **wahren Gelenken** die quere Spaltung der Mittelzone eine Abdrehung der Skelettstücke gegeneinander. Die quere Spalte gestattet hier in ausgiebiger Weise gerade die quere (abscherende) Verschiebung des einen Gelenkkörpers gegenüber dem andern, vorausgesetzt, daß die Spalte wirklich durch die ganze Mittelzone hindurchgeht. Wenn sie nun in bedeutendem Maße nach der einen Seite hin konkav gekrümmt ist, so ist mit dem Gleiten der Gelenkkörper aneinander zugleich eine Drehung verbunden, und zwar um eine Achse, welche an der Seite der Konkavität der Gleitungsfläche liegt.

Während die Ausgiebigkeit der Abdrehung bei der kompakten, spaltlosen Junktur wesentlich abhängt von der Kompressibilität und Dehnbarkeit der Zwischenzone in der Längsrichtung und einigermaßen der Längenausdehnung dieser Zwischenzone proportional ist, hängt sie im wahren Gelenk wesentlich nur von der Ausgiebigkeit der gleitenden Verschiebung der Gelenkflächen aneinander und von der Krümmung der Gelenkflächen ab; sie ist um so größer bei gleicher Verschiebung, je stärker die Krümmung der Gelenkspalte ist.[1]

Besonders wichtig ist, daß beim wahren Gelenk die größere oder geringere Mächtigkeit der Zwischenzone keinen Einfluß hat auf die Ausgiebigkeit der Abdrehung. Die ganze Zwischenzone kann gleichsam auf die Gelenkspalte beschränkt und durch sie ersetzt sein; die im Gelenk zusammentreffenden Skeletteile können sich in unveränderter Starrheit bis unmittelbar an die Trennungsspalte heran auf Kosten der Zwischenspalte ausdehnen. Dies gilt ganz besonders, wo es sich um ein sog. kongruentes Gleiten der Gelenkflächen aneinander handelt.

Die an die Gelenkspalten angrenzenden Teile der Skelettstücke mit Einschluß der Stellen, an welchen sich die Gelenkkapsel mit

---

[1] Statt der gleitenden Verschiebung kann bei nach der Peripherie auseinanderklaffenden Gelenkflächen auch eine Art Abrollung in Frage kommen. Dann hängt die Größe der Drehung von der Raschheit der Krümmung namentlich der stärker gekrümmten Gelenkfläche ab.

Eine sehr gründliche wissenschaftliche Auseinandersetzung über die Formen der Gelenkflächen und die aus denselben sich ergebenden möglichen Arten der Gelenkbewegungen gibt O. Fischer in seiner „Kinematik organischer Gelenke". Braunschweig 1907.

ihren Bändern anheftet, haben eine charakteristische Gestalt und werden als die „Gelenkkörper" (partes condyloideae) bezeichnet. Die an die Gelenkhöhle angrenzende Schicht derselben besteht in der Regel unter normalen Verhältnissen aus hyalinem Knorpel und nur ausnahmsweise (Unterkiefergelenk) aus Faserknorpel. Namentlich besteht ein Knorpelüberzug da, wo sich der Oberfläche des Gelenkkörpers entlang gefestigte Teile der Zwischenzone oder des gegenüberstehenden Skelettstückes, eng angedrückt, gleitend verschieben. Die betreffende Oberfläche ist glatt und glänzend und meist von charakteristischer gesetzmäßiger Krümmung. Diese Flächen werden als Gelenkflächen bezeichnet.

Zeigt die Gelenkspalte in einer ihrer Flächenrichtungen oder in zwei Richtungen eine ausgesprochene Krümmung und greift sie um den einen Gelenkkörper mehr oder weniger weit herum, so stellt dieser an der konkaven Seite der Gelenkspalte gelegene Gelenkkörper einen „Gelenkkopf" dar. Das, was an der konkaven Seite der Gelenkspalte gelegen ist, bildet die „Pfanne". Mitunter sind in der ganzen Breite der Mittelzone zwei Gelenkspalten vorhanden, welche eine aus einem Faserfilz bestehende sogenannte faserknorplige Platte, einen Meniscus oder eine Zwischengelenkscheibe zwischen sich fassen. Häufiger noch wird die in der Mitte einfache Gelenkspalte erst nach der Außenzone hin doppelt. Der von den zwei auseinanderweichenden Spaltschenkeln eingefaßte einspringende Gewebekeil ist, wenn er den Druck der Gelenkkörper gegeneinander auszuhalten hat, ebenfalls ein zäher, druckfester Faserfilz (keilförmiger Meniscus), in andern Fällen aber stellt er bloß eine weiche, fetthaltige, oft an der Oberfläche und den Rändern zerschlitzte Füllmasse dar (Processus adiposi, Villi synoviales etc.).

In jenen Fällen, wo eine derbe Zwischengelenkscheibe oder ein derber keilförmiger Meniscus vorhanden sind, ist meist die Krümmung der Gelenkspalte an der einen Seite stärker ausgeprägt, mit der Konvexität nach dem Meniscus hin; gerade dieser Seite des Meniscus entlang findet dann die größere gleitende Verschiebung statt, zwischen dem einen Gelenkkörper als dem Kopf auf der einen Seite und dem andern Skelettstück mit dem Meniscus als der Pfanne auf der andern Seite. Es erscheint hier der Meniscus mehr wie ein zur Pfanne gehöriger, von dem Pfannenboden abgespaltener Teil und er ist nun auch in der Tat mit dem Gelenkkörper der Pfannenseite inniger verwachsen. Dabei ist natürlich nicht ausgeschlossen, daß der Meniscus sich unter Umständen ausgiebiger zugleich mit dem konvexen Gelenkkörper verschiebt, so daß die gegenseitige Bewegung dann hauptsächlich zwischen dem Kopf und dem Meniscus einerseits und dem Skelettstücke, welches die Unterlage der Pfanne bildet, andererseits stattfindet.

Die Entwicklung der Menisci und der anderen Arten innerer Gelenkfortsätze ist besser verständlich, wenn man weiß, daß anfangs sämtliche Gliederungszonen kompakt sind und daß erst nachträglich in ihnen ein Spaltbildungsprozeß stattfindet. Es können nun bei dieser Spaltbildung auch Faserzüge, welche über das Niveau der Außenzone nach innen vortreten, ausgespart bleiben, sei's als Faserpfeiler, die noch mit der Außenkapsel in Verbindung stehen, sei's als rings von der Gelenkhöhle umgebene „Ligamenta interarticularia" (Kreuzbänder am Kniegelenk, Ligamentum teres am Hüftgelenk). Auch Muskelsehnen können sich in dieser Weise aus der Kapsel lösen und in die Gelenkhöhle hineinrücken (Lange Bicepssehne am Schultergelenk).

e) Entwicklung der Gelenke.

Es läßt sich zeigen, daß die charakteristischen Gelenkformen mit ihren besonderen Einrichtungen nicht zustande kommen können einzig infolge von besonderen Direktiven oder stofflichen Determinanten, welche den einzelnen Zellen der Anlage mitgegeben sind, sondern daß die Zellen und Zellenkomplexe der Skelett- und Gelenkanlagen aufeinander einwirken und sich in ihrem Wachstum und in ihren Umänderungen und Differenzierungen gegenseitig beeinflussen müssen (abhängige Differenzierung), um das fertige Gelenk mit all seinen Besonderheiten hervorzubringen.

Daß bei der Ausbildung der Gelenkform mechanische Momente gestaltend wirken, hat zuerst L. Fick theoretisch und durch Experimente nachzuweisen gesucht. Das zur Zeit der Gelenkbildung stärker wachsende Skelettstück bildet nach ihm den Kopf. Die charakteristische Gestalt der Gelenkkörper wird dann aber durch die bewegenden Muskeln im eigentlichen Sinne des Wortes geschliffen. J. W. Henke (1863) legte ebenfalls Gewicht auf den schleifenden Einfluß der Muskeln, sprach aber die Vermutung aus, daß der erste Entscheid über die Krümmung der Gelenkfläche abhängig sei von der verschiedenen Entfernung des Ansatzes der bewegenden Muskeln von der Trennungsstelle oberhalb und unterhalb des Gelenkes. Dieser Gedanke wurde später durch R. Fick (1890) und durch G. Tornier (1894) weiter ausgeführt.

Henke und Reyher (1874) waren der Meinung, daß die Zwischenzonen anfänglich wesentlich die Gestalt querer, planparalleler Scheiben haben, und daß die charakteristische Form der Gelenkkörper erst nachträglich durch die Muskeleinwirkung und durch die Bewegungen im Gelenk (Ausgezogenwerden der Pfannenränder auf der einen Seite, Kompression und Abschleifung der Kanten und allmähliche Zurundung zum Kopf auf der anderen Seite) gebildet werden.

Bernays hat gegenüber Henke und Reyher gezeigt, daß die charakteristische Form der Gelenkkörper und die charakteristische Krümmung der Gelenkflächen im wesentlichen schon ausgebildet sind zu einer Zeit, wo die Zwischenzone des Gelenkes noch vollkommen geschlossen und ohne eigentliche Gelenkspalte ist. Unsere eigenen

Untersuchungen bestätigen das. Wir müssen aber geltend machen, daß sich in einer solchen Zwischenzone bereits kleine Abscherungsspalten zu bilden beginnen, während sie bei nicht ganz sorgfältiger Untersuchung noch völlig kompakt erscheint und von einer einheitlichen Gelenkspalte wirklich auch noch keine Rede sein kann.

Welche Kräfte die erste charakteristische Gestaltung der Gelenkkörper zuwege bringen, muß unserer Meinung nach von Fall zu Fall besonders studiert werden. Zeitliche Verschiedenheiten in der ersten Zentrierung, Konsolidierung und räumlichen Entfaltung der Skelettstücke bedingen zum Teil eine ungleiche Wachstumsenergie und Festigkeit der aneinanderstoßenden Anlagen. Dadurch mögen die ersten Grundzüge bestimmt sein. Als weitere gestaltende Faktoren für das Skelett kommen nun aber hinzu die ebenfalls nur sukzessive und in bestimmter zeitlicher Reihenfolge sich abspielenden Vorgänge der Muskelsonderung und des Auftretens von wechselnden Spannungen in den Muskelanlagen. Früher gefestigte Skelettanlagen drängen sich im allgemeinen kopfartig in die noch weniger differenzierten, weicheren Nachbaranlagen hinein, namentlich da, wo letztere gleichsam als Schlußstück in eine zu eben dieser Zeit sich anlegende Muskelschlinge, welche das besser konsolidierte Skelettstück zwischen sich faßt, eingeschaltet sind. Das weichere Skelettstück verhält sich zu dem festeren, wie ein hauben- oder kappenartig aufgesetzter Teil, der allmählich einen pfannenförmigen Gelenkkörper ausbildet. Neben den ersten Muskelanlagen aber kommen mit der Zeit neue zu schärferer Sonderung und zum Geltendmachen ihrer Spannung, z. B. solche, die weiter entfernt von der betreffenden Zwischenzone an dem später gefertigten Stück angreifen. Letzteres kann mittlererweile konsolidiert sein. Zu den ersten gestaltenden Einflüssen können also neue hinzukommen, welche vielleicht auch ihrerseits noch weiter modellierend und modifizierend auf die Zwischenzone und die Form der Gelenkkörper einzuwirken vermögen.

Frühzeitig jedenfalls machen sich in der Zwischenzone die Einflüsse der Muskelspannung als Kompression geltend und kleine Schwankungen in der Spannung der antagonistischen Muskeln als abscherende Einflüsse. Zuletzt bilden sich wirkliche kleine Gewebsauflockerungen und Zerreißungen in den Ebenen der Verschiebung; es entsteht ein System kleiner Abscherungsspalten. Indem in der Richtung der stärksten Verschiebung die Spalten mehr und mehr sich ineinander fortsetzen und zusammenfließen, konzentriert sich die Bewegung noch mehr auf diese Zone. Damit Hand in Hand aber fällt für die Nachbarschichten die Abscherungsbeanspruchung dahin; das Gewebe festigt sich in ihnen und schließt sich dem angrenzenden Skelettstück an. So breitet sich letzteres in appositionellem Wachstum immer näher an die sich einengende Verschiebungszone aus, unter gleichzeitiger schärferer Ausprägung der charakteristischen Gestalt.

Es ist klar, daß die Zwischenzone, wenn ihre erste schärfere

Ausprägung in eine Zeit fällt, wo die beiden Skelettstücke schon etwas konsolidiert sind und wo sie durch wechselnde Spannung antagonistischer Muskelanlagen, wenn auch noch so wenig, gegeneinander bewegt werden, eine gekrümmte Gestalt haben und beibehalten und in der Folge noch schärfer ausgeprägt bekommen muß. An der Seite der Spannungszunahme der Muskeln werden jedenfalls die Skelettstücke einander genähert werden, und da sie sich in der Zwischenzone aneinanderstemmen, werden sie sich im Sinne der Muskelwirkung gegeneinander abdrehen. Ist nun ein schräger Verlauf der Zwischenzone schräg zum Muskelzug an dieser Seite auch nur angedeutet, als Folge ungleichzeitiger Zentrierung der Skelettanlagen und indem von den Muskeln, die sich an der später entwickelten Anlage ansetzen, zuerst die dem Gelenk benachbarten zur Entwicklung kommen, so bleibt hier auch nach erfolgter Konsolidierung des Skelettstückes und Ausbildung anderer Muskelsysteme, die entfernter vom Gelenk angreifen, doch die Art der Verschiebung im Gelenk präjudiziert. Der später gebildete Skeletteil wird im Gelenk nach der gleichen Seite abscherend verschoben, nach welcher seine Abdrehung erfolgt. Abscherung und Abdrehung würden also im allgemeinen an dem später konsolidierten Skelettstück nach der gleichen Seite erfolgen; damit soll nicht bestritten sein, daß neben der Verschiedenheit des Zeitpunktes der Skelettfertigung ganz besonders die Lage der Ansatzpunkte der ersten, antagonistisch in Wirksamkeit tretenden Muskelanlage im Sinne von Henke und R. Fick von Bedeutung sein kann für die Ausbildung der ersten Krümmung in der Zwischenzone und der ersten Andeutung von Kopf und Pfanne, und zwar bevor es irgendwie zur Spaltbildung gekommen ist. In anderen Ebenen können dann andere Muskelanlagen in gleichem, oder aber in abweichendem Sinne bestimmend einwirken. Da nun die Reihenfolge der Zentrierung und Konsolidierung der Skelettanlagen und sogar von einzelnen Teilen derselben eine wechselnde ist, ebenso wie die Anordnung der Muskelanlagen, so begreift sich leicht, daß auch die charakteristischen Krümmungen der Gelenkkörper das eine Mal mit ihrer Konvexität distalwärts, das andere Mal proximalwärts gerichtet sind. Aus den Verhältnissen des ausgebildeten Körpers läßt sich ein ursächliches hierfür bestimmendes Gesetz nicht ableiten. Aufschluß gibt nur die Entwicklungsgeschichte.

Die hier vorgeführten Ideen vertrete ich seit bald 30 Jahren in meinen Vorlesungen auf Grund von Beobachtungen der Entwicklungsvorgänge. Daß sich in der Zwischenzone der Gelenke zunächst einzelne getrennte Spalten bilden, und daß erst allmählich in diesem System von Spalten einzelne sich vergrößern und zu einer einheitlichen Spalte zusammenfließen, läßt sich bei den verschiedensten Objekten verfolgen.

Man muß sich vorstellen, daß diejenige Seite der Zwischenzone, an welcher die Skelettstücke gegeneinandergepreßt werden, ganz besonders bestimmend ist für die erfolgende Bewegung, entsprechend ihrer Schrägstellung zur Richtung des Muskelzuges, und daß weiterhin die gegebene Richtung der hier stattfindenden Abscherung, im Verein mit den zusammenhaltenden Kräften im übrigen Gebiet der Zwischenzone für den Ort und namentlich für die Richtung der im übrigen Teil der Zwischenzone sich bildenden Abscherungsflächen bestimmend ist. Verbindet sich am distalen Skelettstück Abgleiten nach der Seite des stärker gespannten Muskelzuges mit Abdrehung nach dieser Seite, so ist das Ganze eine Drehung um eine proximal vom Gelenk durchgehende Achse. Einer solchen Drehung entsprechend wird auch an den übrigen Teilen des distalen Stückes die Bewegung stattfinden und die Abscherung wird in den übrigen Teilen der Zwischenschicht in einer Zone vor sich gehen, welche sich proximalwärts konkav um die Achse herumkrümmt.

Verbindet sich die Drehung des distalen Gelenkkörpers nach der Seite der stärker gespannten Muskeln mit Ausgleiten nach der entgegengesetzten Seite, so handelt es sich im ganzen um eine Drehung um eine distal von der Gleitfläche gelegene Drehungsachse und es muß dann auch an den andern Stellen der Zwischenzone die Abscherung nach dem gleichen Prinzip erfolgen, nämlich in Trennungsflächen, welche sich distalwärts konkav um die Drehungsachse herumkrümmen.

f) Verhinderung und Beschränkung der Gelenkbewegungen. Unterschied zwischen den künstlichen und natürlichen Gelenken. Breite Berührung und kongruentes Gleiten.

Das Wesentliche bei der Gelenkverbindung ist die Kontinuitätstrennung zwischen sozusagen unmittelbar sich berührenden, unter Druck aneinander sich verschiebenden Skelettstücken. Wie sich bei gekrümmtem Verlauf der durchgehenden Trennungsspalte trotz der verhältnismäßig beschränkten Bewegung im Gelenk durch gekrümmten Verlauf der Trennungsspalte eine größere Drehungsexkursion der Skelettstücke und Glieder gegeneinander ergeben kann (und umgekehrt), wurde dargetan. Doch hat man sich vor Augen zu halten, daß eine solche ausgiebige Exkursion durchaus nicht immer vorhanden ist. Es gibt Gelenke mit annähernd ebenen Berührungsflächen und ganz beschränkter Exkursion der Skelettstücke (Amphiarthrosen). Wo eine ausgiebige Drehung des einen Skelettstückes gegenüber dem andern ermöglicht ist, braucht solches doch nur in einer Richtung der Fall zu sein; in den anderen Richtungen kann die Bewegung durch Widerstände des Skelettes eingeengt oder verhindert sein. Aber selbst bei allseitigerer Ausgiebigkeit der Bewegung ist offenbar die Freiheit und Ungehemmtheit der Bewegung nicht das allein Wichtige. Die Einrichtung des Gelenkes ist offenbar nicht einzig diesem Bedürfnis angepaßt. Augenscheinlich hat die Natur auch darauf Bedacht genommen, daß das Gelenk gegenüber den gewöhnlichen Krafteinwirkungen in jeder

Stellung, wenn nötig, festgestellt oder „fixiert“ und dadurch gleichsam ausgeschaltet werden kann.

Die Beschränkung der Bewegung kann eine passive, zwangsmäßige, durch das Skelett (Druckwiderstand der starren Stücke, Zugwiderstand der Bänder) gegebene sein und nur abhängen von der Stellung des Gelenkes. Oder aber sie ist für die ins Auge gefaßte Gelenkstellung fakultativ; gegenüber Einwirkungen, die sonst am Gelenk bestimmte Bewegungen hervorrufen, müssen hier Muskelkräfte zu Hilfe kommen.[1]) Sowohl für die passive als für die aktive Verhinderung einer Bewegung in einem Gelenk ist es im allgemeinen, wie später genauer gezeigt wird, von Vorteil, wenn die hemmenden Kräfte an weit auseinanderliegenden Stellen des Gelenkes angreifen. Die Gelenkkörper müssen breit sein; die Skelettstücke, die im Gelenk aufeinanderwirken und Bewegung übertragen, müssen sich in möglichst breiter Fläche berühren. Auch im Interesse der Sicherheit und Stetigkeit der im Gelenk ausgeführten Bewegungen ist breite Berührung notwendig.

So handelt es sich bei den Gelenken und ganz besonders bei denjenigen, welche ausgiebige Bewegungen erlauben und an denen sich große Arbeitsleistungen vollziehen, um ein Zusammenstoßen und um ein Aneinanderentlanggleiten annähernd starrer Gelenkkörper in möglichst breiter Berührungsfläche: um kongruente Berührung und kongruentes Gleiten der Gelenkflächen.

In der Technik findet dieses Prinzip weitgehendste Anwendung. Miteinander beweglich verbundene, starre Maschinenteile gleiten aneinander mit in allen Punkten sich berührenden kongruenten Flächen. Ein wichtiger Unterschied zwischen den künstlichen Gelenken und den Gelenken des Organismus besteht allerdings. Die im künstlichen Gelenk zusammentreffenden starren Teile können völlig voneinander getrennt sein. Die Trennungsfläche kann eine völlig ununterbrochene, rings um den einen Teil herumgehende sein. Der eine Körper kann infolge davon seine Drehung gegenüber dem andern im gleichen Sinn beliebig lang fortsetzen. Bei den Gelenken des Organismus aber müssen die sich gegeneinander bewegenden Skelettstücke in organischem Zusammenhang mit dem übrigen Organismus und also auch untereinander in organischem Zusammenhang sein. Eine völlige Abtrennung des einen vom andern ist unstatthaft. Irgendeine drehende Bewegung des einen Skelettstückes gegenüber dem andern findet zuletzt sowohl nach der einen als nach der andern Seite hin in der organischen Verbindung (der dem Gelenk zunächst gelegene Teil derselben ist die Gelenkkapsel) eine Hemmung. Eine Wiederholung der gleichen Bewegung ist nur möglich, nachdem eine umgekehrte, rückläufige Bewegung stattgefunden hat. Selbst die sogenannten Kreisbewegungen unserer Glieder lassen sich in Hin- und Herbewegungen auflösen.

---

[1]) Über die Bedeutung des Luftdruckes für den Zusammenhalt in den Gelenken wird im speziellen Teil des Lehrbuches die Rede sein.

Es handelt sich bei ihnen durchaus nicht um eine im gleichen Sinn weitergehende Drehung um eine Achse, welche durch das Gelenk und die Mitte der vom Gliedende beschriebenen Kreisfigur geht, sondern um die Kombination zweier Hin- und Herbewegungen um zwei senkrecht zueinander stehende Achsen, welche der Kreisfigur ungefähr parallel laufen. Die eine dieser Bewegungen beginnt und endet jeweilen um den vierten Teil einer ganzen Periode später als die andere, unter Erhaltenbleiben der gleichen Phasendifferenz während der ganzen Aktion.

Ferner ist von vornherein zu erwarten, daß der Organismus, indem er zu seinen Konstruktionen nur Skelettkörper verwenden kann, deren Größe und Form durch andere entwicklungsgeschichtliche Faktoren bereits eng bestimmt ist, auch nur innerhalb engerer Grenzen vollkommene Kongruenz herzustellen vermag; insbesondere lassen sich für die Extremstellungen im Gelenk Abweichungen erwarten. Wenn ferner die normal und abnormerweise einwirkenden Kräfte bei der Bildsamkeit selbst der festesten Materialien des Körpers gestaltend und umgestaltend auf die Gelenkeinrichtung wirken, so muß gerade die Mannigfaltigkeit und der Wechsel der an den organischen Gelenken zur Geltung kommenden Kräfte manche Unregelmäßigkeiten und Abweichungen vom Typus der kongruenten Gelenkverbindung zur Folge haben.

Trotzdem ist es auch für die Gelenke des Organismus gerechtfertigt, das Prinzip des kongruenten Gleitens in den Vordergrund zu stellen und nach den Bedingungen zu fragen, unter welchen dasselbe möglich ist. Es müssen dieselben für die organischen und für die künstlichen Gelenke dieselben sein.

g) Die Bedingungen des kongruenten Gleitens.

Es ist zu untersuchen, ob und unter welchen Bedingungen kongruentes Gleiten möglich ist

a) bei Progressiv- oder Translationsbewegung,

b) bei Drehbewegung,

c) bei gleichzeitiger Dreh- und Progressivbewegung,

d) bei sukzessive aufeinander folgenden verschiedenartigen Bewegungen.

Damit werden alle Möglichkeiten berücksichtigt sein.

1. Kongruentes Gleiten bei Progressivbewegung.

Irgendein Punkt a des ersten Gelenkkörpers A, der zur Berührungsfläche von A mit einem zweiten Gelenkkörper B gehört, bewegt sich parallel und gleich schnell wie alle übrigen Punkte von A in einer geraden Ganglinie $\overline{a\,a^1}$ (Fig. 38). Findet kongruentes Gleiten statt, so fällt diese Ganglinie in ihrem ganzen Verlauf und in ihrer ganzen geradlinigen Fortsetzung, soweit die Gelenkfläche von B reicht, mit dieser zusammen. In die gleiche Ganglinie können ferner bei der betreffenden Progressivbewegung nur solche

Punkte des Körpers A gelangen, welche von vornherein in der Ganglinie aa^1 oder ihrer Fortsetzung gelegen und selber Oberflächen-
(Gelenkflächen-)Punkte des Körpers A sind. Wir wollen die Reihe
dieser Punkte als die dem Punkte a nachfolgende Ganglinie von A
bezeichnen, welche in die Ganglinie des Punktes a an B nachrückt.
Endlich ist klar, daß, so weit sich die Gelenkflächen gegenüber-
stehen, die Gelenkfläche von A von vornherein mit der Ganglinie
von a in B, und die Gelenkfläche von B von vornherein mit der

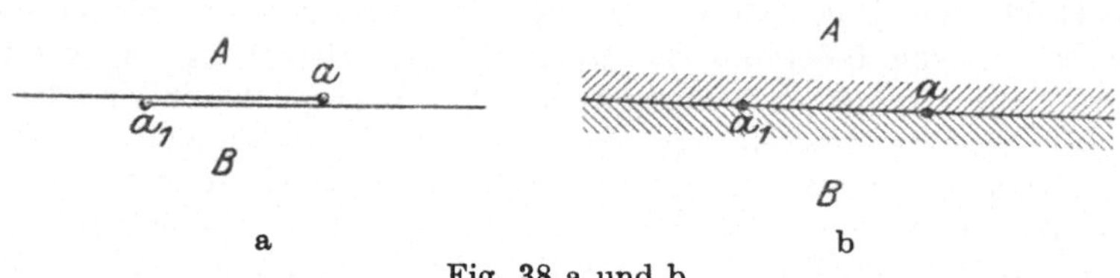

Fig. 38 a und b.

dem Punkte a nachfolgenden Ganglinie von A in Berührung sein muß.
Die gerade Linie, welche in der Richtung der Progressivbewegung
durch den beliebig gewählten Berührungspunkt a geht, muß also,
soweit beide Gelenkflächen zusammenliegen, eine gemeinsame Berührungslinie sein. Dasselbe läßt sich für jeden andern neben a gelegenen Berührungspunkt entwickeln. Die Möglichkeit des kongruenten
Gleitens bei Progressivbewegung ist also gegeben, wenn sich durch
irgendeinen Punkt der Berüh-
rungsfläche parallel der Bewegungsrichtung eine gerade Linie
legen läßt, welche im ganzen
Verlauf der beidseitigen Gelenkflächen mit diesen zusammenfällt. Jede der beiden Flächen
muß also aus solchen parallelen
Linien zusammengesetzt sein.

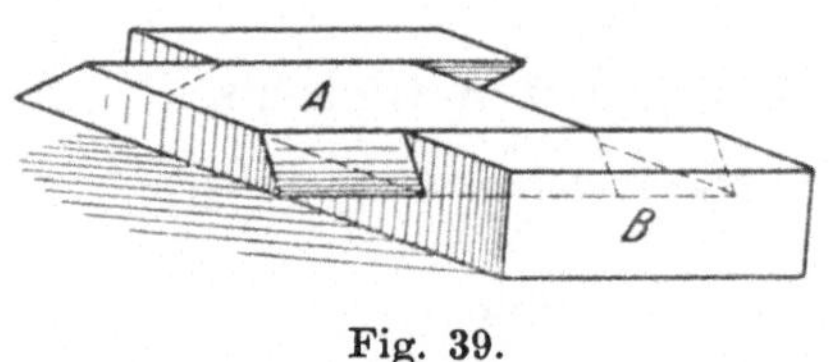

Fig. 39.

Eine solche aus parallelen, geraden Linien zusammengesetzte
Fläche nennen wir eine Progressivfläche; die Falz-, Naht- und
Schlittenflächen der Technik, die Gleitflächen bei einer Schublade usw.
sind derartige Progressivflächen (Fig. 39).

Über das Querprofil einer solchen Progressivfläche ist nichts
präjudiziert. Es kann sich auch um eine geschlossene Profillinie oder
um mehrere solcher handeln (Gleiten eines Stiftes, eines Zapfens, eines
gekanteten Stabes usw. in einem entsprechenden Lager usw.).

Im allgemeinen läßt sich in einer Progressivfläche nur ein System paralleler Linien (nur in einer Richtung) legen. Es ist dann
ihr entlang auch nur in dieser Richtung kongruentes Gleiten möglich.

Besonderer Fall: Die Ebene. In derselben lassen sich in
jeder beliebigen Richtung parallele Linien legen. Dementsprechend ist
entlang einer Ebene in jeder Richtung Progressivbewegung möglich.

2. Kongruentes Gleiten bei Drehbewegung.

Der Gelenkkörper A (Fig. 40) drehe sich um eine Achse, welche in o senkrecht auf der Bildfläche steht. Irgend ein Punkt a bewegt sich dann in einem Kreisbogen, der seinen Mittelpunkt in der Drehungsachse hat und in einer zur Drehungsachse senkrecht stehenden Ebene liegt, nach a^1 und weiter. Seine Ganglinie muß im ganzen Verlauf mit der Gelenkfläche von B zusammenfallen. Jeder vorausgehende oder nachfolgende Punkt der Gelenkfläche von A, der in der gleichen Querebene zur Achse gelegen ist, muß von vornherein in der Ganglinie von a an B sich befinden oder bei der Bewegung von A um die Achse oo in dieselbe gelangen, was nur der Fall ist, wenn er von vornherein in der Fortsetzung des Kreisbogens $a\,a^1$ gelegen ist.

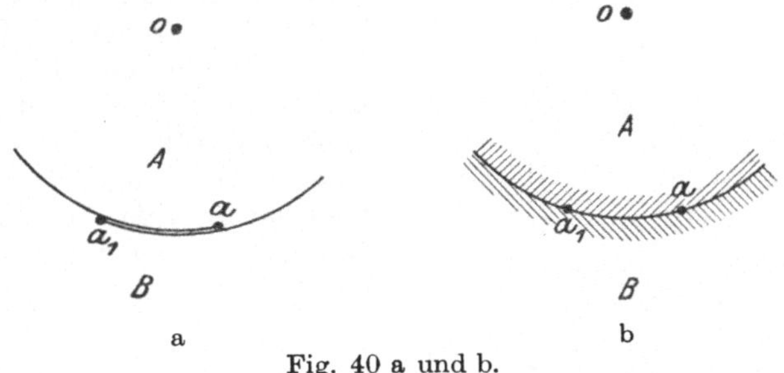

Fig. 40 a und b.

Kongruentes Gleiten kann nur erfolgen, wenn alle diese Punkte Gelenkflächenpunkte von A sind. So weit die Gelenkfläche von B reicht, müssen sie von vornherein alle auch mit dieser in Berührung stehen.

In jeder Ebene quer zur Achse müssen sich also die Körper A und B in einer um die Achse gelegten Kreislinie berühren; die Berührungsfläche und jede der beiden Gelenkflächen muß demnach eine sog. Rotationsfläche sein, d. h. eine Fläche, die aus lauter Kreislinien zusammengesetzt ist, welche um die gleiche Achse herumgelegt und auf sie zentriert sind. Die Linie, in welcher sich eine derartige Fläche mit einer durch die Achse gelegten Ebene schneidet, kann als ein Profil der Rotationsfläche bezeichnet werden. Über die Art des Profils ist nichts präjudiziert, als daß es eine Linie sein muß, welche beide Gelenkkörper vollständig in der ganzen Breite voneinander trennt. Man kann sich die Rotationsfläche erzeugt denken, dadurch daß die Profillinie als starres Gebilde um die Achse gedreht wird.

Die Flächen, welche der Drechsler am Drehstuhl erzeugt, sind Rotationsflächen, indem ja der Handwerker an einem um eine Achse drehbaren, eingespannten Materialblock in jeder Querebene zur Achse alles wegnimmt bis auf eine zu der Achse senkrecht stehende und auf dieselbe zentrierte Kreislinie. Beispiele solcher künstlicher Rotationsflächen stehen überall vor Augen. In Fig. 41 sind drei verschiedene Rotationsflächen, mit den Profiles *abc*, *abdc* und *abcd* abgebildet.

Im allgemeinen läßt sich in einer Rotationsfläche nur ein einziges System solcher paralleler Kreislinien legen. Aber auch ein System paralleler Geraden kann im allgemeinen in eine Rotationsfläche nicht hineingelegt werden. Dementsprechend können sich zwei in einer Rotationsfläche zusammenstoßende Skelettstücke im allgemeinen gegeneinander unter kongruentem Gleiten nur verschieben im Sinn einer Drehbewegung um die Achse der Rotationsfläche.

Besondere Fälle.

1. **Die Kugelfläche.** In ihr lassen sich parallel zu jeder beliebigen Ebene und senkrecht zu jedem beliebigen Kugeldurchmesser Systeme paralleler Kreisbogen legen, welche um den betreffenden Durchmesser zentriert sind. Dementsprechend ist in einem Gelenk mit kugelflächenförmiger Gleitfläche jede beliebige Drehbewegung möglich um den Mittel-

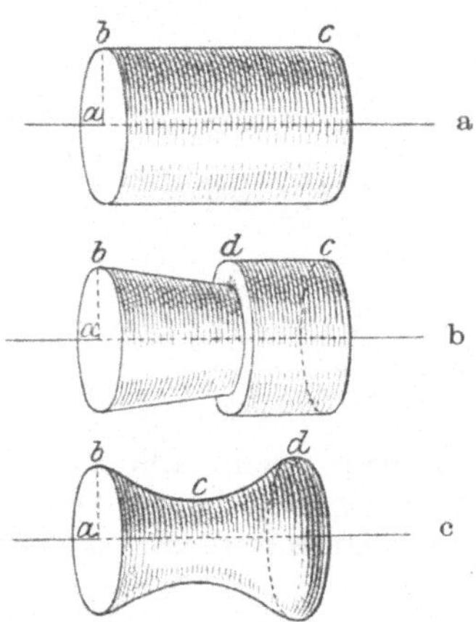

Fig. 41 a bis c.

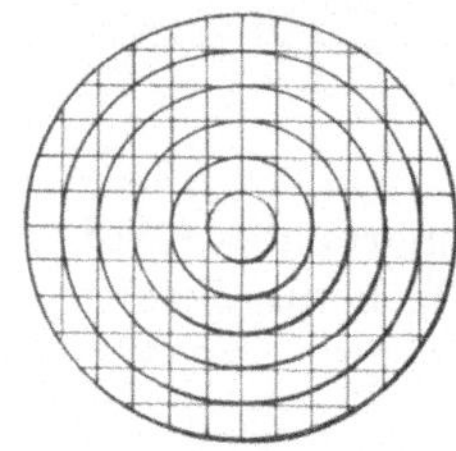

Fig. 42.

punkt der Kugel, resp. um eine durch den Mittelpunkt der Kugel gehende beliebige Gerade als Achse.

In Fig. 42 sind drei verschiedene Systeme paralleler, um dieselbe Achse gelegter Kreislinien in die gleiche Kugelfläche hineingelegt.

2. **Die Ebene.** Sie kann aufgefaßt werden als ein Stück einer unendlich großen Kugelfläche; die Progressivbewegung in irgendeiner Richtung derselben kann als Drehung um einen dem betreffenden Flächenstücke parallel laufenden Durchmesser der Kugel als Achse betrachtet werden.

Man erkennt nun aber, daß entlang einer Ebene auch noch möglich sein muß eine Drehung um irgendeine zur Ebene senkrecht stehende Achse, indem sich ja in ihr auch um irgendeinen Punkt oder ein Perpendikel der Ebene herum ein System paralleler Kreislinien legen läßt.

3. **Die Zylinderfläche.** Sie ist zugleich eine Rotationsfläche und eine Progressivfläche. Als Rotationsfläche besteht sie aus Kreislinien von gleichem Radius, welche um die Längsachse des Zylinders herumgelegt und auf dieselbe zentriert sind; dementsprechend ist der Zylinderfläche entlang eine Drehbewegung möglich mit der Längsachse des Zylinders als Drehungsachse. Als Progressivfläche ist sie aus längsverlaufenden Geraden zusammengesetzt und gestattet eine Progressivbewegung in der Längsrichtung des Zylinders.

3. Kombination von Drehbewegung und Progressivbewegung.

α) Schraubenbewegung.

In einem bestimmten Augenblick sei φ die Winkelgeschwindigkeit der Drehung und v die Geschwindigkeit der Progressivbewegung in der Richtung der Drehungsachse. Ein bestimmter Berührungspunkt a des einen Gelenkkörpers A bewegt sich dann (Fig. 43) in einer Schraubenlinie aa^1 und ihrer Fortsetzung $bgdo$, welche bei kongruentem Gleiten mit der Gelenkfläche von B zusammenfallen muß.

Weiterhin ergibt sich, daß diejenigen Punkte, welche bei der gleichen kleinen Bewegung früher oder später als a die gleiche Ganglinie ein bestimmtes Stück weit benutzen, in der gleichen Schraubenlinie gelegen sein, Oberflächenpunkte von A bilden und jederzeit mit der Oberfläche von B in Berührung sein müssen. Daraus folgt die Notwendigkeit der Berührung der beiden Körper in der ganzen, vorwärts und rückwärts in der Fortsetzung von aa^1 gelegenen Schraubenlinie. Irgend ein zweiter Gelenkflächenpunkt von A, der außerhalb dieser ersten Schraubenlinie gelegen ist, beschreibt bei der gleichen Bewegung von A eine damit annähernd parallel laufende Schraubenlinie, in welcher das Verhältnis der Drehung um die Achse zu der gleichzeitigen Verschiebung parallel der Achse dasselbe ist, wenn auch die Entfernung von der Achse eine andere sein kann, als bei der vom Punkte a beschriebenen Schraubenlinie.

Es läßt sich auch hier zeigen, daß die neue Schraubenlinie und ihre Fortsetzung jeweilen eine Berührungslinie zwischen den beiden

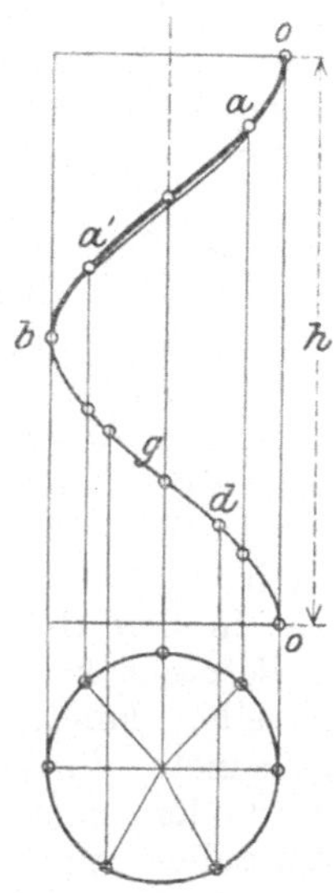

Fig. 43.

Oberflächen sein muß in ihrer ganzen Länge. Die in solchen Schraubenlinien zusammentreffenden Punktreihen der beiden Körper werden sich aneinander unter Erhaltenbleiben der Kongruenz gleitend verschieben können, solange das gleiche Verhältnis zwischen Drehungsgeschwindigkeit und Progressivgeschwindigkeit erhalten bleibt.

Die ganze Berührungs- resp. Trennungsfläche muß demnach aus

solchen Schraubenlinien, welche bei gleichem Betrag der Drehung um die Achse gleich weit in der Richtung der Achse steigen, zusammengesetzt sein. Eine solche Fläche ist eine Schraubenfläche.

Damit ist bewiesen, daß sich ein Körper, der sich zugleich um eine Achse dreht und parallel derselben verschiebt, gegenüber einem zweiten starren Körper unter kongruentem Gleiten nur verschieben kann entlang einer Schraubenfläche, deren Schraubenganglinien das gleiche Verhältnis zwischen Winkeldrehung um die Achse und Verschiebung in der Richtung der Achse aufweisen. Da im allgemeinen in einer Schraubenfläche nur ein einziges System von Schraubenlinien mit gleicher Steigung pro Umgang oder pro bestimmtem Bruchteil eines Umganges enthalten ist, so ist im allgemeinen entlang derselben auch nur diese eine Art von kombinierter Dreh- und Progressivbewegung möglich. Eine Annahme bildet nur die Zylinderfläche (s. u.).

Versteht man unter Profil der Schraubenfläche ihre Schnittlinie mit einer durch die Achse gehenden Ebene, so gilt für die Schraubenflächen der Technik, deren Ganglinien um eine Schraubenspindel meist mehrmals rings herum laufen, daß ihr Profil in lauter gleiche Abschnitte oder Profileinheiten zerfällt, und daß irgendein Punkt eines solchen Abschnittes um die Höhe eines ganzen Schraubenumganges von dem korrespondierenden Punkte der nächstfolgenden Profileinheit absteht und mit ihm in der gleichen Ganglinie liegt.

Am Gesamtprofil einer Schraubenfläche können die Profile der einzelnen Schraubengänge (die Profileinheiten) fortlaufend zusammenhängen oder aber getrennt sein. Im zweiten Fall muß aber das Profil jedes Schraubenganges eine in sich geschlossene Profillinie sein.

In Fig. 44 ist eine offene Schraubenfläche dargestellt. Die Höhe eines Umganges $= h$; die Profileinheit $m\,d\,q\,c\,m'$ zeigt hier zwei Vorragungen und Einsenkungen (doppelläufiger Schraubengang).

In Fig. 45 ist eine Schraubenfläche mit in sich geschlossenem Profil des einzelnen Schraubenganges dargestellt.

In den Gelenken des Organismus könnten nur Schraubenflächen in Betracht kommen, die keinen ganzen Schraubenumgang darstellen. Dieselben könnten aber ganz wohl ein kompliziertes Profil mit zwei oder mehr Vorragungen am gleichen Schraubengang aufweisen, also zwei oder mehrläufig sein. Es könnten hier auch Teile einfacher Schraubengänge Verwendung finden, welche fortgesetzt gedacht nach einem vollen Umgang nicht neben den Anfang der ersten Schraubenwindung gelangen, sondern teilweise in denselben hineinfallen würden. In der Tat sind bei Tieren derartige schraubenförmige Gelenkflächen mit geringer Steigung vorhanden (Sprunggelenk des Pferdes). Beim Menschen sucht man vergebens nach ausgesprochenen Schraubengelenken. Das Gelenk zwischen dem Humerus und der Ulna ist nur scheinbar ein Schraubengelenk.

Besonderer Fall. Die Zylinderfläche kann als eine Schraubenfläche angesehen werden, deren Ganglinien sämtlich die gleiche Weite

resp. den gleichen Abstand von der Achse haben. Es lassen sich in
die Zylinderfläche beliebig viele Systeme solcher schraubenförmigen
Ganglinien gleicher Ganghöhe hineinlegen, so daß jedem System
eine andere Ganghöhe resp. ein anderes Verhältnis der Verschiebung
parallel der Achse bei gleicher Winkelbewegung der Schraubenlinien um
die Achse zukommt (Fig. 46). Dementsprechend kann sich ein Körper,
der mit einem zweiten in einer Zylindermantelfläche zusammentrifft,
diesem entlang unter kongruentem Gleiten verschieben bei jedem
beliebigen Verhältnis der Geschwindigkeiten der Winkeldrehung um

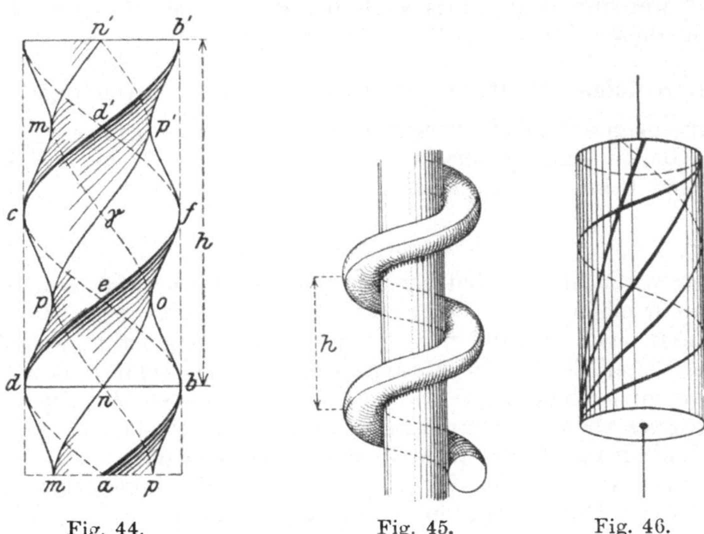

Fig. 44. Fig. 45. Fig. 46.

die Achse und der Progressivbewegung. Es kann auch von Moment
zu Moment das Verhältnis sich ändern. In dem einen Grenzfall
kann die Drehung um die Achse gleich 0 sein und nur Progressivbewegung in der Längsrichtung der Zylinderachse stattfinden; im
anderen Grenzfall ist die Progressivbewewegung gleich 0 und die
Drehbewegung kommt allein und rein zur Geltung. Die mannig-
faltige Art, in welcher sich der Tubus eines Mikroskopes in seiner
Hülse verschieben läßt, veranschaulicht gut das hier Auseinandergesetzte.

β) Kombination von Drehbewegung mit Progressivbewegung parallel der Drehungsebene.

Die Progressivbewegung parallel der Drehungsebene kann innerhalb eines genügend kurzen Zeitraumes als gleichförmig und geradlinig angesehen werden. Von vornherein ist klar, daß nur eine
Progressivbewegung in Frage kommen kann, welche annäherungsweise
der Gelenkfläche des gegenüberliegenden Gelenkkörpers parallel läuft.

Die Punkte des Gelenkkörpers A, welche der gleichen Drehungsebene angehören, verbleiben dabei in dieser Ebene. Die Ganglinien der Punkte in einem bestimmten Augenblick sind Cycloiden. Es ist nun leicht einzusehen, daß auch nicht zwei Punkte des bewegten Körpers, welche der gleichen Drehungsebene angehören, die gleiche cycloidische Ganglinie beschreiben. Wenn sich also ein Punkt a des Körpers A entlang der Oberfläche von B in einer mit dieser zusammenfallenden cycloidischen Ganglinie bewegt, so kann die letztere von keinem zweiten Punkt, der bei der Bewegung vorausgeht oder nachfolgt, benutzt werden; es gilt dies auch für Punkte außer a, welche anfangs in dieser Cycloide selbst gelegen sind.

4. Aufeinanderfolgende verschiedenartige Bewegungen.

Aufeinanderfolgende verschiedenartige Bewegungen mit kongruentem Gleiten sind offenbar nur möglich bei der Ebene, der Kugelfläche und beim Zylindermantel.

5. Zusammenfassung.

Die vorangehende Betrachtung hat ergeben, daß kongruentes Gleiten nur möglich ist entlang einer Progressivfläche, einer Rotationsfläche und einer Schraubenfläche. Im allgemeinen ist in jedem Fall, wo eine dieser Flächen Berührungsfläche ist, die mögliche kongruente Gleitbewegung eindeutig bestimmt. Doch gestattet die Ebene mehrere Progressivbewegungen, die Kugelfläche mehrere Drehbewegungen, die Zylindermantelfläche mehrere Schraubenbewegungen. Die Ebene kann ferner als Rotationsfläche aufgefaßt werden und erlaubt demnach gewisse Drehungen, die Zylindermantelfläche ist zugleich Progressiv- und Rotationsfläche und erlaubt neben den Schraubenbewegungen reine Progressiv- und reine Drehbewegung. Dies alles findet in folgender Zusammenstellung seinen Ausdruck:

Ebene — Kugelfläche

Progressivfläche   Rotationsfläche

Zylindermantel

|

Schraubenfläche

C. Haupttypen der Gelenke beim Menschen.

a) Das einachsige Gelenk.

1. Allgemeines.

Das einachsige Gelenk gestattet Drehung des einen Gelenkkörpers gegenüber dem andern um eine gerade Linie als Achse. Die Bedingungen des kongruenten Gleitens können annähernd genau erfüllt sein. Die Gelenkflächen sind, abgesehen von Unregelmäßigkeiten der Randteile, größere oder kleinere Abschnitte einer Rotationsfläche, deren Achse die Drehungsachse ist; ihre Kreislinien sind Ganglinien. In den Drehungsebenen zeigt der eine Gelenkkörper eine Konkavität (Pfanne), der andere eine entsprechende Konvexität (Kopf). Ein Kopf ist namentlich ausgeprägt, wenn die konvexe Gelenkfläche endständig am verdickten Ende eines länglichen Skelettstückes gelegen ist.

Ausnahmslos zeigt sich eine Verschiedenheit der Bogenlängen der Gelenkflächen in den Ebenen der Drehung, und zwar ist der **Bogenwert des Kopfes regelmäßig größer als derjenige der Pfanne**. Dies ermöglicht, daß ein kongruentes Gleiten stattfinden kann, **ohne daß der Rand der Pfanne in erheblichem Grade frei über den Rand der Gelenkfläche des Kopfes vorsteht** (s. Fig. 47 a und b), daß ferner der Druck zwischen den Berührungsflächen, der zu den letzteren senkrecht steht, besser auf das Verbindungsstück zwischen den Gelenkkörpern und den Mittelstücken der Skeletteile übergeleitet wird, und endlich, daß der Pfannenrand nicht allzu scharf und weit ausgezogen zu sein braucht. Letzteres sowie der Umstand, daß er über den Kopf nicht erheblich weit frei vorsteht, sondern von ihm unterstützt wird, sind Vorteile, weil dadurch die Gefahr des Abbrechens des Pfannenrandes durch Anstemmen des Kopfes oder durch den Zug der an ihm ansetzenden und den Druck der über ihn weggehenden Teile vermieden wird.

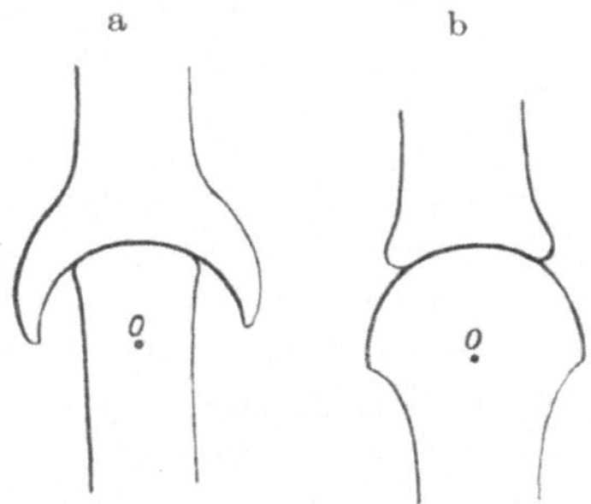

Fig. 47 a und b.

Daß der Pfannenrand in jeder Lage, auch in den Extremstellungen, vom Kopf unterstützt sein muß, ergibt sich übrigens auch aus den Verhältnissen bei der Bildung des Gelenkes als eine entwicklungsmechanische Notwendigkeit.

Die mögliche Exkursion im Gelenk entspricht im großen und ganzen der Differenz zwischen den Bogenwerten des Gelenkkopfes und denjenigen der Pfanne.

Das Profil der Gelenkflächen in Ebenen, welche durch die Achse gehen, zeigt übrigens bei den verschiedenen Gelenken ein verschiedenes Verhalten. Neben Teilen, welche der Achse mehr parallel laufen, können auch solche vorhanden sein, welche mehr oder weniger senkrecht stehen zur Achse. Häufig hat der konvexe Gelenkkörper die Gestalt eines Abschnittes einer Rolle, mit Annäherung an die Zylinderform oder mit tieferem Einschnitt. Auch die Basisflächen der Rolle oder des Zylinders können in einem Streifen oder Felde auf einer oder auf beiden Seiten vertreten sein. Komplizierter ist das Profil der Gelenkfläche des Humerus, wo er mit Radius und Ulna artikuliert.

Die Dispositionen der einachsigen Gelenke sind erheblich verschieden, je nachdem die Achse quer steht zur Längsrichtung der in ihm zusammentreffenden Glieder, oder mit der Längsrichtung oder Mittellinie zusammenfällt.

Im ersten Fall führt die Bewegung im Gelenk, namentlich an den Extremitäten, zur Winkelstellung der Glieder gegeneinander oder zur Beugung, die umgekehrte Bewegung führt zur Streckung. Ein solches Gelenk wird deshalb als Winkelgelenk (Ginglymus) bezeichnet.

Im zweiten Fall dreht sich das eine Skelettstück wie ein Zapfen oder ein Rad um seine Mittellinie, ohne daß Beugung oder Streckung eintritt. Ein solches Gelenk wird als Zapfen- oder Radgelenk (Trochoidgelenk) bezeichnet.[1])

Beim Ginglymus befindet sich das Gelenk zwischen den Enden der Skeletteinlagen länglicher Glieder. Ein solches Gelenk ist mehr oder weniger symmetrisch gebaut; die Mittelebene entspricht den Ebenen der Drehung. Sie schneidet die beiden Seiten, an welchen die bewegenden Muskeln hauptsächlich liegen und nach welchen hin die Bewegung stattfindet: die beiden andern Seiten sind die Seiten des Gelenkes $\varkappa\alpha\tau'\dot{\varepsilon}\xi o\chi\eta\nu$. Hier liegen die „Seitenbänder".

Beim Trochoidgelenk haben wir andere, im einzelnen wechselnde Verhältnisse. Die Gelenkspalte kann seitlich an einem annähernd um seine Längsachse sich drehenden Skelettstück gelegen sein, oder an einer Querfläche des sich drehenden Skelettstücks, mit welcher es sich gegen ein anderes stemmt; meist aber ist beides zugleich der Fall. Eigentliche Seitenbänder sind hier nicht vorhanden. Die Fixation der Skelettstücke gegeneinander, durch welche andere Bewegungen als die Drehung um die Achse verhindert werden, geschieht durch andere Hilfsmittel. Auch die Gelenkkapsel und die Muskeln sind im einzelnen anders angeordnet. als beim Ginglymus.

Wo festere Teile die Gelenkspalte resp. Gelenkhöhle begrenzen, ist eine besondere, davon getrennte oder abtrennbare dünne Gelenkkapsel oder Membrana synovialis nicht vorhanden. Dagegen

---

[1]) Der Ausdruck „Scharniergelenk" ist etwas vieldeutig und unbestimmt. Die einen denken dabei an ein Gelenk der Technik, bei welchem sich ein Stift in einer Hülse dreht. Für uns involviert der Ausdruck die Vorstellung, daß der eine, meist der konvexe Gelenkkörper, von dem anderen Gelenkkörper oder mindestens von starken Bandmassen zu beiden Seiten eingefaßt ist, wie solches etwa beim oberen Sprunggelenk der Fall ist, oder bei den Interphalangealgelenken. Ein entsprechendes Scharnier der Technik zeigt den einen Teil zwischen zwei Backen des anderen Teiles eingeschoben und hier um eine Achse drehbar befestigt. So bewegt sich z. B. die Klinge eines Taschenmessers in einem Scharnier. Der Ausdruck Scharniergelenk im einen oder andern Sinn paßt weder für alle einachsigen Gelenke, noch für alle Winkelgelenke. Das Wort Ginglymus (Türangel) ist wohl auch nicht der richtige Ausdruck für das, was wir unter Winkelgelenk verstehen; aber es wurde doch lange Zeit ziemlich allgemein dafür und nur dafür gebraucht und kann in diesem Sinn einstweilen beibehalten werden, da es sonst in der Technologie nicht vorkommt.

findet sich eine solche als Abschlußmembran gegen eine weichere, zellgewebige oder fettgewebige Umgebung. Bei stärkerer mechanischer Inanspruchnahme verdickt sie sich. Der Übergang in die dickeren, festeren Wandteile kann ein allmählicher sein; in anderen Fällen schalten sich diese Teile, manchmal erst in ihrem Verlauf, von außen (oder auch aus dem Gelenkraum) herantretend, als etwas Besonderes in die Wand der Gelenkhöhle ein.

Als Kapsel im weiteren Sinn kann man die Gesamtheit der dem Gelenkraum zunächstliegenden, geformten, relativ weichen und biegsamen Begrenzung bezeichnen, welche aus der Außenschicht der Verbindungszone der Skelettstücke hervorgegangen ist. Wir verwenden im folgenden den Ausdruck Kapsel vorzugsweise in diesem Sinn.

2. Ginglymus.

a) Verhältnisse an der Beuge- und Streckseite des Ginglymus.

An denjenigen Seiten des Ginglymus, nach welchem hin die Bewegung stattfindet (meist als Beuge- und Streckseite unterscheidbar) finden wir die bewegenden Muskeln, dem Gelenk mehr oder weniger innig angelagert, ihm zunächst diejenigen, welche sich in der Nähe des Gelenkes an den betreffenden Skelettstücken ansetzen. Meist liegt der eigentliche Muskelkörper mehr im Verlaufe des einen oder anderen der beiden Glieder, welche im Ginglymus zusammentreffen, das eine Ende also entfernt von letzterem, während das andere in unmittelbarer Nähe des Gelenkes inseriert; in der Nachbarschaft der Gelenkkörper ist meist eine Sehne vorhanden, welche mehr oder weniger weit, von der Ansatzstelle aus gerechnet, mit der Gelenkkapsel verwachsen resp. in sie eingeschaltet ist und so die Gelenkhöhle im wesentlichen direkt begrenzt.

Es ist nun vor allem hervorzuheben, daß eine solche Sehne nicht im ganzen Verlaufe der Gelenkkapsel, von einem Skelettstücke bis zum anderen in dieselbe eingeschaltet sein kann. Nach dem Glied hin, wo der Muskelbauch liegt, muß sie sich aus der Kapsel herausheben und dem Kapselansatz gegenüber verschieblich sein. Als Abschlußmembran gegenüber dem unter dem Muskel befindlichen, verschieblichen Zellgewebe (oder einem hier befindlichen Schleimbeutel) muß ein mit dem Muskel nicht verwachsenes Stück dünner Synovialmembran vorhanden sein. Indem dasselbe sowohl nach der Seite des Muskelbauches, als nach der entgegengesetzten Seite hin ausgezogen werden kann, entspricht seine Länge (in einer Drehungsebene) im allgemeinen ungefähr der halben Länge der maximalen Gesamtexkursion der Endsehne des Muskels. In Fig. 48, S. 106, sind A und B die beiden Skelettstücke, M ist der Muskel; die an B sich ansetzende, das Gelenk überspringende Sehne sei als Endsehne (s) bezeichnet. u ist dann der Kapselursprung, a der Kapselansatz, ub der dünne Teil der Kapsel in einer Mittelstellung; derselbe kann in die Grenzlagen

$\overline{ub}^1$ oder $\overline{ub}^2$ übergeführt werden, bei einer Gesamtexkursion der Sehne $= \overline{ub}^1 + \overline{ub}^2$. In ähnlicher Weise verhält sich an der entgegengesetzten Seite des Gelenkes der Muskel M^1 zur Kapsel.

An den Seiten, nach welchen hin die Bewegungen stattfinden, ist jedenfalls die Kapsel in ihrem dünnen, mit Muskelsehnen nicht verschmolzenen Ursprungs- oder Endteile in mittleren Stellungen des Gelenkes schlaff und meist durch den Zug des dem Muskel anliegenden Gewebes oder eigener kleiner Muskelbündel von der Gelenkhöhle weg ausgefaltet. Erst in den Extremstellungen ist die Kapsel der Länge nach völlig gespannt, bei der Beugestellung (Fig. 49) an der Streckseite, bei der Streckstellung an der Beugeseite (Fig. 48). Man kann sich vorstellen, daß von Anfang der Entwicklung

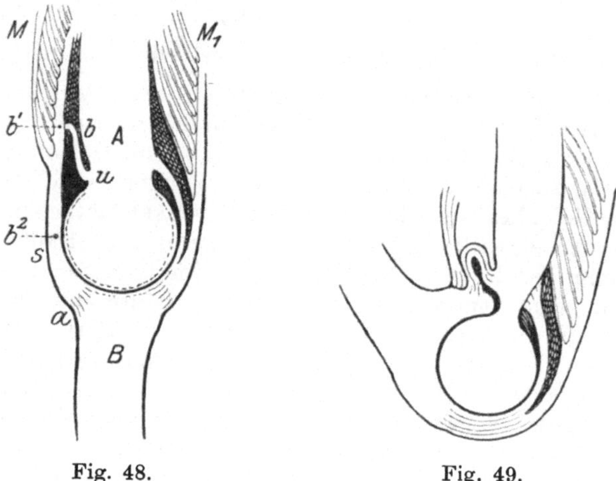

Fig. 48.   Fig. 49.

des Gelenkes an die Muskelfasern sich aller spannbaren Teile der Gelenkwand, welche zum nächsten Skelettstück führen, bemächtigen, so daß selbst in extremer Lage bei größter Verlängerung und Dehnung des Muskels unter und neben denselben keine nennenswerte Faserlage, die von dem einen Knochen bis zum andern hin verlaufen müßte, in größere und andauernde Spannung geraten kann. Die Muskeln übernehmen die Hemmung, und eigene Hemmungsbänder in der Beuge- und Streckseite der Kapselwand kommen nur ausnahmsweise (bei Insuffizienz der Muskeln usw.) und nur in unbedeutender Stärke zur Entwicklung.

Der Ansatz der Kapsel entspricht an den Seiten, nach welchen hin Bewegung stattfindet, am konkaven Gelenkkörper meist annähernd genau dem Pfannenrand, am konvexen Gelenkkörper findet er sich mehr oder weniger weit jenseits der überknorpelten Gelenkfläche und, wo eine starke halsartige Auskehlung vorhanden ist, sogar an der vom Gelenk entfernten Stelle dieser Auskehlung.

Zweierlei ist dabei maßgebend. Erstens muß der Gelenkraum bis über die Stelle hinausreichen, an welche sich der Pfannenrand bei extremster Lage anstemmt (Fig. 49). Zweitens hebt sich in der entgegengesetzten Extremlage die zum Schluß wenn auch noch so leicht angespannte Kapsel, welche um den Kopf herumgespannt ist, aus der Hohlkehle etwas heraus, ihre Spannung setzt sich wesentlich tangential zum Randteil der Gelenkfläche gegen die vom Gelenk entfernte Wand der Kehle fort.

Es ist leicht einzusehen, daß wegen der wechselnden Stellung und Spannungsrichtung der Kapselansatz in solchen Fällen meist ein breiteres Feld des Knochens in Beschlag nimmt.

β) Verhältnisse an den eigentlichen Seiten des Ginglymus. Seitenbänder.

An den Seiten des Ginglymus liegen ganz andere Verhältnisse vor. Daß in der Richtung von einer Seite des Ginglymus zur anderen keine Gleitbewegung möglich ist, hängt wohl zumeist damit zusammen, daß bei der ersten Bildung des Gelenks seitlich keine Muskelkräfte in Wirksamkeit waren. Das Profil der Gelenkspalte kann unter solchen Umständen der Achse mehr oder weniger parallel laufen; mit Vorliebe sogar nähert es sich der Achse in der Mittelebene des Ginglymus, indem die Muskelschlinge, in welche der konkave Gelenkkörper eingeschaltet ist, seine stärkste Spannung in den mittleren Ebenen entfaltet (Rollencharakter des konvexen Gelenkkörpers). Ist einmal ein solches Profil gebildet, und sind die Gelenkkörper gefestigt, so vermögen selbst seitliche Komponenten der Muskelkräfte eine seitliche Bewegung nicht mehr herbeizuführen. Jedenfalls wird am ausgebildeten Gelenk die seitliche Abscherungsbewegung durch die vorspringenden Teile des gegenüberstehenden Gelenkkörpers und durch die seitlichen Bänder verhindert, sowohl gegenüber seitlichen Komponenten der normal einwirkenden Muskeln als gegenüber nicht übermäßig starken äußeren Einwirkungen. Gegenüber Einwirkungen, welche für sich allein oder infolge des Hinzutretens der durch sie im Gelenk hervorgerufenen ersten Widerstände eine Abdrehung der Skelettstücke gegeneinander zur Folge haben, wird die Hemmung schließlich immer zustande gebracht durch den Druckwiderstand zwischen den aufeinandergepreßten Skelettstücken auf der einen Seite des Gelenkes und durch den Zugwiderstand der Bänder zwischen den auseinandergezogenen Gelenkkörpern auf der anderen Seite (siehe Schema Fig. 50).

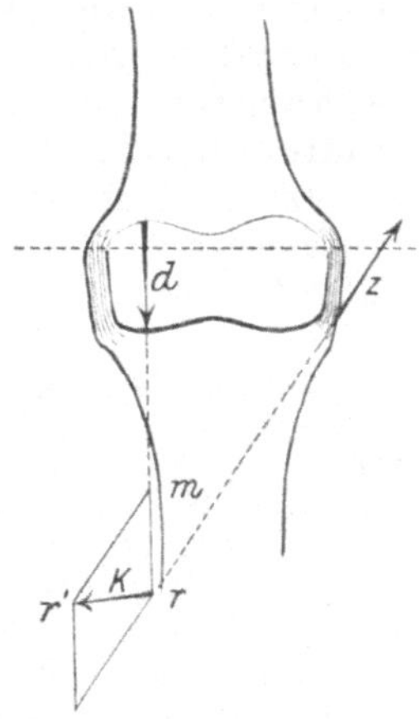

Unter allen Fasern der Verbindungsmasse (Kapsel), welche seitlich die Skelettstücke miteinander verbinden, spannen sich bei derartigen Einwirkungen bei den verschiedenen Stellungen im Gelenk am gleichmäßigsten diejenigen, welche von der Stelle jederseits ausgehen, wo die Achse die Oberfläche des Gelenkkörpers schneidet (in der Regel kann es sich nur um den konvexen Gelenkkörpar handeln), und von hier aus sich hinüberspannen zu irgendwelchen Punkten des anderen Gelenkkörpers, weil ja die Anheftungspunkte solcher Fasern ihre Entfernung voneinander bei der Ginglymusbewegung nicht ändern.   Und unter allen derartigen Fasern werden diejenigen am **stärksten** gespannt werden, welche mit den Ebenen der Abdrehung nach der Seite am besten zusammenfallen und welche die kürzeste Länge haben, also diejenigen, **welche vom Achsenpunkt aus, annähernd in der Längsrichtung des folgenden Gliedes zu den zunächst gelegenen Punkten des anderen Gelenkkörpers verlaufen.**

Nun sehen wir, daß an den Ginglymusgelenken jederseits ein **Seitenband** vorhanden ist, welches aus straffen Fasern gebildet ist (Ligg. collateralia), **die an der einen Seite nahe beieinander da entspringen, wo die Gelenkachse die Oberfläche des einen Gelenkkörpers schneidet, und die von hier aus, mehr oder weniger fächerförmig divergierend zu dem benachbarten Rand des gegenüberliegenden Gelenkkörpers hinziehen** (Fig. 51).

In der Tat steht für die Entwicklung des fibrösen Gewebes die **Wirksamkeit des Prinzipes der funktionellen Anpassung** außer Zweifel. In einer bindegewebigen Anlage entstehen, vermehren sich und verstärken sich die leimgebenden Fibrillen in den Linien einer maßvollen aber anhaltenden Zugbeanspruchung. ,,Durch die Funktion selbst wird die Anlage so verändert, daß sie besser als zuvor imstande ist, die betreffende Funktion zu leisten; sie paßt sich den Ansprüchen in günstigem Sinn an." Indem die Unterschiede in der Verstärkung der Faserung größer sind als die Unterschiede der Beanspruchung, reißen die am meisten versteckten Faserzüge die Funktion an sich und entlasten die Linien geringerer Inanspruchnahme vollständig. So läßt sich die Bildung der Seitenbänder und ihr funktionstüchtiges Bestehenbleiben entwicklungs-

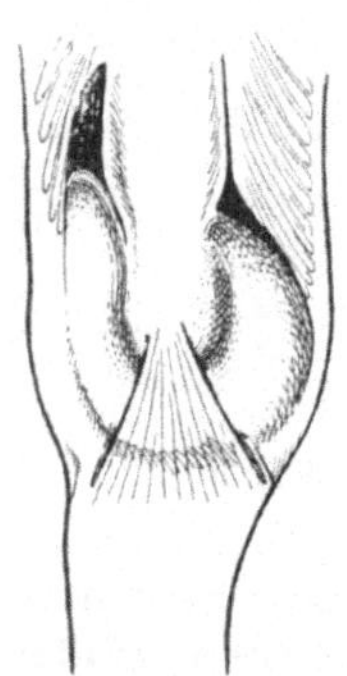

Fig. 51.

mechanisch verstehen und ist zugleich das Verständnis eröffnet für zahlreiche Einzelheiten des Verhaltens und der Anordnung im einzelnen Fall.

Es ist selbstverständlich, daß die Abspaltung im Seitenteil des Gelenkes nicht in den Ansatz der Seitenbänder und über denselben hinausreicht und daß demnach der Kapselansatz am konvexen Gelenkkörper an den eigentlichen ,,Seiten" des Gelenkes weniger weit vom Pfannenrand entfernt ist, als bei Mittellage des Gelenkes an denjenigen Seiten, nach welchen hin die Bewegung stattfindet.

Die Seitenbänder, indem sie bei jeder Stellung des Gelenkes ziemlich gleichmäßig gespannt sind und jede seitliche Verschiebung und Abdrehung sozusagen sofort zu hemmen vermögen (wobei natürlich der Druckwiderstand an der entgegengesetzten Seite des Gelenkes mit in Betracht fällt), haben die Bedeutung von „Fixationsbändern".

Sie spielen auch eine Rolle bei dem Zustandekommen der typischen Ginglymusbewegungen. Wir wollen nur andeuten, daß durch die einzige Wirkung eines bestimmten Muskelzuges oder einer äußeren Kraft dem Glied, wenn es frei wäre, in der Regel eine andere Bewegung erteilt würde, als die Drehbewegung um die Gelenkachse. Erst durch das Hinzutreten einer ungefähr entgegengesetzt gerichteten (Widerstands-) Kraft im Gelenk (Druckwiderstände) und von Zugwiderständen in antagonistischen Muskeln oder in den ihnen benachbarten Fasern der Seitenbänder erhält das Glied die wirklich stattfindende Bewegung.

3. Weitere Bemerkungen über das einachsige Gelenk.

Als typische Ginglymusgelenke, an denen die oben besprochenen Verhältnisse ziemlich rein zutage treten, können die Interphalangealgelenke gelten. Größere Besonderheiten weisen auf das obere Sprunggelenk und das Ellbogengelenk (Humero-Antibrachialgelenk) namentlich insofern, als in beiden die Pfanne aus zwei Skelettstücken gebildet ist, welche eine bestimmte Beweglichkeit gegeneinander haben.

Noch viel hochgradiger modifiziert ist der Typus des Ginglymus in den Metatarso- und Metacarpo-Phalangealgelenken der vier äußeren Skelettstrahlen von Fuß und Hand sowie im Kniegelenk. Hier tritt zu der Möglichkeit der Bewegung und Streckung in gewissen Stellungen noch die Möglichkeit einer zweiten Drehung hinzu. Diese Gelenke scheiden aus der Reihe der kongruenten Gelenke aus und sind als besondere Typen von deutlich inkongruenten Gelenken für sich zu besprechen. Dasselbe gilt für die Atlanto-Occipitalgelenke, die Kiefergelenke, das Radio-Carpal- und Intercarpalgelenk usw., bei welchen zwar eine Drehbewegung um eine Achse prävaliert, aber gleichzeitig noch andere Drehungen möglich sind.

Was die Trochoidgelenke und die ihnen verwandten Gelenke betrifft, so hat jedes derselben so eigenartige Verhältnisse, daß eine gesonderte Besprechung jedes einzelnen erfolgen muß, wobei natürlich manche Erscheinungen als mit denen der Ginglymi übereinstimmend gefunden werden. Für alles das sei auf die spezielle Gelenklehre verwiesen.

b) Das Kugelgelenk (Arthrodie, vielachsiges Gelenk, dreiachsiges Gelenk).

Die sich im Gelenk berührenden und aneinander grenzenden Flächen sind im wesentlichen, von den Randteilen abgesehen, Teile von Kugelflächen von demselben Radius.

Entsprechend dem bei Erörterung der Bedingungen des kongruenten Gleitens Gesagten, ist beim Kugelgelenk jede beliebige Drehung um jede beliebige durch den Mittelpunkt der Kugel gehende Achse möglich, wenigstens von mittleren Stellungen aus. Es muß aber auch, wenn von der Möglichkeit wirklich Gebrauch gemacht werden soll, die Kapsel in mittleren Stellungen überall, in Längsrichtungen sowohl als auch in querer und schräger Richtung schlaff sein. Fixationsbänder, welche bei allen Stellungen gespannt sind, kommen am Kugelgelenk nirgends vor; höchstens kann in Extremlagen die Kapsel bald an der einen, bald an der anderen Seite in Längslinien oder schrägen Linien gespannt und zu einem Hemmungsband verstärkt sein.

Auch beim Kugelgelenk wie beim Ginglymus, und zwar hier in allen Ebenen, welche bei der Mittelstellung des Gelenkes durch den Mittelpunkt des kugligen Kopfes und die Pfanne gehen, ist der Bogenwert des Kopfes größer als derjenige der Pfanne. Die mögliche Exkursion parallel jeder dieser Drehungsebenen entspricht ungefähr der Differenz der Bogenwerte der Gelenkflächen in dieser Ebene. Auch hier wird das Überragen und Hohlstehen des Pfannenrandes vermieden. Die zwei hauptsächlichen Beispiele von Kugelgelenken sind die Schulter- und das Hüftgelenk. Beim Hüftgelenk beträgt die Gelenkfläche des Kopfes erheblich mehr als die Hälfte einer Kugelfläche, was nur vermöge einer starken Verjüngung des Teiles, welcher den Kopf trägt (Hals), erreicht wird. Indem aber die Pfanne viel ausgedehnter ist, als beim Schultergelenk und ohne den faserknorpligen Rand fast die Hälfte einer Kugelfläche, mit demselben aber mehr als die Hälfte ausmacht, bedeckt sie einen großen Teil der Gelenkfläche des Kopfes und ist die Exkursion im allgemeinen geringer als beim Schultergelenk. Eine so ausgedehnte Pfanne wird beim Hüftgelenk trotz der breiten Unterlage nur durch starkes Ausragen der Pfannenränder zuwege gebracht, womit eine gewisse Gefahr für ihr Abbrechen verbunden ist.

Für die Muskeln, welche in der Nähe des Gelenkes mit dem einen (sehnigen) Ende sich ansetzen, während der Muskelbauch mehr an der Rumpfwand oder wesentlich am Oberschenkel (Oberarm) gelegen ist, gilt ähnliches bezüglich der Verschmelzung ihre Sehne mit der Kapsel, wie bei den Beuge- und Streckmuskeln des Ginglymus.

Es finden sich Muskeln an allen oder mindestens an drei Seiten des Gelenkes, und der Umstand, daß ihre Zugrichtungen in verschiedenen Abständen und an verschiedenen Seiten die Mittellinie des Gelenkes windschief überkreuzen, sorgt dafür, daß jede beliebige Drehung von ihnen herbeigeführt werden kann, s. u.

Wir nennen das Kugelgelenk ein freies Gelenk, weil es, im Vergleich namentlich zum einachsigen Gelenk eine freiere und vielseitigere Bewegung zuläßt. Freilich ist auch hier die Bewegung nicht uneingeschränkt. Ausgeschlossen sind Progressivbewegungen. Drehbewegungen sind zwar möglich um jede beliebig gerichtete Achse (vielachsiges Gelenk), aber alle Achsen müssen durch den Mittelpunkt der Kugel (im Kopf) gehen, können also nicht beliebig gelegen sein. Dreiachsig wird das Gelenk genannt, weil es möglich ist, jede beliebige Drehung, welche im einzelnen Augenblick immer nur um eine bestimmte gerade Linie als Achse stattfindet (instantane Achse) zu zerlegen in drei Drehungen, parallel drei senkrecht zueinander stehenden Drehungsebenen, um drei senkrecht zueinander stehende Achsen. — Man kann sagen, das Kugelgelenk habe drei Grade der Freiheit der Bewegung, während am einachsigen Gelenk nur ein Grad der Freiheit vorhanden ist. Drei Grade der Freiheit der Bewegung finden sich beim Schulter- und Hüftgelenk. Beim Gelenk aber zwischen Radius und Humerus, wo die Gelenkflächen ebenfalls in einer Kugelfläche zusammenstoßen, finden tatsächlich nur Drehungen um zwei senkrecht zueinander stehende Achsen von irgend einer Gelenkstellung aus statt. Die dritte Drehung, welche hinsichtlich der Gelenkflächen möglich wäre, ist durch die seitliche Befestigung des Radius an die Ulna unmöglich gemacht.

c) Amphiarthrosen.

Gelenke mit ebenen oder annähernd ebenen Gelenkflächen (Amphiarthrosen). Sie vermitteln keine ausgiebige Stellungsänderung der Gliedes gegeneinander, spielen aber eine wichtige Rolle bei der Formveränderung und Durchbiegung der aus vielen kleineren Skelettstücken zusammengesetzten, relativ starren Wurzel-Teile des Hand- und Fußskelettes. Kapsel und Bänder sind relativ straff. Auch das Ileosakralgelenk ist nahezu eine Amphiarthrose.

d) Schlitten- und Schraubengelenke.

Als reine Progressivgelenke vom Charakter der Schlittengelenke, mit der Möglichkeit der Verschiebung bloß in einer Richtung lassen sich am ehesten die Gelenke zwischen den Gelenkfortsätzen der Lendenwirbel ansprechen. Richtige Schraubengelenke kommen beim Menschen nicht vor.

e) Ausgleichung der Inkongruenzen. Stark inkongruente Gelenke.

Selbst bei den bis jetzt besprochenen Gelenkformen, welche als kongruente Gelenke bezeichnet werden, ist die Kongruenz nur annäherungsweise erreicht und zeigen sich bei genauerer Untersuchung zahlreiche Abweichungen und Ungenauigkeiten. Namentlich fällt am mazerierten Skelett der Mangel an Übereinstimmung zwischen Kopf und Pfanne auf.

Die aneinander gleitenden Oberflächen der Skelettstücke sind nun aber in der Norm niemals vom nackten Knochen gebildet, sondern von hyalinem Knorpel oder allenfalls von einem sehr dichten und gleichmäßigen Faserfilz (sog. Faserknorpel). Diese etwas weicheren Gewebe vermögen spiegelglatte und beim Gebrauch glatt bleibende Oberflächen zu bilden, welche durch das Aneinandergleiten gleichsam glatt gedrückt und glatt gestrichen werden; sie vermögen auch für das Abgenutzte innerhalb gewisser Grenzen durch interstitielles Wachstum Ersatz zu schaffen. Sie sind von der Synovia befeuchtet.

Von besonderer Bedeutung ist ferner, daß durch die Überknorpelung und Faserbepolsterung der aneinander stoßenden Skelettstücke die Gewalt der Stöße der Skelettstücke gegeneinander gemildert wird.

Drittens endlich gleichen sich unvermeidbare kleine Fehler und Mängel der Kongruenz der einander gegenüberstehenden Oberflächen bei der Aufeinanderpressung der Skelettstücke vermöge der Nachgiebigkeit der Polsterung aus, und es beruht hierauf der Möglichkeit einer fortdauernden breiteren Berührung.

Eine mächtigere Dickenentwicklung und größere Verschiebbarkeit der Polsterung gibt nun ein Hilfsmittel, welches dazu dient, auch weitergehende Inkongruenzen bis zu einem gewissen Grad auszugleichen und breite Berührung und Führung zu sichern bei Gelenken, die vom Typus des reinen Rotationsgelenkes (einachsiges und Kugelgelenk) erheblich abweichen.

Ganz im allgemeinen hat man sich vorzustellen, daß bei Kompression des Polsters senkrecht zur Unterlage die oberflächlichen Teilchen desselben nach den Seiten ausweichen, um nach Aufhören des Druckes wieder in die alte Lage zurückzukehren. Geschieht solches in größerem Umfang, an einem Polster von größerer Dicke, so mag es zur Abspaltung oberflächlicher Teile des Polsters von der Unterlage kommen. Auf diese Weise kann durch das Auseinanderweichen keilförmiger Menisci eine Gelenkpfanne flacher gemacht und zur breiten Berührung mit einem konvexen Gelenkkörper von flacherer Krümmung hergerichtet werden, während umgekehrt durch Zusammenrücken der Menisci eine Anpassung der Pfanne an einen stärker gekrümmten konvexen Gelenkkörper vermittelt wird. (Menisci des Kniegelenkes bei Streckung und Beugung.) Ferner können sich die von den Gelenkteilen gefaßten Menisci mitsamt den ersteren parallel der flacheren Skelettunterlage seitlich verschieben oder herumdrehen, während eine solche Bewegung von jenen Gelenkteilen allein in den oberen Höhlungen des Polsters nicht ausgeführt werden kann.

So kann im Kniegelenk neben der Beugung und Streckung, bei welcher sich die gleitende Bewegung wesentlich zwischen den Kondylen des Femur und zwei unvollkommen zum Ring geschlossenen

Menisci vollzieht, und hinsichtlich welcher sich das Gelenk fast wie ein Ginglymus verhält, in der Beugestellung noch eine Nebenbewegung stattfinden, bei welcher die Menisci vom Femur festgehalten werden, so daß die Hauptbewegung zwischen den Menisci und der Tibia stattfindet. Die Tibia dreht sich dabei gegenüber den genannten Teilen um eine Längslinie als Achse, so daß man von einer Bewegung in einem Trochoidgelenk sprechen kann. Das Kniegelenk wäre demnach am ehesten als eine Kombination von Ginglymus- und Trochoidgelenk oder als ein **Trocho-Ginglymus** zu bezeichnen. Auch in den Sternoclaviculargelenken und in den Kiefergelenken, wo Menisci vorhanden sind, vollziehen sich das eine Mal die Bewegungen der Clavicula resp. des Unterkiefers gegenüber dem Meniscus, das andere Mal bewegen sich die genannten Knochen mit dem Meniscus zusammen gegenüber der Unterlage unter dem Meniscus.

Eine Gelenkform, welche zwar von dem Typus eines kongruenten Gelenkes erheblich abweicht, aber wie der Trocho-Ginglymus noch ziemlich einfach erscheint, da er die Charaktere eines einachsigen Gelenkes und eines Kugelgelenkes in sich vereinigt (**Ginglymo-Arthrodie**), findet sich bei den Metatarso- und Metacarpo-Phalangealgelenken der vier äußeren Strahlen des Fußskelettes und den vier langen Strahlen der Hand.

Einigermaßen gut charakterisierbar sind auch noch die **sog. zweiachsigen Gelenke.** Dieselben erlauben Drehbewegungen um zwei windschief aneinander vorbeigehende, je nach der Stellung des Gelenkes verschieden gerichtete Achsen, welche entweder an der gleichen Seite der Gelenkspalte vorbeigehen (Ellipsoid- oder Ringgelenk), oder an zwei entgegengesetzten Seiten derselben liegen (Sattelgelenk); von Kongruenz kann hier keine Rede sein.

Es muß ausdrücklich betont werden, daß in all diesen weniger regelmäßigen Gelenken die Polsterung der Gelenkflächen durchaus nicht imstande ist, alle Inkongruenzen auszugleichen. Bei gewissen Gelenkstellungen ist selbst bei stärkstem Aufeinanderpressen der Gelenkkörper nach den Rändern der Gelenkflächen hin ein Auseinanderklaffen zu beobachten. Wohl aber wird durch die Nachgiebigkeit des Polsters die Breite der Berührungsflächen erheblich vergrößert und die Sicherheit der Ruhestellung und der Bewegung bedeutend vermehrt.

f) Einfache und zusammengesetzte Gelenke.

Der Begriff des zusammengesetzten Gelenkes kann sehr verschieden verstanden werden. Es liegt wohl nahe, daß man nicht dazu rechnen darf die zwischen zwei Skelettstücken gelegenen Gelenke mit einfacher Gelenkhöhle, in denen sich durch die Verschiebung der gleichen Gelenkflächen aneinander Bewegungen verschiedener Art vollziehen können. Solches sind einfache Gelenke.

Zu den einfachen Gelenken rechnen wir auch noch Gelenke mit unvollkommen oder vollkommen mehrkammeriger Gelenkhöhle und faserigen Menisci, in denen sich zwei Skelettstücke gegeneinander bewegen; der Meniscus verschiebt sich dabei meist gegenüber beiden Skelettstücken. (Beispiele: Sternoclaviculargelenk; Kniegelenk, sofern wenigstens die Kniescheibe als bloße knöcherne Einschaltung in die Kapsel betrachtet wird.)

Den Übergang zu den zusammengesetzten Gelenken bilden Gelenke zwischen zwei Hauptgelenkkörpern, von denen der eine und eventuell auch der zweite aus zwei oder mehreren Skelettstücken mit beschränkter gegenseitiger Beweglichkeit zusammengesetzt ist (Beispiel: Das Radio-Karpalgelenk; das obere Sprunggelenk).

Als unzweifelhaft zusammengesetzte Gelenke aber erscheinen Gelenke mit einheitlicher, wenn auch vielleicht verzweigter Gelenkspalte zwischen mehr als zwei Skelettstücken, von denen mindestens zwei gegenüber den anderen eine besondere, typische, durch eigene Muskeln beherrschte Bewegung ausführen können (Beispiele: das Ellbogengelenk; das vordere untere Sprunggelenk). Zwischen dieser Gruppe von Gelenken und der vorigen gibt es natürlich alle Zwischenstufen.

Man könnte allenfalls auch den Ausdruck „Kombiniertes Gelenk“ oder „Gelenkkombination“ für die genannten zusammengesetzten Gelenke in Anwendung bringen. Es wären solches dann unikapsuläre kombinierte Gelenke. Doch möchten wir vorschlagen, die Bezeichnung: kombiniertes Gelenk oder Gelenkkombination zu reservieren für eine funktionell mehr oder weniger einheitliche Gliederungsstelle des Skelettes, an welcher zwei oder mehr anatomisch vollkommen selbständige Gelenke mit getrennten Gelenkhöhlen beteiligt sind. Wir haben hier zwei Hauptfälle zu unterscheiden.

a) Die heterokinetische, bi- (oder pluri-) kapsuläre Gelenkkombination.

Eine Gliederungsstelle, die nur als Ganzes von den Muskeln übersprungen wird, kann aus zwei oder mehreren aufeinanderfolgenden Gelenken bestehen. Das Skelettstück zwischen zwei solchen aufeinanderfolgenden Gelenken erscheint dann nicht als Repräsentant eines besonderen Gliedes des Körpers, sondern gewissermaßen als ein starrer knöcherner Meniscus. An Stelle eines einzigen Knochens können auch mehrere zwischen eingeschaltet sein (gegliederter knöcherner Meniscus). Der erste Fall ist gegeben bei dem gemeinsamen (oder kombinierten) Sprunggelenk, — so nennen wir die Gelenkkombination, welche von den drei das Sprungbein umgebenden Sprunggelenken gebildet ist. Der zweite Fall ist gegeben beim gemeinsamen (oder kombinierten) Handgelenke, — so nennen wir die Gelenkkombination, welche durch das Radio-Carpalgelenk und das intercarpale Hauptgelenk gebildet ist, welche beiden Gelenke die erste Handwurzelreihe als gegliederten Meniscus zwischen sich fassen. An keinem der beiden Menisci setzt sich ein Muskel an.

β) **Die isokinetische bi- (oder pluri-) kapsuläre Gelenk-kombination.**

Es gibt Systeme von Gelenken, die deshalb zusammengehören, weil sich in ihnen die gleiche Bewegung zwischen denselben beiden Skelettstücken vollzieht. So gehören zusammen das obere und untere Radio-Ulnargelenk, die beiden Atlanto-Occipitalgelenke, die drei Atlanto-Epistrophikalgelenke, die Junkturen zwischen zwei benachbarten Wirbeln etc.

Eine eingehende Besprechung des feineren Baues der Gelenke sowie der physikalischen Verhältnisse der an den Gelenken und Junkturen zur Verwendung kommenden Materialien liegt außerhalb des Rahmens unserer Aufgabe. Wir müssen in dieser Hinsicht auf die Lehrbücher der Anatomie verweisen und ganz besonders auf das außerordentlich wertvolle „Handbuch der Anatomie und Mechanik der Gelenke" von R. Fick.

II. Die Muskeln.

A. Allgemeines über die kontraktilen Elemente.

a) Kontraktile Teilchen, Muskelfibrillen und Muskelfasern.

Die Organe, in welchen bei den höheren tierischen Organismen die Triebkräfte zur sinnenfälligen Massenbewegung erzeugt werden, sind die **Muskeln**. Das arbeitsleistende Element des Muskels ist die **Muskelfaser**, das wirksame in der Muskelfaser ist die **kontraktile Substanz**.

Ihr kommt die Fähigkeit zu, sich auf bestimmte Reize hin zusammenzuziehen, unter Umständen mit Leistung äußerer Arbeit, indem Widerstände überwunden oder äußere Massen beschleunigt werden.

Sie stellt denjenigen Anteil der Faser dar, welche infolge des Reizes eine Zustandsänderung erfährt, die mit einer Veränderung ihrer inneren elastischen Gleichgewichtslage und damit der elastischen Gleichgewichtslage der ganzen Faser verbunden ist. Diese Zustandsänderung ist übrigens keine bleibende; es findet vielmehr, wenn der Reiz sich nicht wiederholt, eine raschere oder langsamere Rückkehr zum ursprünglichen Zustand statt. Der normale, physiologische Anstoß zur Zustandsveränderung der kontraktilen Substanz in der Muskelfaser wird der letzteren vom Nerven aus zugeführt.

Die kontraktile Substanz ist in den Muskelfasern in feinsten Fibrillen enthalten und es ist die Auffassung berechtigt, daß dies feinste Organe von komplizierterem Bau sind, die für sich allein noch die Fähigkeit der Kontraktion besitzen, während feinere künstliche Längsabspaltungen nicht ohne weiteres alle Bedingungen zur Kontraktion darbieten würden. Die Selbständigkeit der kontraktilen Fibrillen und ihre Feinheit scheinen für das Zustandekommen und die Leistungsfähigkeit des Prozesses von Bedeutung zu sein. Es muß sich da irgendwie um ein günstigeres Verhältnis zwischen Oberfläche und Masse handeln.

Die Kontraktion der Fibrille erfolgt in ihrer Längsrichtung, unter gleichzeitiger Vergrößerung des Querschnittes. Es ist möglich und wahrscheinlich, daß sie in der Länge aus kleineren Elementen besteht, die eine gewisse Selbständigkeit und zentralisierte Organisation besitzen und für sich allein noch kontraktionsfähig sind, während künstliche Unterabteilungen ihrer Länge nicht ohne weiteres funktionsfähig sein würden. Für die Fibrillen der quergestreiften Muskelfasern steht ein solches Verhalten außer Zweifel.

Man kann also jedenfalls von kleinsten, kürzesten kontraktilen Teilchen der Fibrille sprechen, die für sich allein noch kontraktionsfähig sind. Sie sind polarisiert in dem Sinn, daß sie die Fähigkeit haben, sich in einer Richtung, die wir als Längsrichtung bezeichnen, zu kontrahieren, unter Verdickung in den beiden anderen Dimensionen. Sie können sich in ihrer Längsrichtung zu Fibrillen zusammenfügen, so daß ein Element auf die Dicke der Fibrille kommt. An jedem Elementarteilchen erreicht die Größe der möglichen größten nützlichen Längenänderung einen bestimmten Betrag, ebenso die Größe der dabei bei maximaler Anstrengung entwickelten mittleren Spannung. Es ist klar, daß durch Aneinanderreihung gleicher, elementarer Teilchen der Länge nach (zu Fibrillen) oder auch durch Verlängerung oder durch Aneinanderreihung von Muskelfasern Ende an Ende die im ganzen verfügbare Potenz zu nützlicher Längenänderung entsprechend vergrößert wird (Summation), nicht aber die im Mittel in dem kontraktilen Gebilde wirksame Spannung. Andererseits wird durch Vermehrung der Zahl nebeneinander wirkender Elemente (Fibrillen, Fasern) am Längenänderungsvermögen des Ganzen nichts geändert, wohl aber die verfügbare Spannkraft vergrößert.

Die Fibrille stellt jedenfalls ein zugfestes Kontinuum dar. Für die Fibrillen der quergestreiften Fasern zum mindestens ist sicher, daß es sich um Reihen kontraktiler Partikel handelt, welche durch nicht kontraktile, zugfeste, mehr oder weniger elastische Zwischenstücke verbunden sind.

Bei den glatten Muskelfasern scheint die Gliederung der Fibrillen in selbständige kontraktile Teilchen und scheint auch die Sonderung der kontraktilen Substanz in getrennte Fibrillen eine weniger vollkommene zu sein. Über die beiden Hauptarten der Muskelfasern, die glatten und die quergestreiften, sei hier noch folgendes bemerkt:

b) Die glatte Muskelfaser.

Die glatten Muskelfasern sind meist spindelförmige, mehr oder weniger abgeplattete Gebilde[1]), welche einzelnen Zellen entsprechen. Sie zeigen eine mehr oder weniger deutliche, längsfibrilläre Struktur. Wir finden einen länglichen, oft stäbchenförmig verlängerten, längsgerichteten Kern in der Mitte der Fasern. Bei ihrer Zusammenfügung zu Bündeln, größeren Faserzügen, Faserschichten oder mächtigeren Fasermassen greifen sie mit ihren verschmälerten Enden übereinander. Früher nahm man eine Verbindung durch lückenlose Kittschichten an. Neuerdings sind Interzellularbrücken (mit Kittlinien) nachgewiesen. Der Zusammenhang unter sich und mit bindegewebigen Teilen, wo er vorhanden ist, wird jedenfalls nicht bloß mit den Enden der Fasern, sondern mit einem größeren Teil der Faseroberfläche bewerkstelligt.

Es wäre noch zu untersuchen, ob nicht vielleicht die Richtung stärkster Spannung und Verkürzung in der glatten Muskelfaser je nach Umständen etwas verschieden sein kann. Die Verkürzung erfolgt im allgemeinen langsam und hält auf einmaligen Reiz hin länger an.

Beim Menschen sind die glatten Muskelfasern von Fasern des sympathischen Nervensystems innerviert und dem unmittelbaren Einfluß des Willens entzogen.

c) Die quergestreifte Muskelfaser.

Die quergestreiften Muskelfasern sind dadurch ausgezeichnet, daß sie sehr scharfbegrenzte, isolierte, kontraktile Fibrillen besitzen, welche namentlich an den nicht gereizten Fasern deutlich segmentiert sind. Die einzelnen Segmente sind durch die Krauseschen Membranen begrenzt und voneinander getrennt resp. durch sie miteinander verbunden. Sie zeigen einen regelmäßigen Wechsel von dunkleren und helleren Scheiben, in symmetrischer Anordnung von der Mitte nach den Enden hin. An der nicht gereizten Faser findet sich eine dunklere Schicht, die wesentlich aus anisotroper Substanz besteht, in der Mitte und eine hellere, wesentlich aus isotroper Substanz bestehende Zone gegen die Krausesche Membran hin. Eine genauere Untersuchung zeigt eine noch weitergehende Gliederung, bezüglich welcher auf die Lehrbücher der Histologie zu verweisen ist. Die Querstreifung der ganzen Faser kommt dadurch zustande, daß die entsprechenden Zonen der benachbarten Fibrillen genau nebeneinander geordnet sind. Diese Lagerung wird dadurch gesichert, daß die Krauseschen Membranen der benachbarten Fibrillen miteinander verbunden sind. Die Fibrillen und das zwischen ihnen

---

[1]) Bei Wirbellosen finden wir auch an den Enden verzweigte Formen oder sternförmige, mit verzweigten Fortsätzen.

und um alle Fibrillen herum vorhandene Sarkoplasma sind von einer strukturlosen zarten Hülle, dem Sarkolemm zusammengehalten. Im Sarkoplasma, je nach der Faserart nur oberflächlich in der Faser oder auch zwischen den Fibrillen befinden sich K e r n e.

Die genaue Nebeneinanderordnung der sich entsprechenden Fibrillenabschnitte ist in ihrer Bedeutung verständlich, sobald man annehmen darf, daß die verschiedenen dunkeln und hellen Teile der Fibrillen sich beim Kontraktionsvorgang verschieden verhalten, und daß die dunkle Mitte des von zwei Krauseschen Membranen begrenzten Elementes der hauptsächlich bei der Verkürzung beteiligte Abschnitt ist. Es müssen ja durch die genaue Nebeneinanderordnung der korrespondierenden Teile die i n n e r e n W i d e r s t ä n d e der F a s e r bei der K o n t r a k t i o n v e r m i n d e r t sein; die S p a n n u n g bleibt g e n a u auf die L i n i e der F i b r i l l e begre n z t. Es ist eine s c h ä r f e r e S o n d e r u n g und I s o l i e r u n g der F i b r i l l e n er- m ö g l i c h t. Endlich kommt wohl auch eine größere Ausgiebigkeit und Raschheit der Verkürzung und Wiederverlängerung in Betracht.

In der Tat zeichnen sich die quergestreiften Muskeln vor den glatten vor allem durch die g r ö ß e r e R a s c h h e i t der L ä n g e n ä n d e r u n g aus. Dem entsprechend finden die quergestreiften Muskeln da Verwendung, wo es auf rasche und rasch wiederholte Kontraktion ankommt, vor allem bei denjenigen Muskeln, welche dem Einflusse des Willens unterworfen sind, doch auch an dem unabhängig vom Willen arbeitenden, rasch sich zusammenziehenden Herzmuskel.

Wir unterscheiden zwei Formen der quergestreiften Muskelfasern, die v e r z w e i g t e n und die u n v e r z w e i g t e n.

1. Verzweigte quergestreifte Fasern.

Sie charakterisieren den H e r z m u s k e l.

Einfache Fasern teilen sich unter Trennung der Fibrillenmasse, getrennte Fasern und Fibrillenzüge schließen sich wieder zusammen. So entsteht eine plexusartige Anordnung der Fibrillenmasse, und ein sogenanntes Fasernetz, das sich nach drei Dimensionen ausbreiten kann, in welchem aber doch die Fasern innerhalb engerer Grenzen eine bestimmte Richtung bevorzugen, mit spitzwinkligen Gabelungen und Vereinigungen. Auf Schnitten quer zu dieser Richtung zeigt sich dementsprechend ein sehr vielgestaltiges Schnittbild der bald quer, bald mehr schräg getroffenen, bald isolierten, bald in Vereinigung oder Teilung begriffenen, in ihrem Kaliber sehr wechselnden Fasern.

Bei gewisser Behandlung zeigen die Fasern zahlreiche, unvollständig durchgehende, in verschiedenen Höhen gelegene Querrisse oder vollständig durchgehende treppenförmige Trennungsspalten. Bei anderer, weniger eingreifender Behandlungsweise und besonderer Färbung findet man ähnlich angeordnete, dunkle Querlinien resp. Querflächen, welche als Schaltlinien bezeichnet werden. Sie wurden früher und werden neuerdings wieder auf Grund sorgfältiger Untersuchungen (K. W.

Zimmermann) als Zellgrenzen gedeutet. Sie trennen Komplexe, welche je einen Kern oder mehrere, reihenförmig zwischen den Fibrillen gelegene Kerne enthalten und mit treppenförmigen Endflächen nicht bloß in der Länge, sondern auch in der Breite miteinander verzahnt sind. Ob die einzelnen Komplexe besonderen, mehr oder weniger selbständigen Reizterritorien entsprechen, ob die Schaltlinien daneben vielleicht auch noch die Bedeutung von Rahmen haben, welche die Lagerung der Fibrillen zueinander in stärkerem Maße, als dies die gewöhnlichen Krauseschen Membranen tun, sichern, bleibt noch zu untersuchen. Eine Verwerfung der Fibrilleninsertion zu beiden Seiten der Schaltstücke ist allerdings nicht zu beobachten.

Der Verlauf der Fibrillen ist für uns von ganz besonderem Interesse. In den einzelnen Fasern verlaufen sie miteinander im großen und ganzen parallel, in gesicherten Abständen voneinander. Die plexusartige Anordnung im ganzen entspricht einem Postulat, welches bei jedem Hohlmuskel, der in einer Fläche von ausgesprochener doppelter Krümmung verläuft, gestellt werden muß. Wenn eine Muskelschicht in jeder Richtung ihrer Fläche verkürzungsfähig sein soll, so müssen in ihr mindestens zwei Systeme sich überkreuzender Fasern vorhanden sein. An einer ebenen oder zylindrisch gekrümmten Fläche (Darm) können zwei sich senkrecht überkreuzende Systeme untereinander paralleler Fasern genügen und beliebig weit unverändert fortgesetzt sein. An einer Fläche von ausgesprochener doppelter Krümmung dagegen ist solches nicht möglich. Zwei Systeme paralleler Fasern, die sich an einer bestimmten Stelle senkrecht kreuzen, müssen, über diese Stelle hinaus fortgesetzt, mehr und mehr die gleiche Richtung annehmen. Soll überall allseitige Verkürzung möglich sein, so muß notwendigerweise eine Abänderung der Faserrichtung von Stelle zu Stelle Platz greifen, wobei die Abweichung aus der Richtung der größten und gestrecktesten Bogenlinien stets nach zwei Seiten hin gleich günstig ist.

Der Wechsel der Faserrichtung kann dabei in den einzelnen Fällen in verschiedener Weise bewerkstelligt sein. In der Wand der Harnblase z. B., wo es sich um glatte Muskelfasern handelt, sehen wir beim Frosch Bündel glatter Muskelfasern ein Geflecht bilden, mit Bündelspaltung und Umgruppierung der Fasern, so daß an jeder Stelle mindestens zwei bis drei Hauptfaserrichtungen vertreten sind. In anderen Fällen, wo Schichtentrennung besteht, kann in zwei übereinanderliegenden Schichten an jeder Stelle je eine Hauptfaservorrichtung gegeben sein; aber jede Schicht zeigt spitzwinklige Trennung der Fasern oder Faserbündel der Fläche nach, und auch Einbiegung von Fasern aus der einen Schicht in die andere ist zu beobachten.

Nach diesem Prinzip, aber noch komplizierter hinsichtlich der Schichtung ist der Herzmuskel angeordnet. An jeder Stelle und in jeder einzelnen Schicht ist hier eine plexusartige Anordnung der Fibrillenzüge vorhanden, so daß in ihr Verkürzungsfähigkeit in verschiedenen, mehr oder weniger auseinandergehenden Richtungen gegeben ist.

Es unterliegt keinem Zweifel, daß auch je nach dem Kontraktionszustand des Herzens die Linien größter Verkürzungsgelegenheit an jeder Stelle der Herzwand etwas wechseln können.

2. Die quergestreifte unverzweigte Muskelfaser.

Wesentlich anders liegen die Verhältnisse da, wo die Möglichkeit der Einheftung der Muskelfasern an die Oberfläche eines annähernd starren Gebildes gegeben ist, das sich als Ganzes bewegt. Ist eine solche Anheftung auf beiden Seiten verwirklicht, so ist für jede Faser die Möglichkeit eines isolierten und geradlinigen Verlaufes zwischen beiden Insertionspunkten gegeben. Es wird auch die Lage der benachbarten Fasern zueinander nur in beschränkter Weise, nach Maßgabe der Drehung und parallelen Verschiebung der Ansatzflächen zueinander, nicht aber durch die bloße Entfernung und Annäherung derselben gegeneinander verändert.

Das Bedürfnis zu einer netz- oder plexusartigen Anordnung der Fasern und Fibrillenzüge liegt hier in keiner Weise vor.

Unverzweigte Muskelfasern werden deshalb vor allem da zur Verwendung kommen, wo sich die Fasern direkt, oder durch Vermittlung von in sich gefestigten Sehnensträngen oder Sehnenplatten am Skelett anheften, bei den sog. Skelettmuskeln. Doch liefert auch die Haut den Muskeln, welche sie bewegen, verhältnismäßig starre Ansatzflächen. Die Bedingungen sind ferner erfüllt für die Muskeln, welche von der Wand der Augenhöhle entspringen und sich am Augapfel ansetzen usw. Für die Muskeln der Zunge, die Ringmuskeln des Rachens und den oberen Teil der Ösophagusmuskulatur liegt zwar der Nutzen rascher Kontraktionsfähigkeit klar zutage. Es ist aber etwas schwieriger einzusehen, welche sonstigen Umstände hier die Ausbildung unverzweigter Fasern haben begünstigen können.

B. Die Vereinigung der Muskelfasern zu Muskeln.

a) Muskelfasern und Sehne. Schräge Einpflanzung der Muskelfasern.

Bei Muskeln, welche sich zwischen sehr weit auseinanderliegenden festen Gebilden ausspannen, besteht an den mittleren Teilen immer noch die Gefahr der Ineinanderschiebung und gegenseitigen Behinderung der Muskelfasern, namentlich da, wo der Muskel einem stärkeren seitlichen Druck ausgesetzt ist. Hier finden wir nun gewöhnlich entweder eine längere Sehne eingeschaltet oder eine den Muskel quer durchsetzende Sehnenplatte, eine sogenannte Inscriptio tendinea, welche die seitliche Einwirkung auf sich konzentriert und als festes Rahmenwerk zur Anheftung für die zu beiden Seiten gelegenen Muskelfasern dient.

Soweit für die Ursprungs- und Ansatzsehnen der Muskeln gewissermaßen bei ihrer Bildung Freiheit hinsichtlich der Auswahl ihrer Lage bestanden hat, finden wir regelmäßig die Sehnen da plaziert, wo eine stärkere Druckwirkung zwischen Muskel und Unterlage stattfindet, und so, daß die eigentlichen Muskelfasern gegenüber stärkeren seitlichen Einwirkungen möglichst geschützt werden.

Zwischen den nebeneinanderliegenden Muskelfasern eines Muskels liegt eine geringe Menge von sehr zartem und lockerem Bindegewebe. Die Längsverschiebung der Fasern gegeneinander ist an jeder Stelle innerhalb des gleichen Muskels nur gering. In dem Bindegewebe zwischen den Fasern verlaufen die Gefäße und Nerven, welche an die Muskelfasern herantreten. Infolge der Verdickung der Muskelfasern bei der Verkürzung wird das den Muskel umgebende Bindegewebe gespannt und mehr oder weniger verstärkt (Fascie). Zugleich macht sich eine Druckvermehrung im Gewebe zwischen den Muskelfasern geltend. Die dünnwandigen Venen und Lymphgefäße, in welchen ein relativ geringer Flüssigkeitsdruck herrscht, können dabei zusammengedrückt werden, unter Auspressung des Inhaltes aus dem Gebiet des Muskels, in der Richtung, in welcher sich die Klappen öffnen, nach den Stämmen hin.

Die Verbindung einer Muskelfaser mit einer Hautplatte, einem Knorpel, einem Knochen geschieht stets durch Vermittlung von Sehnenfasern, wenn dieselben auch noch so kurz sind. Jeder Muskelfaser entspricht ein Bündel leimgebender Fibrillen, dessen eines Ende mit dem Sarkolemm am Ende der Muskelfaser verbunden resp. in dasselbe eingeschaltet ist. Ein zugfester Zusammenhang zwischen den Muskelfibrillen und dem Bündel von „Sehnenfibrillen" ist unerläßlich, sei's, daß jede kontraktile Fibrille sich in eine Sehnenfibrille fortsetzt, sei's, daß die Muskelfibrillen sich in eine zusammenhängende Platte oder Membran festsetzen, von welcher dann wieder die Sehnenfibrillen ausgehen, ohne daß dabei jeder Muskelfibrille genau eine Sehnenfibrille entsprechen muß. Es bestehen in dieser Hinsicht verschiedene Verhältnisse bei verschiedenen Objekten, je nach der größeren oder geringeren Starrheit der Insertionsstelle. Es kommt ja auch vor, daß unverzweigte quergestreifte Muskelfasern sich mit dem einen Ende, welches sich in eine verschiebliche Bindegewebsplatte einheftet, pinselförmig aufsplittern. Im allgemeinen ist eine leimgebende Fibrille, die dem Zug einer kontraktilen Fibrille gewachsen ist, dünner als die letztere. Es können sich deshalb auch die Sehnenfibrillen enger zusammenschließen als die Muskelfibrillen, und sie haben offenbar die Neigung, dies zu tun. Vereinigen sie sich jeder Muskelfaser entsprechend zu einem geschlossenen Bündel, so kann dieses aus der Muskelfaser nur unter Verjüngung der äußeren Form hervorgehen. Ein größeres Büschel von Muskelfasern könnte sich demnach nicht ohne erhebliche Zugablenkung in eine geschlossene, gleichgerichtete Sehne fortsetzen (Fig. 52, S. 122). Es wird ein solches Verhalten tatsächlich ver-

mieden durch eine schräge, seitliche Einpflanzung der Muskelfasern an den Sehnen, wobei die Fasern mit der Richtung
der Sehnenfibrillen einen spitzen Winkel bilden.

Dies ermöglicht, wie Fig. 53 zeigt, daß die Sehnenfibrillen sich
zu einem Sehnenkörper zusammenschließen können, der, wenigstens
in Ebenen dieser Abknickung, viel schmäler ist als der entsprechende
Komplex von Muskelfasern.

Auch wo sich nebeneinanderliegende Muskelfasern direkt am
Knochen ansetzen, ist die Anheftung in der Regel eine schräge.

Bei der schrägen Anheftung der Muskelfasern an eine Sehne
entspricht die letztere in der Richtung und Mächtigkeit ihrer
Faserung allerdings nur einer
Komponente des Muskelzuges.
Der anderen Komponente,
welche an jedem Faseransatz
senkrecht zur Richtung der
Sehne nach dem Muskelfleisch
hin wirkt, muß in anderer
Weise Widerstand geleistet

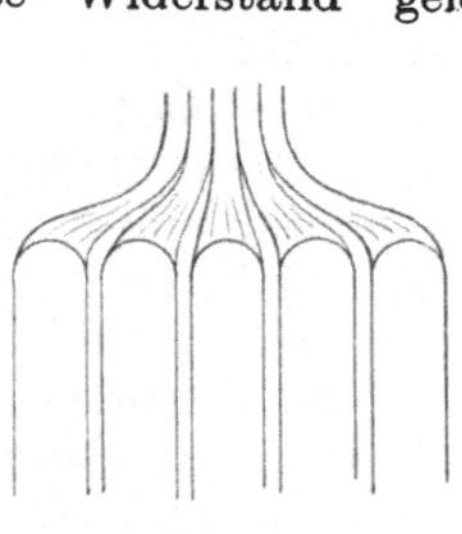

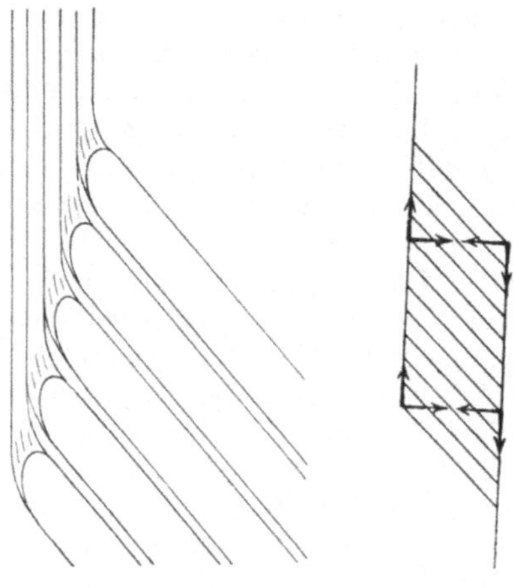

Fig. 52.   Fig. 53.   Fig. 54.

und Gleichgewicht gehalten werden, wenn die Sehne sich nur in
ihrer eigenen Richtung verschieben soll. Es geschieht dies, wenn
die Muskelfasern schräg zwischen zwei Sehnenblättern oder zwischen
einer Sehne und einem Skelettstück angeordnet sind, durch den
Widerstand, welchen der Muskel einer Kompression in der Richtung
senkrecht zu den Ansatzflächen seiner Fasern entgegensetzt.

In Fig. 54 bedeuten die vertikalen Pfeile die Größe und Richtung des Zuges der Muskelfaser am Übergang in die Sehne, die
horizontalen die Komponenten senkrecht zur Ansatzfläche, welche
sich als Druck gegen das Muskelfleisch äußern, und welchen durch
den Druckwiderstand dw Gleichgewicht gehalten wird; es kommt
also für die Verschiebung und Anspannung des gemeinsamen Sehnen-
körpers parallel der Ansatzfläche der Muskelfasern nur zur Geltung
die Komponente $s^1 = s \cos a$, wobei s die Spannung des Muskels in
der Richtung seiner Fasern, a den spitzen Winkel bedeutet, den die
Muskelfasern mit der Richtung der gemeinsamen Sehne bilden.

Durch schräge Anordnung der Muskelfasern zwischen zwei Sehnen oder zwischen einer gemeinsamen Sehne und einer Skelettoberfläche entstehen einfache schrägfaserige oder **einfach gefiederte** Muskelkörper. Wo ein einfaches Sehnenblatt oder ein einfacher schmaler Skelettfortsatz zur Aufnahme von Muskelfasern zwischen zwei getrennte Muskelanheftungsflächen eingreift, entsteht ein zusammengesetzt schrägfaseriger, ein sog. **doppeltgefiederter Muskel**, wie ein solcher in Fig. 55 dargestellt ist. Es kann aber auch die eine Endsehne vielfach zerspalten zwischen eine Mehrzahl von Sehnen der anderen Seite eingreifen, in welchem Fall ein kompli-

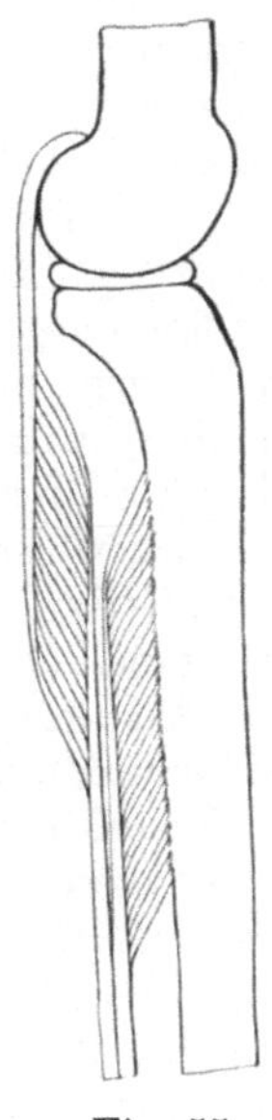

Fig. 55.

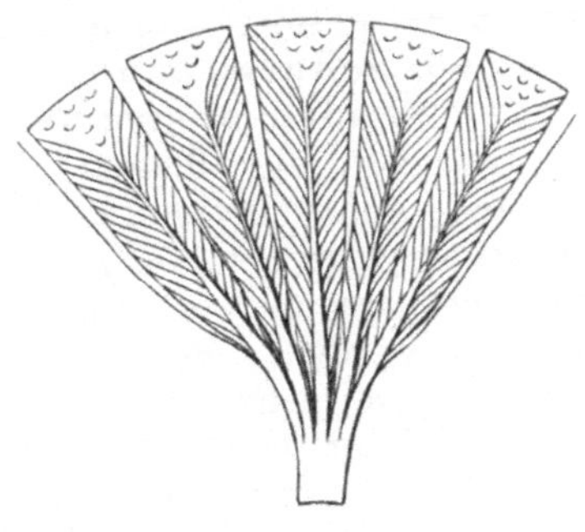

Fig. 56.

zierter **zusammengesetzt** oder **mehrfach gefiederter** schrägfasriger Muskel entsteht (schematisch dargestellt in Fig. 56).

b) Ursachen der Muskelsonderung.

Die Funktion der Muskeln ist mit einem energischen Stoffumsatz verknüpft und erfordert besondere Hilfseinrichtungen der Blutversorgung und des Lymphabflusses. Die Blutzufuhr muß vom Nervensystem aus reguliert sein. Es liegt auf der Hand, daß der Aufwand für die Herstellung dieser Hilfseinrichtungen und für ihren Betrieb verringert ist, wenn die gleichzeitig und in ähnlicher Weise funktionierenden Fasern möglichst nahe beisammen liegen. Ganz besonders aber bedeutet es eine Vereinfachung des entwicklungsgeschichtlichen Geschehens und eine Ersparnis bei der Herstellung, wenn die hinsichtlich ihrer Funktion zusammengehörigen Fasern von gemeinsamen Anlagen aus gebildet werden, die sich nur nach Maßgabe der Komplikation der übrigen anatomischen Verhältnisse und der Differenzierung der Bewegungen allmählich sondern und mehr ins einzelne gliedern. Es liegt also versteckt eine entwicklungsmechanische Notwendigkeit vor zum Zusammenbleiben der

Fasern, soweit nicht zwingende Gründe der Sonderung sich geltend
machen.

Ein wichtiges Moment für die schärfere Sonderung der Gruppen
von Fasern, welche vermöge ihres Verlaufes und Ansatzes eine besondere mechanische Leistung übernehmen können und in besonderer
Weise nach Zeit und Intensität in Gebrauch genommen werden, und
andererseits für die innigere Vereinigung der Fasern einer Gruppe unter
sich zu einem geschlossenen Ganzen liegt nun in dem Wettbewerb
der einzelnen Fasern um möglichst günstige Wirkungsweise. Günstiger verlaufende Fasern werden bevorzugt sein, und
zwischen innenliegende, ungünstig gelegene Teile werden ausgeschaltet
werden. An den sich sondernden Gruppen von Fasern mit ähnlichem Verlauf und ähnlicher Funktion werden diejenigen begünstigt sein, welche eng aneinandergeschlossen dieselben
gemeinsamen Sehnen benutzen und sich gemeinsam mit-
und nebeneinander zusammenziehen und verkürzen. Im
ganzen ergibt sich aus diesem Kampf der Teile eine erhebliche
Ökonomie des Arbeitsbetriebes, indem allmählich die günstigsten
Verhältnisse der Muskelwirkung bei möglichst geringer Behinderung
durch unfruchtbare äußere Widerstände bei der Faserkontraktion
herausgebildet werden. Bei der Ausbildung von enggeschlossenen
Muskelkörpern mit mehr oder weniger langen, für viele Muskelfasern
gemeinsamen Sehnen spielt auch der Umstand eine Rolle, daß sich
die Länge der Muskelfasern in ganz bestimmter Weise der
ihnen zugemuteten Längenexkursion anpaßt, und daß notwendigerweise in den kontraktilen Strängen, welche die Skelett-
teile verbinden und gegeneinander bewegen, nur ein bestimmter
größerer oder kleinerer Teil der Länge aus Muskelfasern gebildet
sein kann, der Rest aber passiv gespannt und durch Sehne dargestellt
sein muß.

Bei den hier berührten Problemen spielt die Frage nach der
Anpassungsfähigkeit der Muskelfaser an die an sie ge-
stellten Ansprüche bei der Funktion eine große Rolle, ebenso
wie die Frage nach der Größe der Ökonomie, welche bei der Herstellung und dem Gebrauche des Muskelsystems erreicht ist. Mit
diesen Fragen werden wir uns im folgenden Kapitel noch eingehender beschäftigen.[1])

---

[1]) Gegen die Hypothese, daß bei der Gruppierung der Muskelfasern und
der Ausbildung gesonderter Muskelindividuen funktionelle Verhältnisse und Wett-
streit um die günstigste Funktionsgelegenheit eine Rolle spielen, könnten gewisse
Versuche ins Feld geführt werden, in denen trotz Elimination des Nervensystems oder Lähmung des nervösen Einflusses (bei Amphibienlarven) eine annähernd normale Entwicklung der Muskulatur beobachtet wurde. Hiergegen
muß aber bemerkt werden, daß in diesen Versuchen die eigene Erregbarkeit
der Mukelsubstanz nicht aufgehoben war und daß wohl auch geringere und
langsamere Spannungsänderungen in den Muskelfasern und kleine aktive Längenänderungen ausreichen, um Erscheinungen der funktionellen Auslese hervor-
treten zu lassen.

Bei Berücksichtigung der entwicklungsmechanischen Prinzipien, welche bei der Sonderung der Muskeln von Wichtigkeit sind, werden eine ganze Menge von einzelnen Erscheinungen im Muskelsystem auf einmal dem Verständnis nahegerückt. Das anatomische Studium gewinnt entschieden, wenn, wo immer möglich, Verstand und Überlegung an Stelle von bloßer Gedächtnisarbeit tritt. In dem speziellen Teil der Muskel- und Gelenkmechanik wird sich Gelegenheit finden, von konkreten Beispielen ausgehend noch dieses und jenes gestaltende mechanische Prinzip paradigmatisch zu erläutern.

C. Die Arbeitsleistung der Muskeln und die funktionelle Anpassung der Faserlänge an die Längenänderung. Nutzleistung und Ökonomie bei der Muskelaktion.

a) Arbeitsleistung und funktionelle Anpassung der Faserlänge beim einzelnen Muskel.

Bei den schrägfaserigen Muskeln wirkt der nutzbare Teil der durch den Reiz im Muskel hervorgerufenen Spannung auf die Ansatzpunkte des Muskels nicht in der Richtung der Muskelfasern, sondern in der Richtung der gemeinsamen Endsehne resp. der Längsrichtung des ganzen Gebildes. Es handelt sich hier nur um eine Komponente der in den Muskelfasern entwickelten Spannung; die andere Komponente geht in der Querrichtung des Muskels verloren. Es fragt sich nun, ob dieser Verlust an Spannung infolge der schrägen Stellung der Muskelfasern zur Zugrichtung des ganzen Muskels eine unökonomische Verwendung der kontraktilen Substanz darstellt, oder ob dem Nachteil ein gleich wichtiger Vorteil gegenüber steht. Letzteres ist der Fall.

Wir wollen zunächst die Voraussetzung machen, daß die gereizte Muskelfaser sich verhält wie ein elastischer Strang von bestimmter kürzester Länge l im entspannten Zustand, und von größter Länge L, bis zu welcher er ohne Schädigung gedehnt werden kann. Eine solche Muskelfaser hat die Fähigkeit, sich um die Größe $L - l$ arbeitsleistend zu verkürzen, sofern wenigstens die entgegenstehenden Widerstände anfänglich kleiner, zum Schluß größer sind als die jeweiligen Spannungen im elastischen Strang, und im Mittel (berechnet nach gleichen Wegstrecken) gleich der mittleren, ebenfalls nach gleichen Wegstrecken berechneten Spannung des Muskels. Jeder Länge zwischen L und l kommt dabei eine ganz bestimmte Spannung des Muskels zu, ganz unabhängig von den zeitlichen Verhältnissen der Zusammenziehung.

Teilen wir die Exkursionsstrecke W der Faser in n gleiche Teile von der Größe w, so daß $w = \dfrac{W}{n}$, und bezeichnen wir die Spannungen des Muskels, welche den aufeinanderfolgenden Verkürzungsstrecken entsprechen, mit $s_1, s_2, s_3 \ldots s_n$, so ist die Summe der in der Richtung der Faser geleisteten Arbeiten

$$= \Sigma \, (ws_1 + ws_2 + ws_3 + \cdots + ws_n)$$

$$= \frac{W}{n} \, (s_1 + s_2 + s_3 + \cdots s_n)$$

$$= W \, \frac{(s_1 + s_2 + s_3 + \cdots + s_n)}{n}$$

oder gleich dem Produkt aus der Größe der ganzen Verkürzung und der mittleren, nach gleichen Verkürzungsstrecken berechneten Spannung der Faser. Dieser Satz gilt ganz allgemein, für beliebig variierende Spannung.

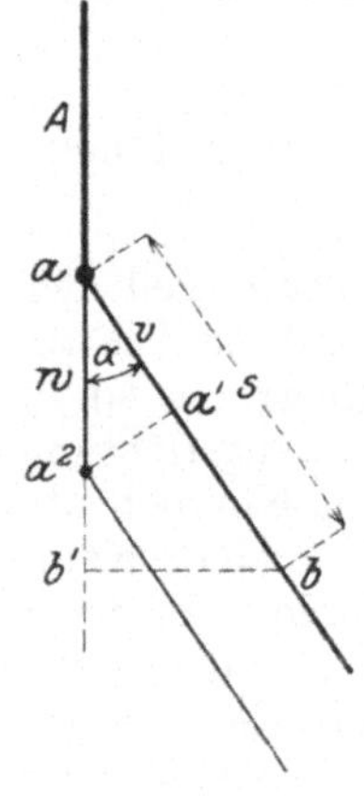

Die sog. natürliche Länge der betreffenden Faser, d. h. die Länge der nicht gereizten und nicht gedehnten Faser sei $= \lambda$, und es stehe die Größe λ in ganz bestimmtem Verhältnis zu der Größe der nützlichen Verkürzung $L - l = W$. Bildet nun in irgend einem Augenblick die Richtung der Faser $\overline{ab}$ (Fig. 57) mit der Richtung der Sehne A einen Winkel α, und verschiebt sich der Anheftungspunkt a der Faser in der Richtung der Sehne um den Betrag $\overline{aa_2} = w$, welcher so klein ist, daß die Verschiebung an dem Winkel a nichts Wesentliches ändert, so kann der vom Anheftungspunkt zurückgelegte Weg natürlich ein größerer sein als der gleichzeitigen Verkürzung $v = \overline{aa'}$ der Faser

Fig. 57.

entspricht.   Es beträgt $w = \overline{aa_2} = \dfrac{v}{\cos \alpha}$.

In der Richtung der Sehne kommt aber nur die in sie entfallende Komponente der in diesem Augenblick wirksamen Spannung s des Muskels zur Geltung, nämlich $s \cdot \cos a = \overline{ab'}$, wenn $\overline{ab}$ den Vektor der Kraft s darstellt und $\overline{bb'}$ senkrecht auf der Richtung der Sehne steht. Die von der Muskelfaser in der Richtung der Sehne geleistete Arbeit ist also $= \dfrac{v}{\cos \alpha} \cdot s \cos a = v \cdot s$ und demnach im ganzen genau gleich groß wie die Arbeit, welche die Faser bei der gleichen Länge und dem gleichen Betrag v der Verkürzung leisten würde, wenn die Verschiebung ihres Ansatzpunktes genau in ihrer Längsrichtung erfolgen würde.   Das gleiche gilt für jeden anderen Abschnitt der Verkürzung, auch wenn wir uns für denselben den Winkel zwischen der Faser und der Sehne etwas verändert denken; es gilt also auch von der Gesamtarbeit, welche von der Faser während ihrer nütz lichen Exkursion geleistet werden kann. Sie ist gleich groß, welchen Winkel auch die Faser mit der Richtung der Sehne, oder allgemeiner gesagt, mit der Richtung der Verschiebung des Endpunktes in jedem einzelnen Augenblick bilden mag. Die Form der in der Richtung der Bewegung von a geleisteten Arbeit ist freilich je nach dem Winkel, den die Faser mit dieser Richtung bildet, bei der gleichen Zustands- und Längenänderung der Faser eine verschiedene.

Je mehr die Faser zur Richtung der Bewegung schräg und quer steht, desto größer ist in dem Produkt Kraft mal Weg der Faktor des Weges und desto kleiner der Faktor der Kraft.

Bei schräger Lage der Faser stellt die Verminderung der für die tatsächliche Bewegung des Ansatzpunktes nutzbaren Spannung einen Nachteil dar; ihm steht der Vorteil gegenüber, daß diese einer bestimmten Längenänderung der Faser entsprechende Spannung während einer größeren vom Punkte a zurückgelegten Wegstrecke wirksam ist.

Um die gleiche Arbeit der Form und der Größe nach in der Richtung der Sehne zu leisten, müßte mit zunehmender Schrägstellung der Faser eine größere Spannung entwickelt werden können; es würden mehr Fasern notwendig sein, es würde aber an Verkürzungsexkursion gespart werden. Die Fasern könnten kürzer sein.

Es muß natürlich auch die in der Richtung der Muskelfaser ab im ganzen geleistete Arbeit $V \cdot s$ gleich sein dem Produkt aus der wirklich im ganzen vom Punkte a zurückgelegten Wegstrecke W und der dabei in der Richtung des Weges wirksamen, für gleiche Wegstrecken berechneten mittleren Spannung σ'. Es müssen sich also bei gleicher Gesamtarbeit in zwei hinsichtlich der Winkel α verschiedenen Fällen, wenn in beiden die ganze nützliche Längenänderung der Faser ausgenutzt wird, die mittleren Spannungen in der Richtung der Bewegung, für gleiche Wegstrecken berechnet, umgekehrt verhalten, wie die im ganzen zurückgelegten Wege.

In Wirklichkeit sind nun allerdings die gereizten Muskelfasern nicht ohne weiteres mit gedehnten elastischen Strängen zu vergleichen. Es kommt nicht jeder bestimmten Länge eine ganz bestimmte Spannung zu. Dieselbe ist vielmehr abhängig von dem zeitlichen Ablauf der Verkürzung und von der Intensität und Wiederholung der Reizanstöße. Aber für Muskelfasern, welche sich beiderseits an dieselbe einheitlich bewegte Sehne ansetzen und dem gleichen, eng geschlossenen, beiderseits je in eine einzige Sehne übergehenden Muskelbauch angehören, ist ohne alle Zweifel die Vorstellung zulässig, daß sie im großen und ganzen bei jeder einzelnen Aktion gleichzeitig gereizt werden, gleichzeitig sich verkürzen, gleichzeitig mit ihrer Verkürzung zu Ende sind und gleichzeitig sich verlängern; daß ferner bei der gleichen Aktion, in den sich entsprechenden Stadien der Verkürzung die Zustände in den verschiedenen Fasern und die Spannungen in denselben (auf gleiche Faserquerschnitte berechnet) einander annähernd gleich sind.

Finden wir nun, daß bei den verschiedenen, zur Sehne verschieden gerichteten Fasern eines solchen Muskels die natürlichen Längen λ der Fasern, d. h. ihre Längen im ruhenden, nicht gedehnten Zustand sich verhalten wie die Mittelwerte der Kosinusse der Winkel, die sie mit der Zugrichtung des ganzen Muskels bilden, so ist doch wohl klar, daß ihre natürlichen Längen sich verhalten, wie ihre Längenänderungen bei der gleichzeitigen Tätigkeit, oder mit anderen Worten, daß ihre natürlichen Längen der Funktion der Längenänderung angepaßt sind, und zwar in nützlicher und ökonomischer Weise (funktionelle Anpassung), indem alle gleich langen Faserteilchen hinsichtlich der Längenänderung dasselbe zu leisten haben. Daß ein solches Anpassungsverhältnis wirklich besteht, ist durch A. Fick und E. Grübler, sowie durch H. Straßer und W. Roux nachgewiesen worden.

Für den absoluten Betrag der Länge möchten dabei ganz besonders die in normaler Weise vorkommenden maximalen Längenänderungen des Muskels maßgebend sein. Bei ihnen nur wird ja überhaupt die nützliche Längenänderung der Fasern völlig ausgenutzt sein, und zwar an allen Fasern in gleicher Weise.

Man kann also sagen, daß die Muskelfasern in ihrer natürlichen Länge den maximalen normalen Längenänderungen angepaßt sind; gleich großen Abschnitten der natürlichen Länge kommt eine gleich große maximale nützliche Längenänderung zu. Die Anpassung der Faserlängen an die Größe der Längenänderung bewirkt natürlich auch, daß die Ansprüche an die Geschwindigkeit der gleichen Längenänderung gleich langer Teilchen jederzeit im ganzen Muskel dieselbe ist. Auch die maximalen Ansprüche an die Geschwindigkeit der Längenänderung müssen für sämtliche Teilchen gleich sein.

Ein Muskel, der bei vollständiger Ausnutzung der Exkursionsgröße seiner Fasern eine bestimmte Arbeit $W\sigma'$ zu leisten hat, muß nach dem Angeführten verschieden gebaut sein, je nachdem seine Fasern mehr in der Zugrichtung des ganzen Muskels gelegen sind oder mit derselben einen größeren Winkel bilden. Je größer dieser Winkel resp. je kleiner sein Kosinus ist, desto mehr Fasern sind notwendig, desto kürzer können aber die einzelnen Fasern sein. Die Gesamtmasse des Muskelfleisches aber kann bei gleich großer zu leistender Gesamtarbeit in den verschiedenen Fällen dieselbe sein.

Die Extremitätenmuskeln sind ganz besonders durch die schräge Anordnung ihrer Fasern auffällig. Ihre Kraftlinien gehen nahe an den Drehungsachsen der Gelenke vorbei, im Interesse der notwendigen schlanken Gestalt der Extremität. Die Hebelarme der Kraft sind also, um uns der gewöhnlichen Betrachtungsweise zu bedienen, klein, während die äußeren Kräfte oder Widerstände meist entfernt von den Gelenkachsen, an langen Hebelarmen der Last angreifen. Diese Muskeln müssen also verhältnismäßig kräftig sein, die Exkursion ihrer Sehnen jedoch ist verhältnismäßig gering. Wären die Fasern in der Richtung der Sehnen gelegen, so müßten plumpe, dicke und rel. kurze Muskelbäuche (Fleischkörper) entstehen. Dies ist auch wieder mit einer schlanken und distalwärts möglichst gleichmäßig verjüngten Gestalt der Glieder nicht vereinbar. Die schräge Anordnung der Muskelfasern zu den Sehnen ermöglicht nun, daß eine sehr große Zahl von Muskelfasern schräg neben und zugleich in der Längsrichtung der Glieder übereinander zu schlanken, schmalen und langen Muskelkörpern zusammengeordnet sind. Die Schrägstellung zur Sehne, bei welcher eine Kraftkomponente verloren geht, bedingt, daß die Anzahl der Fasern noch entsprechend vermehrt sein muß, während die Länge der Fasern aus dem gleichen Grunde noch entsprechend geringer sein kann (Straßer).

Die Schlankheit der Glieder bietet den Vorteil geringeren Luftwiderstandes bei der Bewegung der Glieder und freierer Bewegung der Glieder gegeneinander und gegen den Rumpf. Daß aber die hauptsächlichsten bewegenden Muskelmassen, insbesondere bei den durch große Geschwindigkeit der Ortsbewegung und der Bewegung ihrer Extremitäten ausgezeichneten Geschöpfen möglichst proximal gelagert sind, wodurch die freien Extremitäten weiter verschmälert werden, bietet noch den Vorteil, daß die Trägheitsmomente der um proximale Drehungsachsen bewegten Glieder verringert sind. Das ist namentlich für die rasche freie Vorführung der Extremitäten von großer Bedeutung (A. E. Fick).

b) Arbeitsleistung und funktionelle Anpassung der Muskeln am einachsigen Gelenk.

1. Muskeln in der Drehungsebene.

Wir betrachten zunächst den einfacheren Fall der Wirkung von Muskeln an einem einachsigen Gelenk, unter der Annahme, daß die Zugrichtungen der Muskeln parallel der Drehungsebene verlaufen. Wir denken uns ferner alle schrägfasrigen Muskeln mit einheitlichen Sehnen ersetzt durch Muskeln, deren Fasern in der Zugrichtung des ganzen Muskels verlaufen, und welche jederzeit dieselbe Arbeit nach Größe und Form leisten. Entsprechend der größeren oder geringeren Schrägstellung der Fasern muß die Faserlänge dieser „substituierten längsfasrigen" Muskeln kleiner oder größer, die Zahl der Fasern aber muß größer oder kleiner sein. Die Fleischmasse des substituierten längsfasrigen Muskels muß gleich sein derjenigen des entsprechenden schrägfasrigen Muskels.

Es ist nun erstens zu untersuchen, welche Arbeit bestimmte längsfasrige Muskeln je nach ihrer Stellung im Gelenk bei einer bestimmten Spannung und einer bestimmten Längenänderung am Gelenk selbst leisten; zweitens frägt sich, welche Anforderung, zur Erzielung einer bestimmten Arbeitsleistung am Gelenk, an die Muskeln je nach ihrer Anordnung am Gelenk gestellt werden muß.

Erste Frage. Gegeben ist ein bestimmter, substituierter, längsfasriger Muskel von der natürlichen Länge λ der Fleischfasern, mit der größten nützlichen Länge im gereizten Zustand $= L$, der kleinsten nützlichen Länge im gereizten Zustand $= l$ und mit der maximalen nützlichen Längenänderung $L - l = V$. Wie verhält es sich mit der Arbeitsleistung dieses Muskels am Gelenk?

In Fig. 58 entspricht die Bildfläche der Drehungsebene, in welcher die Zugrichtung $\overline{ba}$ des Muskels liegt.

Die Drehungsachse schneidet die Bildebene senkrecht im Punkte o; oa und ob sind die kürzesten, in die Bildebene entfallenden Verbindungslinien der Angriffspunkte a und b mit der Drehungsachse.

Wir berücksichtigen nur die relative Bewegung von M_1 gegenüber M_2. Die Bewegung des einen Gliedes M_2 resp. seiner Längslinie ob und der Achse o sei verhindert, die Bewegung des andern Gliedes M_1 und der Linie oa um die Achse sei frei. Die Drehungsarbeit kann in der Erzeugung von Drehbeschleunigung oder in der Überwindung von Widerständen der Drehung resp. in beidem bestehen. Der Punkt a kann sich nur in einer Kreislinie um die Achse bewegen.

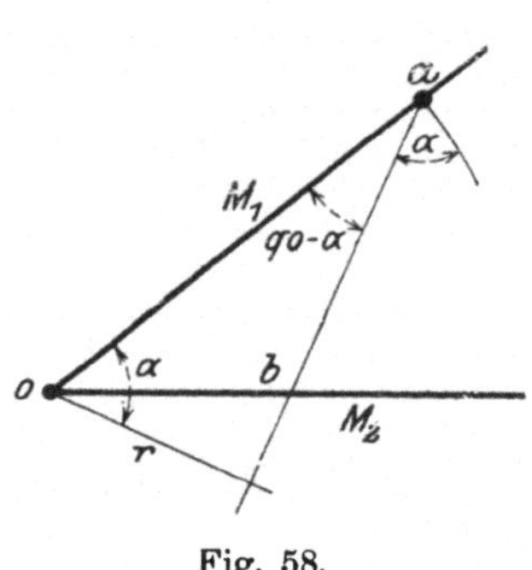

Fig. 58.

Der Winkel, den die Zugrichtung mit dieser Kreislinie bildet, sei $= \alpha$, ihr Abstand vom Gelenk $= r$. Die Spannung des Muskels in einem bestimmten Augenblick sei allgemein ausgedrückt $= s$.

Nehmen wir die Anzahl der Teilstrecken der Verkürzung sehr groß und die einzelne Teilverkürzung v sehr klein, so ändert sich bei einer solchen Teilverkürzung des Muskels der Winkel α nicht wesentlich. Es gilt dann ähnliches wie bei dem Vergleich des schrägfasrigen Muskels mit dem längsfasrigen:

Einer kleinen Verkürzung v des Muskels bei der Spannung s entspricht eine Arbeitsleistung des Muskels in der Richtung der Kreisbewegung des Punktes a um die Achse

$$= s \cdot \cos \alpha \times \frac{v}{\cos \alpha} = s \cdot v.$$

Dies gilt für jeden Abschnitt der Verkürzung. Bei völliger Ausnützung der nützlichen Längenänderung und gleich bleibendem Modus der Spannungsänderung des Muskels bei fortschreitender Längenänderung wird also vom Muskel dieselbe Arbeit geleistet, in welcher Richtung zur stattfindenden Bewegung des Punktes a er sich in den verschiedenen Verkürzungsetappen auch befinden mag.

(Das gilt nun natürlich auch für jeden beliebigen schrägfasrigen Muskel, welcher durch den betreffenden längsfasrigen Muskel ersetzt ist.)

Die Gesamtarbeit des Muskels ist gleich der Verkürzung des Muskels mal der mittleren, nach gleichen Verkürzungsabschnitten berechneten

Spannung. Sie ist aber andererseits auch gleich dem vom Punkte a zurückgelegten Weg mal dem algebraischen Mittel der Komponenten der Muskelspannung, welche auf gleich großen Strecken dieses Weges, in der Richtung dieser Strecken, stets senkrecht zu $\overline{oa}$ wirken. Einer bestimmten Bewegung von a entspricht natürlich eine bestimmte Winkeldrehung und also eine bestimmte Arbeit der Drehung im Gelenk, und es ist diese Arbeit bei der unveränderten Entfernung des Punktes a von der Gelenkachse und bei dem unveränderten Trägheitsmoment des bewegten Gliedes gegenüber dieser Achse jeweilen der Größe der in a tangential wirkenden Kraft und der Größe des von a beschriebenen Weges, also im einzelnen und im ganzen der Größe der Muskelarbeit proportional.

Zweite Frage. Gegeben sei eine bestimmte Drehung von M_1 um die Achse o, welche entgegen bestimmten Widerständen der Drehung oder ohne solche stattfindet. Es sei aber diese Drehung nicht ausführbar ohne Mithilfe eines nach der Seite von M_2 hin gerichteten Muskelzuges. Es ist völlig gleichgültig, an welchem Punkt und in welcher Richtung die betreffende Kraft in einem bestimmten Augenblicke der Drehung angreift, wenn nur das Kraftmoment derselben, d. h. das Produkt aus der Kraft in den Abstand ihrer Wirkungslinie von der Achse dasselbe ist. Die betreffende Arbeit der Drehung erfordert ein bestimmtes Kraftmoment für jeden einzelnen Abschnitt der Drehung. — Wir teilen die Gesamtdrehung in n gleiche Teile und nehmen an, daß in den verschiedenen Abschnitten der Drehung der Reihe nach die Kraftmomente k_1, k_2, $k_3 \ldots k_n$ wirksam sein müssen, oder im Abstand 1 von der Achse die Kräfte k_1, k_2, $k_3 \ldots k_n$. Die Bewegung des Angriffspunktes im Abstand 1 von der Achse sei in jedem Zeitteilchen $= \varphi$, so ist die Gesamtarbeit, welche von einem in der Entfernung 1 von der Achse gelegenen Muskel geleistet werden muß,

$$= \varphi\,(k_1 + k_2 + k_3 + \cdots + k_n)\,.$$

Um eine dieser Teilarbeiten $k\varphi$ zu leisten, muß ein im Abstand 1 von der Achse wirkender Muskel jeweilen die Spannungen k_1, k_2, k_3 usw. haben; ein im (variablen) Abstand r von der Achse angreifender Muskel aber muß jeweilen eine r mal kleinere Spannung $s = \dfrac{k}{r}$ entwickeln. Sein Ansatzpunkt a bewegt sich dabei in einer Kreislinie um die Achse, und zwar jeweilen um die Strecke

$$\varphi \cdot \overline{oa} \cdot = \varphi \cdot \frac{r}{\cos \alpha} \quad \text{(Fig. 58)}.$$

Der Muskel verkürzt sich aber jeweilen nur um die Strecke $\varphi \cdot \overline{oa} \cdot \cos \alpha = \varphi \cdot r$.

Je größer r ist, desto kleiner ist die vom Muskel geforderte Spannung, desto größer aber die Längenänderung, welche er bei der betreffenden Teilarbeit am Gelenk erfährt. Die vom Muskel in seiner eigenen Richtung geleistete Arbeit ist dann also

$$= \frac{k}{r} \cdot \varphi \cdot r = k \cdot \varphi \, .$$

Dies gilt auch für jede andere Lage des Muskels und für jede einzelne Teilarbeit am Gelenk. Demnach ist die von dem Muskel in seiner eigenen Richtung geleistete Gesamtarbeit gleich der gesamten am Gelenk zu leistenden Arbeit $\varphi(k_1 + k_2 + k_3 + \cdots + k_n)$.

Nennen wir F die Gesamtlänge der Kreisbewegung eines im Abstand 1 von der Achse gelegenen Punktes $= \varphi \cdot n \cdot$, so ist $\varphi = \dfrac{F}{n}$

und $\varphi(k_1 + k_2 + k_3 + \cdots + k_n) = F \dfrac{(k_1 + k_2 + k_3 + \cdots + k_n)}{n}$.

Die Gesamtarbeit ist also gleich dem Produkt aus der gesamten, nach der Bewegung eines im Abstand 1 von der Achse gelegenen Punktes bemessenen Drehung mal der mittleren Größe des notwendigen Kraftmomentes, die nach gleich großen Abschnitten der Drehung berechnet ist. Die vom Muskel zu leistende Gesamtarbeit ist andererseits gleich dem Produkt aus der Verkürzung des Muskels und seiner mittleren, nach gleichen Verkürzungsstrecken berechneten Spannung. Je größer dabei im Mittel r und je größer danach die Verkürzung $\Sigma \varphi \cdot r$, desto kleiner ist die vom Muskel geforderte mittlere Spannung, und auch die geforderten maximalen Spannungen richten sich einigermaßen, wenn auch nicht vollkommen, nach diesem Verhältnis.

Nun muß man erwarten, daß bei den Muskeln eines einachsigen Gelenkes, die sich ja bei jeder Aktion am Gelenk stets gleichzeitig miteinander verkürzen und verlängern, ebensogut wie bei den Fasern eines einzigen Muskels, die sich an der gleichen Sehne anheften, eine Anpassung der Faserlängen an die gewöhnliche Längenänderung und ganz besonders an die maximale vorkommende Längenänderung stattgefunden hat. Wir dürfen wohl annehmen, daß mit Rücksicht auf die Fähigkeit der größten nützlichen Längenänderung und auch mit Rücksicht auf die größte Geschwindigkeit der Zusammenziehung die kontraktile Substanz am Gelenk überall den höchsten Grad der Leistungsfähigkeit erreicht oder sich ihm überall in gleicher Weise genähert hat, und daß bei den maximalen Exkursionen im Gelenk das Vermögen nützlicher Längenänderung an allen Muskeln in gleicher Weise voll ausgenützt ist.

Tatsächlich findet man, daß die Muskeln des gleichen einachsigen Gelenkes in ihren Längen im großen und ganzen proportional sind ihren Abständen von der Gelenkachse. Die wechselnde Exkursion im Gelenk kommt für die relativen

Längenverhältnisse nicht in Betracht. Vergleicht man aber die Muskeln verschiedener einachsiger Gelenke, so findet man im großen und ganzen für gleich weit von der Achse entfernte Muskeln einen Längenunterschied, welcher der verschiedenen möglichen Winkelexkursion im Gelenk entspricht, so daß man vermuten darf, es richte sich die absolute Faserlänge wesentlich nach den normalerweise vorkommenden maximalen Längenexkursionen. (Wenn wir hier von Faserlänge und Längenänderung sprechen, so ist selbstverständlicherweise immer die natürliche Länge und die Längenänderung der substituierten längsfasrigen Muskeln gemeint. Die Reduktion auf die schrägfasrigen Muskeln ist leicht im einzelnen Falle vorzunehmen.)

Denkt man sich einen am einachsigen Gelenk gelegenen Muskel, der die geforderte Drehungsarbeit zu leisten vermag, ganz oder teilweise durch einen anders angeordneten Muskel ersetzt, so hat dieser zweite Muskel zwar in seiner eigenen Richtung genau den gleichen Gesamtbetrag von Arbeit zu leisten wie der erste, nur muß dies im allgemeinen in anderer Form geschehen. Die von beiden Muskeln geforderten mittleren Spannungen verhalten sich dabei umgekehrt wie die totalen Längenänderungen. Wären die Muskellängen genau den maximalen Längenänderungen bei voller Ausnutzung der Gelenkexkursion angepaßt, die Muskelquerschnitte aber nicht den maximalen, sondern dem Mittelwerte der bei gewöhnlicher oder bei stärkster Aktion der Muskeln geforderten Spannungen, so würde die Fleischmasse der beiden Muskeln in beiden Fällen genau gleich groß sein müssen. Nun ist allerdings zu berücksichtigen, daß bei irgendeiner bestimmten Aktion im Gelenk je nach der Anordnung des Muskels, welcher die Arbeit am Gelenk leistet, seine Einzelspannungen zur mittleren Spannung ein anderes Verhältnis haben, und daß das eine Mal relativ größere, maximale, und relativ kleinere, minimale Einzelspannungen vorhanden sein können, als das andere Mal. Richtet sich nun die Anpassung des Muskelquerschnittes wesentlich nach den vorkommenden maximalen Spannungen, so wird die notwendige Masse kontraktiler Substanz etwas größer sein müssen, wenn die Einzelspannungen unter sich relativ größere Unterschiede zeigen, so daß neben besonders niedrigen Spannungen auch besonders große Maximalspannungen vorkommen.[1])

2. Schräg zur Drehungsebene verlaufende Muskeln.

Zum Schluß müssen wir noch der Frage näher treten, wie sich am einachsigen Gelenk solche Muskeln, welche mit der Drehungsebene einen Winkel bilden, hinsichtlich der Arbeitsleistung und

---

[1]) Wo die Arbeit am Gelenk durch eine Mehrzahl von Muskeln geleistet wird, kann wohl die Aktion in den verschiedenen Muskeln durch den Einfluß des Nervensystems so reguliert werden, daß überall die maximalen Spannungen in gleicher Weise von den mittleren Spannungen verschieden sind. Eine solche Regulation würde in ökonomischer Hinsicht von Nutzen sein.

der Anpassung an die Funktion verhalten. Bei jedem solchen Muskel geht zunächst die senkrecht zur Drehungsebene gerichtete Komponente der Spannung für die bewegende Einwirkung verloren. Diesem Nachteil steht der Vorteil einer geringeren Längenänderung bei gleicher Verschiebung des Ansatzpunktes in der Drehungsebene gegenüber. Dies gilt für alle Stellungen und Einzelarbeiten, welche der Muskel am Gelenk leistet. Dementsprechend werden solche Muskeln, wenn sie in ihrer Faserlänge der maximalen Längenänderung angepaßt sind, kürzer sein können als Muskeln, welche dieselbe Arbeit am Gelenk nach Größe und Form leisten, aber in der Drehungsebene, in den Projektionslinien der erstgenannten Muskeln gelegen sind. Dafür muß aber ihr Querschnitt für die gleiche Arbeitsleistung am Gelenk entsprechend größer sein. Sind diese Bedingungen erfüllt, so arbeiten sie mit gleicher Fleischmasse annähernd gleich vorteilhaft und mit der gleichen Inanspruchnahme der einzelnen Teilchen hinsichtlich Längenänderung und Spannung.

c) Tatsächliche Anordnung der Muskeln am Gelenk.

Aus dem Vorhergehenden kann man den Schluß ziehen, daß es an und für sich mit Bezug auf das Verhältnis zwischen Muskelmenge und Arbeitsvermögen ziemlich gleichgültig ist, wie die kontraktile Substanz am Gelenk plaziert ist, wenn nur überall die Länge der Fasern der Längenänderung bei den gewöhnlichen maximalen Exkursionen des Gelenkes angepaßt ist. So müssen es also gewisse Nebenumstände sein, welche die Anordnung der Muskulatur am Gelenk bestimmen. Allzu schräger Verlauf gegenüber der Drehungsebene und allzu große Annäherung an die Gelenkachse bedingen allzu große Druckwirkung am Gelenk und vergrößern allzusehr den Reibungswiderstand. Ferner ist für die Feststellung der Gelenke in den Richtungen, nach welchen sonst Bewegung stattfindet, ein größerer Abstand der Muskeln vom Gelenk vorteilhaft, da die notwendige Muskelspannung in diesem Fall geringer zu sein braucht. Andererseits bringt ein möglichst enger Anschluß der Muskeln aneinander und an das Gelenk eine Ersparnis an ausfüllenden und umhüllenden Materialien und bedingt größere Schlankheit der Gelenkstellen, die öfters erwünscht ist. Es kommen auch die Widerstände weniger in Betracht, welche die ausfüllenden und umhüllenden Gewebe den Bewegungen, insbesondere bei Abhebung der Teile von der Unterlage entgegensetzen.

Im Gegensatz zu dem gewöhnlichen engen Zusammenschluß der Muskeln um die Gelenke finden wir mitunter bei den Vögeln ein freieres Abrücken derselben vom Gelenk. Es geschieht solches z. B. am Schulter- und Hüftgelenk, wenn die Luftsäcke am Gelenk vordringen und an Stelle des Zellgewebes die Interstitien in Beschlag nehmen. Damit kommen die Widerstände gegen das Abrücken der Muskeln vom Gelenk teilweise in Wegfall und gewisse Variationen der Entwicklung, welche ein noch stärkeres Auseinanderrücken der architektonischen Glieder des Skeletts und der Muskeln herbeiführen, werden damit erst möglich und vorteilhaft (Straßer).

d) Stoffumsatz, Nutzleistung und Ökonomie bei der Muskelaktion.

1. Die Größe des Stoffumsatzes.

Was die Muskelfaser vor einem elastischen Faden oder Strang auszeichnet, ist die Variabilität der Spannung bei irgend einer bestimmten Länge der Faser. Die Größe der Spannung ist außer von dem Verlängerungs- oder Verkürzungszustand der Faser abhängig von einem inneren, durch den Nervenreiz hervorgerufenen und unterhaltenen Prozeß, der mit Stoffumsatz verbunden ist. Die durch den Stoffumsatz gesetzte Veränderung, welche sich als Gewinn an potentieller Energie mechanischer Spannkräfte in der Faser geltend macht, ist flüchtiger Natur. Sie verschwindet, ohne daß die von der Faser geleistete äußere Arbeit ein volles Äquivalent darstellt, oder ohne daß überhaupt äußere Arbeit in der Richtung der Spannkräfte geleistet zu werden braucht, unter bloßer Entwicklung von Wärme, ja selbst indem die Faser entgegen den Spannkräften gedehnt wird, — es sei denn, daß hier wie dort, durch Wiederholung des Nervenreizes eine Fortdauer und Wiederholung des Stoffumsatzprozesses inszeniert wird. Es ist klar, daß es sich im letzteren Fall eigentlich um Neugewinnung mechanischer Spannkräfte handelt. Unsere Einsicht in das Wesen des rätselhaften Vorganges ist freilich eine durchaus ungenügende.

Das Wichtigste, was den Muskel vom elastischen Strang unterscheidet, ist also, daß die Fortdauer einer aktiven Muskelspannung nur durch Fortdauer des Stoffumsatzes vermittelt werden kann. (Die Frage nach der Notwendigkeit und dem Modus der Wiederholung der Reizanstöße wollen wir hierbei gänzlich beiseite lassen.)

Die Größe der Spannung im einzelnen kontraktilen Elementarteilchen hängt wohl teilweise ab von dem relativen Längenzustand der Faser, außerdem aber und hauptsächlich von der Intensität des Stoffumsatzprozesses in diesem Teilchen.

Die Größe des Stoffumsatzes im ganzen Muskel aber hängt ab:

1. von der Intensität des Prozesses im einzelnen Teilchen;
2. von der Anzahl der nebeneinander in der Faser gelegenen Fibrillen und von der Anzahl der nebeneinander im Muskel gelegenen Fasern, kurz gesagt, vom wahren Querschnitt des Muskels;
3. von der Anzahl der in der Längsrichtung aufeinanderfolgenden Teilchen oder von der (natürlichen) Länge des Muskels;
4. von der Zeit, während welcher der Umsatzprozeß in den einzelnen Teilchen andauert.

1. und 2. zusammen sind maßgebend für die Spannung des Muskels, 2. und 3. zusammen entsprechen der Gesamtmasse des Muskelfleisches des Muskels usw.

2. Die Nutzleistung und Ökonomie bei der Muskeltätigkeit.

Es liegt nun nahe, zu fragen, ob der Nutzen, den wir von unserer Muskeltätigkeit haben, einigermaßen dem aufgewendeten Stoffumsatz parallel läuft. Davon könnte auch nicht entfernt die Rede sein, wenn sich die Nutzleistung unserer Muskeltätigkeit einzig und allein nach der vom Muskel geleisteten äußeren Arbeit bemessen würde. Die letztere ist ja genau gleich groß, ob ein Muskel zur Verkürzung um die Größe V, bei mittlerer Spannung s die Zeit t oder eine n mal größere Zeit braucht, während doch der Stoffumsatz in letzterem Fall ungefähr n mal größer sein wird. Und wenn ein Muskel, ohne sich zu verkürzen, während einer gewissen Zeit eine bestimmte Spannung entwickelt, um z. B. irgendeiner anderen am Gelenk wirkenden Kraft Gleichgewicht zu halten, so ist die von ihm geleistete äußere Arbeit $= 0$, während der Stoffumsatz der Zeit t und der Spannung s proportional ist.

In Wirklichkeit ziehen wir nun aus der Tätigkeit unserer Muskeln des öftesten Nutzen, auch wenn sie sich nicht kontrahieren, oder wenn sie sich nur langsam und wenig, entgegen Widerständen kontrahieren, oder auch wenn sie, aktiven Widerstand leistend gedehnt werden, so daß die von ihnen geleistete Arbeit negativ ist.

Wie nützlich unter Umständen die Muskeltätigkeit für uns ist, auch wenn sie nicht zur Leistung äußerer Arbeit führt, sondern beispielsweise dazu dient, irgend einen Gegenstand zu halten, eine Last zu verhindern, auf uns oder andere herabzustürzen, einer andrängenden Gewalt zu widerstehen, uns im Gleichgewicht zu halten oder vor jähem Sturz zu bewahren usw., braucht wohl nicht weiter ausgeführt zu werden.

Die Nutzleistung des Muskels wird in der Tat am besten bemessen nach der vom Muskel entwickelten Spannung (resp. der nutzbaren Komponente dieser Spannung) und nach der Zeit, während welcher diese Spannung wirksam ist. Diese Größen spielen natürlich auch bei dem Vorgang der Arbeitsleistung eine Rolle, obschon die Beziehungsgleichung zwischen Arbeit und lebendiger Kraft, da sie für ein und denselben Zeitraum gilt, die Zeit als Faktor nicht explizite enthält. (Vgl. S. 23.)

Wenn wir nun aber jene häufigen Fälle, in denen die Spannung der Muskulatur ohne Verkürzung derselben wirkt, oder wo die Verkürzung gering ist, einzeln für sich ins Auge fassen, so mag es uns immer noch scheinen, als ob in dem Haushalt unseres Körpers große Verschwendung herrsche, selbst wenn wir anerkennen, daß die Muskelanstrengung in solchen Fällen für uns von Nutzen ist, und wenn wir die Nutzleistung in der oben angegebenen Weise bemessen. Für solche Leistung könnten ja unter Umständen passive Fixierungseinrichtungen an den Gelenken genügen, oder wenn, für kleine Exkursionen, die Muskeln mitwirken müssen, so könnten es ja Muskeln von besonderer Kürze sein! Durch die größere Länge der Muskeln wird ja die Spannung nicht erhöht, wohl aber wächst ihr proportional, scheinbar ganz unnütz, der in jedem Augenblick notwendige Stoffumsatz! Die überflüssig große Muskellänge wäre demnach eine Quelle der Verschwendung.

Eine nähere Überlegung zeigt uns jedoch, daß auch für die bloße Aufrechterhaltung des Gleichgewichtes und der Ruhe an Gelenken, die zu anderer Zeit und zu anderen Zwecken offen und beweglich sein müssen, nur gerade Muskeln dienen können, und zwar nur gerade solche Muskeln, die mit ihrem Längenänderungsvermögen der gesamten möglichen Exkursion im Gelenk entsprechen. Muß doch je nach Umständen die Bewegung im Gelenk bald in dieser, bald in jener Stellung des Gelenkes, muß sie ja doch überhaupt in jeder beliebigen Gelenkstellung verhindert so gut als ausgeführt werden können. Die Erfüllung dieser Forderung ist so wichtig, daß der mit der größeren Muskellänge verbundene, scheinbar unnütze größere Stoffverbrauch wohl mit in Kauf genommen werden darf und durch die größere Mannigfaltigkeit von Gelenkstellungen, bei welcher längere Muskeln fixierend mitwirken können, genügend kompensiert erscheint. Jedenfalls handelt es sich um einen Aufwand, der absolut nicht vermieden werden kann. Und was die Abhängigkeit des Stoffverbrauches von der Zeit bei ein und derselben Arbeitsleistung der Muskulatur betrifft, so gilt hier etwas ähnliches. Die Leistungsfähigkeit unserer Gelenkmaschinerie wird dadurch in ganz besonderem Maße gesteigert und zu allen möglichen nützlichen Verrichtungen geeignet gemacht, daß wir imstande sind, in jeder beliebigen Stellung des Gelenkes, in der Ruhe so gut wie auch in der Bewegung, die Spannung in den Muskeln je nach dem jeweiligen Bedürfnis, innerhalb gesetzter Grenzen abzuändern oder aufrecht zu erhalten und den Übergang aus einer Stellung in die andern innerhalb gesetzter Grenzen nach Belieben zu beschleunigen oder zu verlangsamen. Dies kann nur geschehen mit Muskeln, deren Spannung variabel ist und von einem Stoffumsatzprozeß abhängt, der durch den regulatorischen Einfluß des Nervensystems nach dem Belieben unseres Willens oder reflektorisch sistiert oder fortgesetzt, abgeschwächt oder gesteigert werden kann, mit Muskeln, deren Länge ihren Längenänderungen bei den maximalen Exkursionen des Gelenkes angepaßt sind.

Jede weitere, in Wahrheit überflüssige Muskellänge aber muß vermieden werden. Während überflüssige Größe des Muskelquerschnittes nicht so sehr ins Gewicht fällt, da ja durch Herabsetzung der Energie des Prozesses im einzelnen Teilchen die nötige Ökonomie erzielt werden kann, ist jede weitere, in Wahrheit überflüssige Muskellänge nicht bloß nutzloser Konstruktionsaufwand, sondern bedeutet für den Betrieb reine Verschwendung von Stoffumsatz. Es ist deshalb zu erwarten und findet sich bestätigt, daß die Anpassung der Muskellängen an die Funktion eine ganz besonders genaue und sorgfältige ist.

3. Ökonomie der Muskelarbeit am Kugelgelenk.

Wir haben gesehen, daß am einachsigen Gelenk die Muskeln, welche in einer Drehungsebene liegen, mit ihren Längen der Größe der Bewegungsexkursion in diesem Gelenk und ihrer Entfernung von der Drehungsachse einigermaßen proportional sein müssen. Diejenigen Muskeln aber, welche einen Winkel mit der Drehungsebene bilden, haben, wenn sie der Funktion angepaßt sind, im Vergleich zu Muskeln, deren Zugrichtung ihrer Projektion auf die Drehungsebene entspricht und welche die gleiche Arbeit nach Größe und Form leisten,

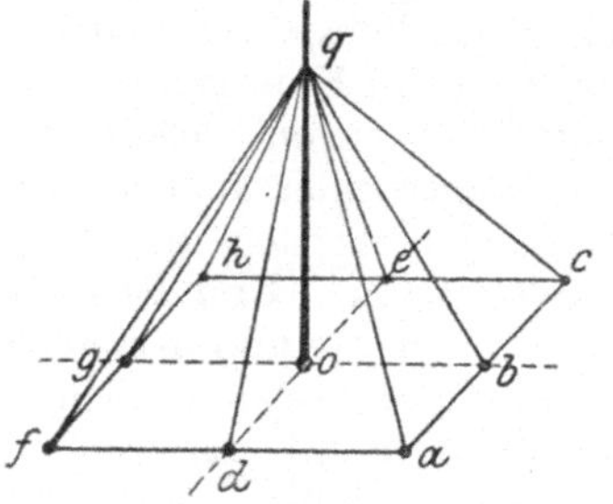

Fig. 59.

um so kürzere Fasern, je kleiner der Kosinus des Winkels ist, den sie mit der Drehungsebene bilden.

Nähme man aber an, daß die Bewegung des Gelenkes um eine zweite, zur ersten Achse und zur Längslinie des bewegten Gliedes in der Mittellage senkrecht stehende Achse stattfindet, und daß die Muskellängen dieser neuen Exkursion angepaßt sind. so müßten nun umgekehrt, bei gleicher Entfernung von der neuen Achse diejenigen Muskeln die kürzeren Fasern haben, welche außerhalb der neuen mittleren Drehungsebene liegen, resp. schräg zu ihr gerichtet sind. Der Längenunterschied der Fasern würde also zum Teil gerade der umgekehrte sein müssen wie für die erste Drehung. Beispielsweise würden bei einer Anordnung der Muskeln um das Gelenk o, wie sie Figur 59 zeigt, für die Drehung um die Achse bog die Muskeln dq und eq längere Fasern haben müssen als die Muskeln fq, gq, hq und aq, bq, cq; bei Anpassung aber an eine Bewegung um die Achse doe würden die Muskeln aq, dq, fq und cq, eq, hq kürzere Fasern aufweisen, als bq und gq.

Wenn nun abwechselnd um beide Achsen gleichgroße maximale Exkursionen stattfinden, so werden die Längen aller dieser Muskeln und speziell diejenigen von eq, bq, dq und gq ungefähr gleich sein, sofern Anpassung der Längen an die maximalen Exkursionen stattgefunden hat. In diesem Fall arbeiten dann bei der Drehung um gb die Muskeln gq und bq, und bei der Drehung um ed die Muskeln eq und dq insofern mit Verschwendung von Stoffumsatz, als ihre Längen nicht der betreffenden Bewegung allein angepaßt, sondern für diese Bewegung zu lang sind.

Ähnliche Verhältnisse werden auch gegeben sein, wenn noch eine Bewegung um eine dritte Achse möglich ist und die Anordnungsverhältnisse der Muskeln noch mannigfaltiger sind. Indem die Muskellängen den größten Exkursionen ihrer Endpunkte von- und gegeneinander angepaßt sind, arbeiten sie mit Verschwendung von Stoffumsatz jedesmal, wenn Bewegungen ausgeführt werden, bei denen die Abstände ihrer Endpunkte relativ wenig geändert werden. Es ist nun Sache der Übung, zu erreichen, daß die mehr in der Richtung der Bewegung liegenden Muskeln jeweilen stärker angestrengt und die ungünstiger gelegenen und unökonomisch arbeitenden weniger oder gar nicht erregt werden. Hier wie in anderen Fällen wird durch die Übung ein sparsameres Arbeiten erzielt.

Allgemeine Probleme der Gelenk- und Muskelmechanik.

Vorbemerkungen.

Indem die Weichteile des Körpers bis zu einem gewissen Grade einzelnen Skelettabschnitten zugeteilt und an sie befestigt, die Skelettstücke aber in den Gelenken gegeneinander beweglich sind, stellt der Körper ein mehrgliedriges System im Sinne der Mechanik dar, dessen Glieder oder Partialmassen für die erste gröbere mechanische Betrachtung als in sich starr angesehen werden können. Letzteres ist insofern ungenau, als es verbindende Weichteile — und zu diesen gehören namentlich die Muskeln eines Gelenkes — gibt, welche sich nicht ausschließlich, sondern nur teilweise mit dem einen, teilweise aber mit dem anderen der beiden im Gelenk verbundenen Skelettstücke bewegen. Man hilft sich für die erste gröbere mechanische Betrachtung, indem man die Massen dieser Weichteile in einer den Anordnungsverhältnissen entsprechenden Weise auf die beiden Partialmassen verteilt und im übrigen die Muskeln als Kräfte mit bestimmten Kraftlinien ohne materielles Substrat behandelt. Eine solche Vereinfachung der Aufgabe ist zulässig im Hinblick auf die Tatsache, daß die hauptsächlich in Betracht kommenden Kräfte wirklich an den relativ starren Teilen, den Skelettstücken angreifen.

Versuchen wir nun die wichtigeren Aufgaben der mechanischen Betrachtung eines solchen mehrgliedrigen materiellen Systems festzustellen.

Eine solches System kann sich entweder im Zustand der Ruhe (der Glieder gegeneinander und gegenüber der Umgebung) oder im Zustand der Bewegung befinden, und zwar wird es sich im letzteren Fall wegen der Beschränkung der Bewegungsmöglichkeiten der Glieder und der Abhängigkeit der Kräfte von der Konfiguration um eine von Moment zu Moment abgeänderte Bewegung handeln. Die Untersuchung der Bedingungen der Ruhe resp. des Gleichgewichtes zwischen allen einwirkenden Kräften gehören in das Gebiet der Statik.

Die Untersuchung der Bewegung der Glieder gegeneinander gehört, nach der üblichen Fassung der Begriffe, in das Gebiet der Kinetik, soweit bloß die geometrischen Verhältnisse der Bewegung in Betracht kommen und in das Gebiet der Dynamik, so weit es sich um die Erforschung des Wechselspiels der Kräfte handelt.[1]) Beschäftigen wir uns zunächst mit den einfacheren statischen Aufgaben.

I. Statische Aufgaben.

A. Fragestellung im allgemeinen.

Im Falle der Ruhe und des Gleichgewichtes der Kräfte an einem System, welches aus mehreren annähernd starren Körpern zusammengesetzt ist, und dessen Glieder wegen der Berührung und Verbindung miteinander nur beschränkte Beweglichkeit besitzen, müssen sich

1. alle äußeren Kräfte des ganzen Systems,

2. alle Kräfte, welche auf ein einzelnes Glied wirken und mit Bezug auf dieses Glied als äußere Kräfte zu bezeichnen sind, unter sich das Gleichgewicht halten.

Die an den Gelenken von Glied zu Glied wirkenden Kräfte wirken natürlich nach zwei entgegengesetzten Seiten in gleicher Weise; sie sind als innere Kräfte des ganzen, aus verschiedenen Partialmassen zusammengesetzten Systems zu betrachten. Bekannt sind meist dessen äußere Kräfte oder ein Teil derselben, und die Aufgabe besteht dann darin, die zum Gleichgewicht notwendigen übrigen äußeren Kräfte und die inneren, namentlich die an den Gelenken wirkenden inneren Kräfte zu finden. Um für ein bestimmtes Gelenk diese inneren Kräfte zu bestimmen, können alle anderen Gelenke als festgestellt gelten, gleichgültig, durch welche Gelenkkräfte dies geschieht. Das ganze System besteht hier also nur aus zwei gegeneinander beweglichen Partialmassen. Jede derselben muß durch

---

[1]) Es ist eigentlich ungehörig, der Statik die Dynamik, die Lehre von den Kräften gegenüberzustellen, während doch auch bei der Ruhe und beim Gleichgewicht Kräfte eine Rolle spielen. Unter der Kinetik dürfte man füglich die Lehre von den Bewegungen und von den bewirkenden Kräften der Bewegung zugleich verstehen, so gut wie man unter der Statik die Lehre von den Gleichgewichts- und Ruhezuständen und von den bewirkenden Kräften versteht. Es würde dann sowohl bei der Statik wie bei der Kinetik die Untersuchung der rein geometrischen sowie der stofflichen und Massenanordnungsverhältnisse (der Konfiguration und Konfigurationsänderung) zu trennen sein von der Untersuchung der Kräfte, der dynamischen Verhältnisse.

Reuleaux will die Bewegungsgeometrie als Phoronomie bezeichnet wissen, welchen Ausdruck auch schon Joh. Müller in gleichem Sinn angewendet hat. Den besonderen Begriff Kinematik faßt er eng und streng als die Lehre von den zwangsmäßigen Bewegungen, resp. von der Abhängigkeit der Bewegungen der Glieder materiellen Systems voneinander, beim Vorhandensein bestimmter absoluter Bewegungswiderstände.

die von der anderen Partialmasse und die von außen her (mit Bezug auf das System) auf sie einwirkenden Kräfte im Gleichgewicht gehalten sein. Sind die betreffenden äußeren Kräfte des Systems bekannt, so lassen sich die von der anderen Partialmasse her am Gelenk einwirkenden Kräfte, wenigstens dem Gesamteffekt nach, berechnen.

Damit ist die Richtung und Methode der Behandlung der statischen Aufgaben im allgemeinen gekennzeichnet.

B. Untersuchung der Gleichgewichtsbedingungen am einachsigen Gelenk.

a) Allgemeine Verhältnisse.

Die beiden Partialmassen seien so verbunden, daß nur ein Grad der Freiheit der Bewegung besteht, nämlich die Möglichkeit der Drehung um eine Achse, welche ihre Lage zu jeder der beiden Partialmassen unverändert beibehält. Ein solches System ist in Ruhe,

1. wenn sich an ihm, bei vollkommener Starrheit alle tatsächlich einwirkenden äußeren Kräfte das Gleichgewicht halten,

2. wenn sich an jeder der beiden Partialmassen die an derselben angreifenden äußeren Kräfte des Systems und die von der anderen Partialmasse her einwirkenden inneren Kräfte des Systems das Gleichgewicht halten.

Wir nehmen an, daß an jeder der beiden Partialmassen äußere Kräfte des Systems angreifen und daß diese an keiner der beiden Partialmassen für sich im Gleichgewicht sind, daß vielmehr ihre Einwirkung an jedem Glied sich darstellen läßt

A. durch eine reelle resultierende Einzelkraft von bestimmter Kraftlinie, Größe und Richtung und

B. durch ein reelles resultierendes Kräftepaar von bestimmter Größe, von bestimmter Drehungsebene und von bestimmtem Sinn der Drehung.

Es kann auch nur eine resultierende Einzelkraft oder nur ein resultierendes Kräftepaar vorhanden sein. Natürlich muß die äußere Einwirkung an jeder der beiden Partialmassen, was die Einzelkraft betrifft, der Größe nach gleich, der Richtung nach entgegengesetzt und in der gleichen Kraftlinie gelegen sein, wie an der anderen Partialmasse. Was aber das Kräftepaar betrifft, so muß es an beiden Partialmassen parallel der gleichen Ebene wirken, und muß beiderseits dem Moment nach gleich, dem Sinn der Drehung nach entgegengesetzt sein.

Bezüglich einer an jeder Partialmasse vorhandenen resultierenden äußeren Einzelkraft lassen sich folgende möglichen Fälle auseinanderhalten.

A. Die Kraftlinie der äußeren Resultierenden geht durch die Gelenkachse.

1. Beide Partialmassen werden durch die äußeren Kräfte gegeneinander gedrängt. Einer in der Richtung der Achse wirkenden Komponente kann durch den Widerstand der Gelenkeinrichtung gegen die seitliche Verschiebung der Gelenkkörper (Knochenhemmung, Seitenbänder) Gleichgewicht gehalten werden; der Komponente aber, welche senkrecht zur Achse gerichtet ist, muß durch den Druckwiderstand an der gekrümmten Gelenkfläche, der überall senkrecht zu dieser Gelenkfläche wirkt, und dessen Resultierende immer mit ihrer Kraftlinie die Achse schneidet, Gleichgewicht gehalten sein.

2. Beide Partialmassen werden durch die äußeren Kräfte im Gelenk auseinandergezogen. In diesem Fall können unbedeutende Widerstände der Adhäsion hervorgerufen werden; ferner kann mit dem Augenblick, da der Druck der Gelenkflächen gegeneinander unter den atmosphärischen Druck sinkt, ein Überdruck der äußeren Luft wachgerufen sein. Diese Kräfte am Gelenk wirken resultierend in Kraftlinien, welche die Gelenkachse schneiden und im allgemeinen der Richtung der auseinanderziehenden Kräfte entsprechen. Endlich können Bänderspannungen hervorgerufen werden und Muskelspannungen wirksam sein. Die Resultierende des gesamten Trennungswiderstandes in und am Gelenk kann und muß an jeder Partialmasse der auf letztere einwirkenden äußeren Kraft das Gleichgewicht halten. Da aber jeder Komponente der Gelenkkräfte, die auf das Glied I wirken, eine gleich große entgegengesetzt gerichtete Einwirkung auf das Glied II entspricht, so muß auch der resultierenden Kraft, welche am Gelenk von II auf I einwirkt, eine entsprechend große, entgegengesetzte Kraft, die vom Gelenk her auf Glied II wirkt, entsprechen, die nun ihrerseits der auf II einwirkenden äußeren resultierenden Kraft Gleichgewicht zu halten vermag.

B. Die Kraftlinie der äußeren Resultierenden liegt außerhalb der Gelenkachse.

1. Die äußeren Kräfte treiben die Partialmassen im Gelenk gegeneinander; 2. Sie treiben die Partialmassen auseinander.

Im Gelenk wird in der Regel zunächst im ersten Fall Druckwiderstand, im zweiten Fall Zugwiderstand wachgerufen. Die Kraftlinie der Resultierenden dieser Druck- resp. Zugkräfte geht aber durch die Achse und fällt mit derjenigen der äußeren Kraft nicht zusammen. Sie vermag also der äußeren resultierenden Einzelkraft, die an der betreffenden Partialmasse wirkt, für sich allein nicht Gleichgewicht zu halten. Es muß mindestens noch eine weitere vom Gelenk her einwirkende Kraft hinzukommen, wenn von der zweiten Partialmasse aus der an der ersten Partialmasse angreifenden äußeren Kraft das Gleichgewicht gehalten werden soll. Wir wollen die hierbei in Betracht kommenden Möglichkeiten an einigen Beispielen erläutern.

b) Spezielle Aufgaben.

1. Die äußeren Resultierenden wirken außerhalb der Gelenkachse gegeneinander.

α) **Erstes Beispiel (Fig. 60).** Feststellung des gebeugten Ellbogengelenkes bei der Einwirkung von äußeren Kräften, welche an diesem Gelenk beugend wirken, z. B. beim Stemmen einer Last, oder beim Anstemmen mit den Armen nach vorn. Die Kraftlinie der resultierenden äußeren, gegeneinander wirkenden Kräfte gehe durch die Handwurzel und die Schulter.

Wir suchen hier wie in den folgenden Beispielen die inneren Kräfte, welche der äußeren Kraft an der einen der beiden Partialmassen Gleichgewicht halten, und bezeichnen die betreffende Partialmasse mit I. Selbstverständlicherweise braucht man den zwei durch die Konstruktion gefundenen inneren Kräften an I nur die entgegengesetzte Richtung zu geben, so stellen sie die auf die Partialmasse II einwirkenden Gegenkräfte dar, welche der auf II einwirkenden äußeren Kraft Gleichgewicht halten.

Von der Unterstützungsfläche des Körpers, z. B. vom Boden her, wirkt in unserem Beispiel auf die Partialmasse I (Körper bis zum Ellbogengelenk) die äußere Kraft K_1, während in gleicher Größe und entgegengesetzter Richtung und in derselben Kraftlinie von der Handwurzel her an der Partialmasse II (Vorderarm und Hand) die Kraft K_2 (Stemmgewicht oder äußerer Widerstand am Handteller) wirkt. Die Kraft K_1 hat zur Ellbogengelenkachse ein statisches Moment $a \cdot K_1$. Ihm wird Gleichgewicht gehalten durch

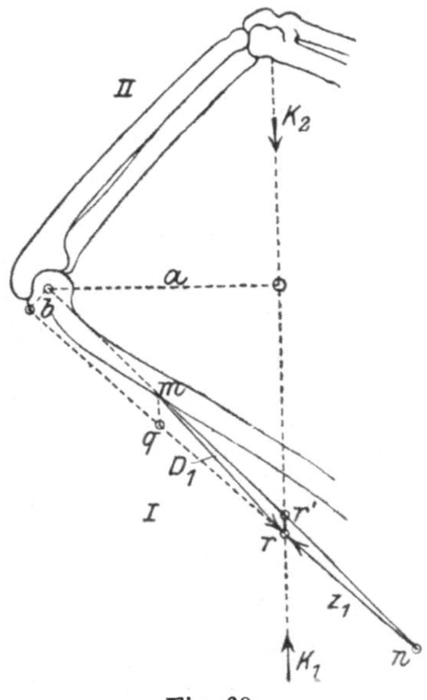

Fig. 60.

die Streckmuskulatur des Ellbogengelenkes, welche an der Partialmasse I in der durch den Vektor $nr = z_1$ dargestellten Größe und Richtung einwirkt und gegenüber der Ellbogengelenkachse ein statisches Moment $z_1 \cdot b = K_1 \cdot a$ hat. Die zweite innere von der Partialmasse II her auf I einwirkende Kraft ist ein gegen die Gelenkachse und den Punkt r (den Schnittpunkt der Kraftlinie des Muskelzuges und der Kraftlinie von K_1 und K_2) hinwirkender Druckwiderstand mr im Gelenk, welcher der aus z_1 ($= nr = rq$) und K_1 ($= rr'$) resultierenden Kraft rm Gleichgewicht hält und $= mr = D_1$ ist. Ihr statisches Moment $= 0$. Man konstruiert am besten über den Kraftlinien von z_1 und D_1 ein Parallelogramm mit $rr' = K_1$ als Diagonale, wodurch z_1 und D_1 der Größe nach bestimmt werden. Es ist ersichtlich, daß z_1 und D_1, resp. ihre Resultierende $r'r$, an der Partialmasse I der äußeren Kraft K_1 Gleichgewicht halten, unter gleichzeitiger Aufhebung jeder drehenden Einwirkung gegenüber der Gelenkachse.

β) **Zweites und drittes Beispiel** (Fig. 61). Feststellung des oberen Sprunggelenkes und des Kniegelenkes beim Stand auf der Sohle, bei gebeugtem Fuß- und Kniegelenk.

Handelt es sich um Untersuchung der Bedingungen der Feststellung des oberen Sprunggelenks (zweites Beispiel) und sollen die sich am Fuß das Gleichgewicht haltenden Kräfte ermittelt werden, so ist der Fuß die Partialmasse I, der übrige Körper stellt die Partialmasse II dar.

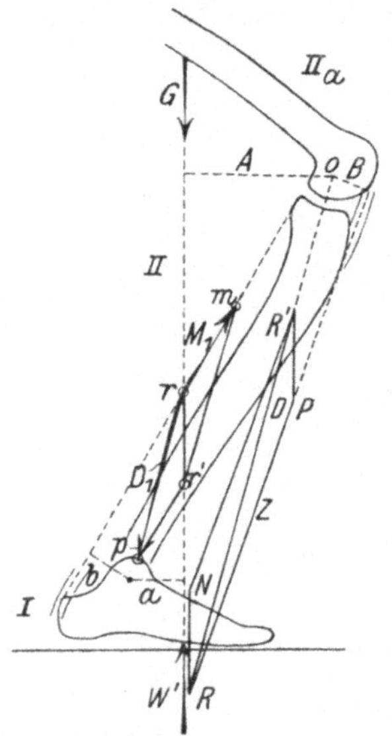

Fig. 61.

Auf I wirkt die äußere Kraft W (Widerstand des Bodens). Das statische Moment derselben gegenüber der Sprunggelenkachse ist Wa (im Sinn einer beugenden Einwirkung). Auf den Fuß wirkt ferner die Kraft M_1 der Streckmuskeln des oberen Sprunggelenkes, deren Kraftlinie die Kraftlinie von W im Punkte r schneidet, ferner eine Druckkraft D_1 in einer Kraftlinie, welche durch r und die Achse geht.

Wir machen $r'r = W$ und konstruieren über den Kraftlinien von M_1 und D_1 als Seiten und der Linie rr' als Diagonalen ein Parallelogramm, so sind dadurch die Größen von M_1 und D_1 bestimmt. D_1 hat kein statisches Moment; $M_1 b = Wa$.

Handelt es sich um die Untersuchung der Bedingungen der Feststellung des Kniegelenkes (drittes Beispiel) und sollen die Kräfte ermittelt werden, die sich an der unterhalb des Kniegelenkes gelegenen Partialmasse, die mit Ia bezeichnet wird, Gleichgewicht halten, so ist wieder W die an Ia wirkende äußere Kraft. Z ist die Kraftlinie des auf den Unterschenkel wirkenden Zuges des Kniegelenkstreckers. Ihr Schnittpunkt mit der Kraftlinie von W ist R. Die Kraftlinie des durch die Gelenkachse des Kniegelenkes wirkenden resultierenden Druckwiderstandes im Gelenk ist Ro. Wir machen $RN = W$, ziehen durch N eine Parallele zu Z, welche Ro im Punkte R' schneidet, und $R'P$ parallel zu W, so ist RP das gesuchte Z und $R'R = D$ die gesuchte, von II gegen I wirkende Druckkraft im Gelenk. $W \cdot A = Z \cdot B$.

Den Punkt r resp. R, nach welchem hin man sich den Angriffspunkt der Kräfte verlegt denkt, muß man sich natürlich mit der Partialmasse *I* resp. *Ia* starr verbunden denken, wenn man nach ihm die auf *I* resp. *Ia* wirkenden Kräfte verlegt, und mit *II* resp. *IIa*, wenn es sich um die an *II* resp. *IIa* angreifenden Kräfte handelt.

γ) **Viertes Beispiel** (Fig. 62). Ganz ähnlich wie beim zweiten Beispiel (Stand mitten auf der Sohle) liegen die Verhältnisse des **Gleichgewichtes beim Zehenstand auf einem Bein.**

Dem Gewicht des ganzen Körpers P hält der Widerstand des Bodens W Gleichgewicht. Alle Gelenke sind festgestellt gedacht außer dem oberen Sprunggelenk.

Bei der Behandlung der letzten Aufgaben haben wir insofern einen Fehler begangen, als wir bei den an der unteren Partialmasse wirkenden äußeren Kräften außer acht gelassen haben das Eigengewicht der unteren Partialmasse, und indem wir umgekehrt bei den auf die obere Partialmasse wirkenden Kräften das ganze Körpergewicht statt nur das Gewicht der oberen Partialmasse in Rechnung gesetzt haben. Bei der Behandlung des vorliegenden Beispiels soll nun auch dieser Punkt berücksichtigt werden. Das geschieht in folgender Weise (Fig. 62):

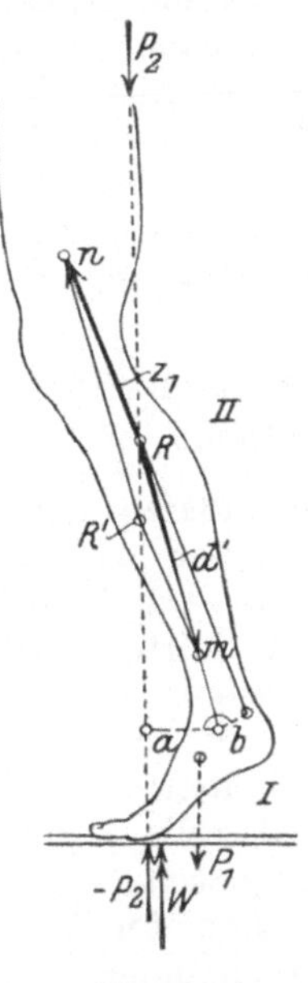

Fig. 62.

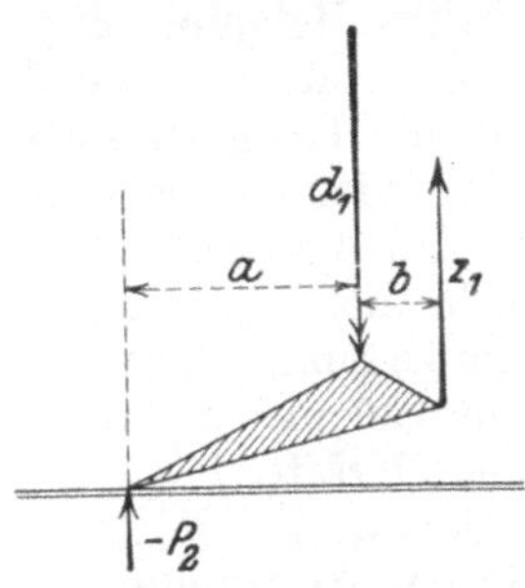

Fig. 63.

P_1 sei der Größe und Kraftlinie nach die Wirkung der Schwerkraft auf den Fuß allein (Partialmasse *I*) und P_2 ihre Wirkung auf die obere Partialmasse (*II*); W sei der Widerstand des Bodens, welcher der Gesamtlast $P_1 + P_2$ Gleichgewicht hält. Es halten dann aber auch die Kräfte W und P_1 zusammen der Kraft P_2 das Gleichgewicht und $-P_2$ muß die Mittelkraft sein, durch welche W und P_1 zusammen ersetzt werden können. Als resultierende äußere Kräfte, welche auf *I* und *II* einwirken, sind also nicht W und $P = P_1 + P_2$, sondern $-P_2$ und P_2 zu berücksichtigen.

Die übrige Betrachtungsweise ist genau wie in den bisherigen Beispielen durchzuführen. Man konstruiert dementsprechend das Parallelogramm $RmR'n$ und findet in Rn den notwendigen Muskelzug der Sprunggelenkstrecker am Fuß $= z_1$, wobei $z_1 \cdot b = P_2 \cdot a$. Der im Gelenk von R gegen die Gelenkachse hin auf den Fuß wirkende Druck aber ist $= Rm = d_1$.

In Fig. 63, S. 149, ist der Fall illustriert, in welchen die drei auf den Fuß wirkenden Kräfte — P_2, d_1 und z_1 einander parallel sind, resp. wo der Schnittpunkt R ihrer Kraftlinien in unendlicher Entfernung über dem Fuß gelegen ist.

Der Abstand zwischen den Kraftlinien — P_2 und d_1 sei $= a$, der Abstand der Kraftlinien von d_1 und z_1 sei $= b$, so muß d_1 absolute $= P_2 + z_1$ sein und $P_2 \cdot a = z_1 b$.

Der absolute Betrag der Muskelspannung in den Wadenmuskeln bei der Aufrechterhaltung des Gleichgewichtes im Zehenstand auf einem Bein wird um so viel mal größer sein müssen als das Körpergewicht, als der Abstand der Kraftlinie des resultierenden Muskelzuges von der Gelenkachse kleiner ist als der Abstand der Schwerlinie von der Gelenkachse. Es muß aber bemerkt werden, daß beim Stand auf den Zehen nicht bloß die M. M. gastrocnemii und der M. soleus, sondern auch die tiefen Wadenmuskeln angespannt sind.

2. Die äußeren Resultierenden wirken außerhalb der Gelenkachse auseinanderziehend.

α) **Fünftes Beispiel** (Fig. 64 u. 65). Die äußeren Kräfte wirken auseinanderziehend auf die beiden Partialmassen am Ellbogengelenk, beim Hang in gebeugten Armen. Die Kraftlinie gehe durch das Handende des Vorderarmes und die Mitte des Oberarmes (Fig. 64). Ein einziger Zugwiderstand am Gelenk, in den Bändern oder Muskeln hervorgerufen, vermag auch hier für sich allein der äußeren Einwirkung nicht Gleichgewicht zu halten: es wird alsbald Drehung im Gelenk im Sinn einer Öffnung desselben an der Seite der äußeren Kräfte erfolgen. Dabei wird jenseits der Kraftlinie des Zugwiderstandes noch ein Druckwiderstand im Gelenk wachgerufen durch Anstemmen der Knochen aneinander. Die bloßen Seitenbänder aber und der Druck und Gegendruck im Gelenk hemmen die Drehung noch nicht, solange die Kraftlinien dieser Einwirkungen durch die Achse gehen. Fixation des Gelenkes tritt erst ein, wenn durch Anstemmen jenseits der Gelenkachse Druckwiderstand entsteht, was in unserem Fall, bei der Beugestellung im Gelenk, nicht in Frage kommt, oder wenn zwischen der Gelenkachse und der Kraftlinie der äußeren Einwirkung Kräfte wirksam werden, welche die Massen I und II gegeneinanderziehen. Letzteres können nur Muskelkräfte sein. Im Gelenk selbst aber wird, sobald die Muskelspannung eine gewisse Größe erreicht, überhaupt nur noch Druckwiderstand vorhanden sein.

Betrachten wir nun zunächst die gesamte Einwirkung von Kräften auf die obere Partialmasse I (Vorderarm und Hand — Fig. 64). Als äußere Kraft wirke der Widerstand K_1 des Aufhängepunktes nach oben, in m greife ein Beugemuskel an, welcher mit der

Spannung z_1 die Öffnung des Gelenkes hindert; durch R und o wirkt eine Druckkraft d_1. Soll Fixation bestehen, so müssen sich die Kraft linien von K_1, z_1 und d_1 in einem Punkte R treffen; z_1 und d_1 müssen zusammen eine Resultierende RR' geben, welche der Kraft K_1 Gleichgewicht hält.

β) **Sechstes Beispiel.** Feststellung des Schultergelenkes bei der gleichen Haltung im Hang

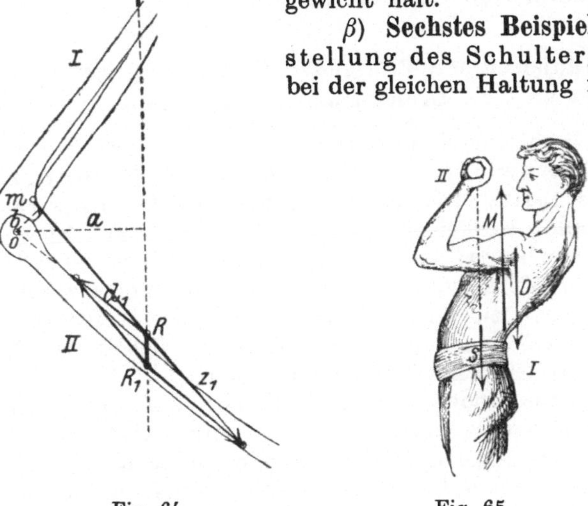

Fig. 64.   Fig. 65.

(Fig. 65). Die drei Kräfte, welche resultierend auf die untere Partialmasse wirken, sind als parallel angenommen. S entspricht der äußeren Resultierenden, D dem Druck im Gelenk, der vom Humeruskopf aus auf das Schulterblatt einwirkt und M dem auf den Rumpf nach oben wirkenden Muskelzug. Diese drei Kräfte müssen sich gegenseitig am Rumpf Gleichgewicht halten.

3. Zusammenfassung.

1. Es ist leicht einzusehen, daß die drei Kräfte, die sich an einer Partialmasse Gleichgewicht halten, stets in einer und derselben Ebene gelegen sein müssen. Diejenige der drei Kräfte, welche dem Angriffspunkt nach die mittlere ist, muß ferner immer umgekehrt gerichtet sein wie die beiden andern und muß größer sein als jede der beiden andern.

2. Bei auseinandertreibender äußerer Einwirkung (Fig. 66, 65, 64) liegt die Kraftlinie des Zugwiderstandes der Bänder oder der Zugkraft der Muskeln an der gleichen Seite des Gelenkes und der Linie des Druckwiderstandes, wie die Kraftlinie der resultierenden äußeren Kräfte. Wirken aber die letzteren an ihrer Seite schließend auf das Gelenk (Fig. 67, 62, 61, 60), so müssen die hemmenden Zugkräfte an der entgegengesetzten Seite der Gelenkachse resp. der Angriffsstelle des Druckwiderstandes gelegen sein.

3. Von ganz besonderem Wert ist der Satz, daß die statischen Momente aller drei an der gleichen Partialmasse angreifenden Kräfte mit Bezug auf die Gelenkachse zusammen $=0$ sein müssen, daß also den absoluten Werten nach $Ka = zb$ und $Ka - zb = 0$ sein muß, wenn die Kraftlinie der resultierenden Druckkraft die Gelenkachse trifft.

4. Die äußeren Resultierenden fallen nicht mit der mittleren Drehungsebene zusammen.

Die Verhältnisse sind relativ einfach, wenn die Linie der äußeren Einwirkung in die mittlere Drehungsebene des Gelenkes fällt. Die Resultierenden des Gelenkdruckes und der Bänder- und Muskelspannung können sehr gut alle ebenfalls in dieser Ebene liegen; neben einer in diese Ebene entfallenden Komponente der Muskelspannung kann aber noch eine zweite, neben ihr oder senkrecht zu ihr wirksame vorhanden sein; ihr muß dann natürlich durch besondere Widerstände im Gelenk (gewöhnlich auch zwei Kräfte) Gleichgewicht gehalten sein.

Es kommt andererseits vielfach vor, daß die Kraftlinie der äußeren Einwirkung nicht in der mittleren Drehungsebene des ins Auge gefaßten Gelenkes gelegen ist. So z. B. fällt die Kraftlinie der äußeren Einwirkung nicht in die Drehungsebene des Ellbogen- oder Kniegelenkes, wenn wir uns auf dem Sitz anstemmen und mit Hand oder Fuß nach einer der beiden Seiten des Ellbogengelenkes oder Fußes hin gegen ein äußeres Hindernis wirken. Wie verhalten sich nun die fixierenden Kräfte am gebeugten Ellbogen- oder Kniegelenk? Auch hier lassen sich zwei resultierende, in verschiedenen Kraftlinien zwischen den beiden Partialmassen wirkende innere Kräfte des Systems finden, welche an jeder Partialmasse der äußeren Einwirkung Gleichgewicht halten.

Und zwar müssen hier ebenso wie in den früher besprochenen Beispielen zwei verschieden gerichtete, von der einen Partialmasse her wirkende Kräfte notwendig sein und genügen, um der Einwirkung der äußeren Kraft an der andern Partialmasse Gleichgewicht zu halten, einmal eine Druckkraft im Gelenk, welche an jeder Partialmasse entweder ungefähr im gleichen oder im entgegengesetzten Sinn einwirkt, wie die äußere Kraft, und sodann eine zweite Kraft, welche bei gegeneinander wirkenden äußeren Kräften auf der entgegengesetzten Seite der Gelenkachse angreift und der an der ersten Partialmasse angreifenden äußeren Kraft ungefähr gleich gerichtet, also eine Zugkraft ist, für welche Bänder oder Muskeln aufkommen, welche aber bei auseinandertreibenden äußeren Kräften zwischen der Gelenkachse und der äußeren Kraft angreift und dann nur in einem Muskelzug bestehen kann (Fig. 66 und 67).

Es ist ferner klar, daß auch hier diese drei Kräfte, wenn sie sich Gleichgewicht halten sollen, entweder parallel sein müssen, oder in einem Punkte sich müssen vereinigen lassen, und daß sie in der gleichen Ebene gelegen sein müssen.

Der Unterschied besteht bloß darin, daß diese Ebene nicht mit der Mittelebene des Gelenkes zusammenfällt.

Die Druckkraft wird auch hier im Gelenk selbst wachgerufen, wenn es sich um eine mittlere Stellung des Gelenkes handelt, und nur in Extremlagen kann es sich allenfalls um ein Sichanstemmen der Skeletteile gegeneinander oder um ein Aufeinanderstoßen der Weichteilmassen außerhalb des Gelenkes handeln. Wir nennen die Ebene, welche durch die Kraftlinie der äußeren Kräfte und das Gelenk geht, die Kraftebene der äußeren Kräfte. Auch wenn dieselbe annähernd rechtwinklig steht zur Drehungsebene, so kann

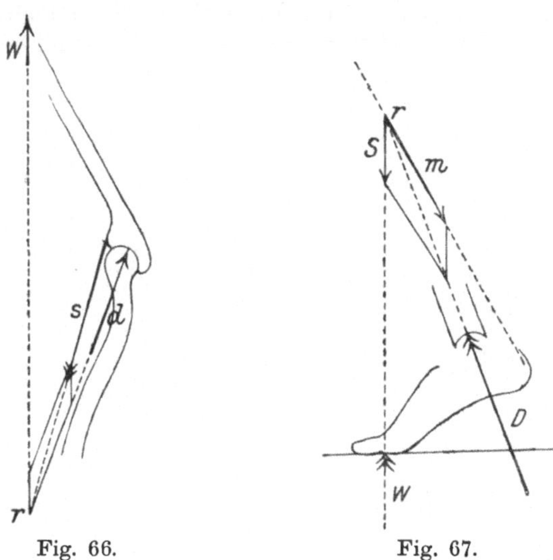

Fig. 66.   Fig. 67.

der erste Druckwiderstand im Gelenk in ihr selbst bald mehr parallel, bald mehr senkrecht zu der Gelenkachse gerichtet sein. Als innerer Zugwiderstand aber genügt nicht eine in der Mittelebene des Gelenkes wirkende Muskelkraft oder Bänderspannung. Es muß auch noch dasjenige Seitenband ausgespannt sein, welches im Vergleich zu dem angespannten Muskel oder der in der Drehungsebene sich ausspannenden Kapselwand auf der anderen Seite der äußeren Kraftebene gelegen ist. In gewissen Fällen, wenn die Pfanne flach ist und die äußere Kraftebene derselben fast parallel läuft, kann die Knochenhemmung fehlen oder nicht genügen, und müssen dann entgegengesetzt gerichtete (Kapsel- oder Bänder-) Spannungen an zwei verschiedenen Seiten des Gelenkes für die Fixation aufkommen. In anderen Fällen, wenn die Pfanne gabelartig den Kopf zwischen sich faßt, wie beim oberen Sprunggelenk, und die Kraftebene quer zur Gabel steht, können beiderseits durch die Knochenvorsprünge entgegengesetzt gerichtete Druckwiderstände an Stelle eines Druck- und eines Zugwiderstandes gegeben sein.

Es ist natürlich von Wichtigkeit, in jedem gegebenen Fall, bei Kenntnis der Stellung des Gelenkes und der Wirkungsweise der äußeren Kräfte die zur Fixation notwendige Art der Mitwirkung der Muskulatur und die passive Inanspruchnahme der Gelenkeinrichtung selbst richtig beurteilen zu können.

Ein Beispiel mit schräg gestellter Kraftebene ist in den Figuren 68 und 69 dargestellt. Fig. 68 zeigt, wie etwa eine schräg zur Drehungsebene des oberen Sprunggelenkes wirkende äußere Resultierende zustande kommen kann. Der Fuß stellt das Glied I dar.

Denkt man sich durch die Mitte m des Gelenkes (Fig. 69) zwei gerade Linien gelegt (ZZ und YY), welche die Gelenkachse in dem Punkte m, etwa in der Mittelebene des Gelenkes schneiden und zu-

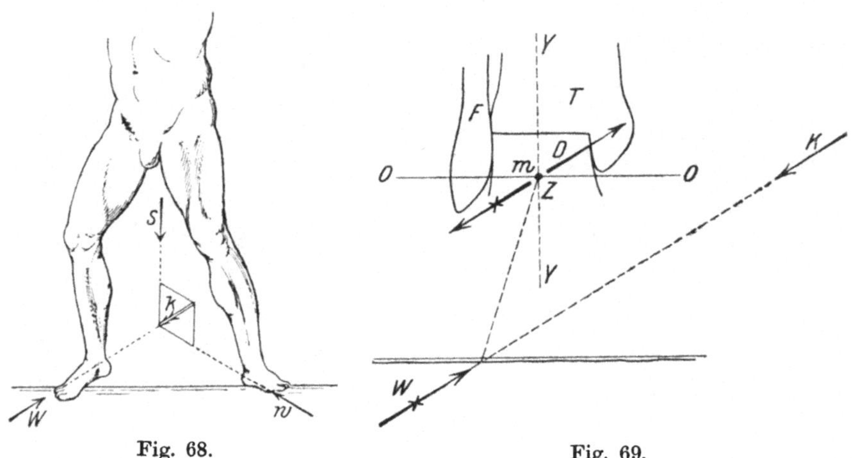

Fig. 68.
Fig. 69.

einander und zur Gelenkachse senkrecht stehen, so haben die äußeren Kräfte W und K in dem Fall, wo ihre Kraftlinie nicht in die Mittelebene des Gelenkes entfällt, neben einem statischen Moment gegenüber der Gelenkachse auch statische Momente gegenüber diesen beiden anderen Linien als Achsen; und zwar sind für die gleiche Achse die statischen Momente der beiden an Glied I und II wirkenden Kräfte einander nach Größe und Ebene gleich, dem Sinn nach aber entgegengesetzt.

Durch die zwischen I und II wirkenden inneren Kräfte muß hier nicht bloß den um die Gelenkachse drehenden Einwirkungen der äußeren Kräfte, es muß auch den beiden anderen drehenden Einwirkungen an jeder Partialmasse Gleichgewicht gehalten sein. Während aber für die Verhinderung der Drehung um die Gelenkachse auch Muskelkräfte in Betracht kommen können und bei mittleren Gelenkstellungen immer allein in Betracht kommen müssen, kann es sich bei jenen anderen drehenden Einwirkungen nur um passive, d. h. durch die Einwirkung selbst erst wach gerufene, innere Widerstandskräfte des Gelenkes handeln.

In den Grundlehren der Mechanik ist bezüglich der Einwirkung einer beliebigen Anzahl von Einzelkräften auf den starren Körper (Seite 57) gezeigt worden, daß die Einwirkung jeder einzelnen Kraft ersetzt werden kann durch ein resultierendes Kräftepaar in einer bestimmten, durch einen beliebigen Punkt m des Körpers gehenden Ebene (welches selbst wieder nach den drei Hauptebenen, die sich in dem Punkte m schneiden, zerlegt werden kann, und durch eine bestimmte, durch den gleichen Punkt m gerichtete Einzelkraft, welche nach den drei Koordinatenachsen des Punktes m zerlegt werden kann. Im Falle des Gleichgewichtes muß nicht bloß die Bedingung erfüllt sein, daß die Summe der statischen Momente sämtlicher auf den Körper wirkender Kräfte oder die Summe der Momente jener ihnen entsprechenden Kräftepaare mit Bezug auf jede der drei durch den Punkt m gelegten, senkrecht zueinander stehenden Achsen $= 0$ ist, es muß auch die algebraische Summe der in die drei Koordinatenrichtungen entfallenden Komponenten jener Einzelkräfte für jede Koordinatenrichtung gleich 0 sein.

Diese Methode der Betrachtung kann nun mit Vorteil auf den vorliegenden Fall angewendet werden. Als Mittelpunkt m, wo sich die drei Koordinatenachsen schneiden, wählen wir mit Vorteil denjenigen Punkt der Gelenkachse, nach welchem hin die Resultierende des auf die gekrümmte Gelenkfläche einwirkenden Druckes hingerichtet ist. Das statische Moment dieser Druckkraft ist natürlich sämtlichen Koordinatenachsen gegenüber gleich 0. Als weitere Widerstandskräfte, welche kein statisches Moment haben, können außerdem in Betracht kommen Komponenten der Druckkräfte gegen die schräg oder quer zur Gelenkachse stehenden Teile der Rotationsfläche (so auch bzw. beim oberen Sprunggelenk Komponenten der Druckkräfte, welche zwischen den Malleolen und den Seitenflächen der Sprungbeinrolle wirken), oder Komponenten der Spannung der Seitenbänder, welche in die Gelenkachse entfallen.

Dagegen haben die senkrecht zur Gelenkachse gerichteten Komponenten der Spannung der Seitenbänder und manchmal die seitlichen Druckkräfte statische Momente gegenüber den durch den Punkt m gehenden, auf der Gelenkachse senkrecht stehenden Koordinatenachsen. Endlich kommen vor allem die statischen Momente der Muskelspannungen in Betracht. Man wird so zunächst die Frage zu beantworten suchen, durch welche inneren Kräfte der drehenden Einwirkung der äußeren Kraft Gleichgewicht gehalten wird. Für die Bestimmung der Größe der durch die Gelenkachse wirkenden Einzelkräfte aber ist maßgebend, daß sämtliche an der Partialmasse angreifenden Kräfte, in gleicher Größe und Richtung nach m verlegt, sich dort Gleichgewicht halten müssen. Zum Schluß kann man versuchen, alle vom Glied *II* auf das Glied *I* wirkenden inneren Kräfte durch zwei Resultierende, von denen die eine durch die Achse geht, die andere außerhalb der Achse liegt, zu ersetzen.

5. Einwirkung eines äußeren Kräftepaares an jeder Partialmasse.

Es kann vorkommen, daß sich die an einer der Partialmassen angreifenden äußeren Kräfte nicht durch eine einzige Resultierende ersetzen lassen, sondern daß neben einer solchen oder für sich allein ein Kräftepaar wirksam ist. Das ganze System kann nur in Ruhe sein, wenn an der anderen Partialmasse dieselbe äußere Einwirkung, nur in umgekehrtem Sinn stattfindet. Die beiden Kräftepaare müssen das gleiche Moment haben und der gleichen Ebene parallel sein, brauchen aber nicht notwendig in der gleichen Ebene anzugreifen.

Ein Kräftepaar wirke z. B. am Rumpf drehend um die Längsachse des Körpers, während beide Füße breit auf genügend rauhem Boden ruhen; so kommt die drehende Wirkung des am Körper (obere Partialmasse) angreifenden Kräftepaares zu der Wirkung der Schwere, die durch eine Einzelkraft im Schwerpunkt ersetzt werden kann, hinzu. Der Widerstand des Bodens aber kann unter Umständen die Drehung des Körpers über der Unterlage verhindern; es müssen dann zu der vertikalen Komponente, welche der Schwere entgegen wirkt, noch entgegengesetzt gerichtete, horizontale Widerstandskomponenten hinzukommen. Die Rauhigkeiten des Bodens können sich einer ausgleitenden Drehung des

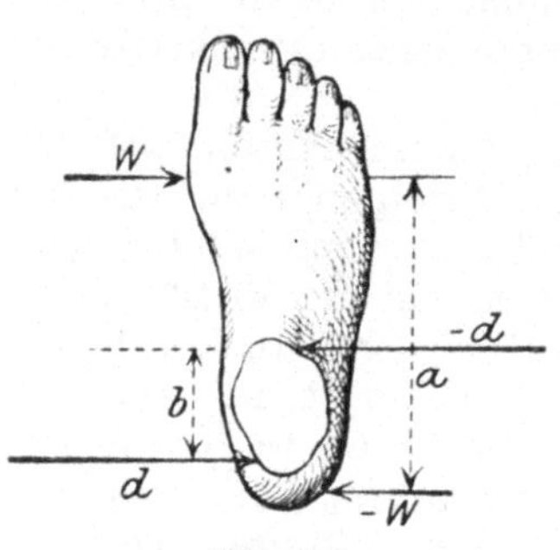

Fig. 70.

Fußes entgegensetzen, oder es kann beim Stand auf einem Bein der Fuß geradezu eingeklemmt sein.

Ist dies z. B. mit dem rechten Fuß der Fall, während die am Rumpf angreifenden Kräfte den Körper nach links zu drehen suchen, so wird am Fuß vorn ein nach rechts gerichteter Widerstand *W*, hinten aber ein nach links gerichteter Widerstand — *W* wachgerufen werden. (Fig. 70).

Wenn wir nun fragen, in welcher Weise hier im Fall der Verhinderung der Bewegung irgendein Gelenk, z. B. das obere Sprunggelenk, in Anspruch genommen ist, so ergibt sich folgendes:

Das Unterschenkelskelett faßt die Talusrolle wie eine Zange. Vorn wirkt ein Druck — *d* vom äußeren Knöchel auf die Talusrolle einwärts, hinten umgekehrt ein Druck *d* vom inneren Knöchel auf die Talusrolle nach außen. Wirken die parallelen Kräfte *W* und — *W* am Fuß im Abstand *a* voneinander, die Druckkräfte *d* und — *d* aber vom Unterschenkel auf den Fuß im Abstand *b*, so muß

$W \cdot a$ absolute $= d\,b$ sein, wenn die auf den Fuß wirkenden Kräfte hinsichtlich der parallel der Horizontalebene drehenden äußeren Einwirkung im Gleichgewicht sein sollen. Genau umgekehrt verhält es sich mit der doppelten Druckwirkung, welche von der Talusrolle auf das Unterschenkelskelett wirkt und welche dem Kräftepaar am Rumpf in der oberhalb des Sprunggelenkes gelegenen Partialmasse Gleichgewicht hält.

Äußere Kräftepaare können übrigens unter Umständen auch parallel der Drehungsebene eines Gelenkes wirksam sein. Entsprechend müssen dann die inneren Kräftepaare, die von der einen Partialmasse auf die andere wirken, in der Drehungsebene liegen.

Es sei ausdrücklich hervorgehoben, daß die Einwirkung von Kräftepaaren tatsächlich häufig in Betracht kommt, z. B. auch bei Situationen, die schließlich zur Luxation oder zur Fraktur führen.

C. Bedingungen für die Feststellung der Gelenke mit freierer Beweglichkeit.

Auch hier müssen, wenn die resultierende Einwirkung der äußeren Kräfte an jeder Partialmasse in einer Einzelkraft besteht, zwei innere resultierende Kräfte des Systems von der einen Partialmasse auf die andere wirken, um der äußeren Einwirkung auf die letzteren Gleichgewicht zu halten. Auch hier müssen die drei Kräfte, die an der gleichen Partialmasse wirken, in derselben Ebene gelegen sein und sich in einem Punkte (oder alle erst in ∞ Entfernung) treffen. Die mittlere der drei Kräfte muß größer sein als jede der beiden andern; die letzteren müssen umgekehrt gerichtet sein als die mittlere. Auch hier muß mit Bezug auf irgendeine Drehungsachse die Summe aller Drehungsmomente $= 0$ sein.

Es müssen sich also die einzelnen Kräfte in einem Punkte vereinigen lassen und sich dort Gleichgewicht halten, oder, was dasselbe ist, ihre auf die drei Hauptkoordinatenachsen des Gelenkmittelpunktes entfallenden Projektionen müssen in jeder Koordinatenachse zusammen $= 0$ sein. Es ist empfehlenswert, bei der Untersuchung der inneren Kräfte, welche in dem vorliegenden Falle nötig sind, um an einer der beiden Partialmassen der äußeren Einwirkung Gleichgewicht zu halten, der Reihe nach für beliebige oder für drei senkrecht zueinander stehende Achsen und die zu ihnen senkrecht stehenden Drehungsebenen die statischen Momente der äußeren Einwirkung zu ermitteln und sodann die mutmaßlichen inneren Gegenkräfte zu suchen, unter Berücksichtigung der gegebenen Konfiguration und der disponibeln Kräfte im Gelenk und in der Muskulatur.

Beispiel. Stand auf dem gebeugten linken Bein. Es sind zu untersuchen die Bedingungen der Feststellung am Hüftgelenk (Fig. 71, S. 158). Das linke Bein ist die eine Partialmasse (*I*), der übrige Körper stellt die andere Partialmasse (*II*) dar. Durch den Schwerpunkt von *II* wirkt in einer vertikalen Kraftlinie P_2, die Resultierende der Schwere von *II*; auf *I* wirkt als äußere Kraft der Widerstand des Bodens gegen das Gesamtgewicht des Körpers und die Einwirkung der Schwere auf *I*. Die Resultierende dieser beiden Kräfte — P_2 braucht nicht notwendigerweise in die Kraftlinie des Widerstandes zu fallen. Eine aufwärts gerichtete Druckeinwirkung d_2 von *I* auf *II* kann nur in einer durch den Hüftgelenkmittelpunkt gehenden Kraftlinie stattfinden. Das Hüftgelenk liege hinter der Kraftlinie P_2; es kann dann Feststellung im Hüftgelenk nur zustande kommen, wenn in der gleichen Ebene mit P_2 und o, hinter dem Gelenk noch eine resultierende Zugkraft von *I* auf *II* nach unten einwirkt. Die Mittelkraft der dafür in Betracht kommenden Muskelspannungen (Komponente in der Ebene P_2o) sei $= z_2$. Es müssen sich nun die Kraftlinien von P_2, z_2 und d_2, welche alle in der Kraftebene $P_2 o$ gelegen sind, im gleichen Punkt R treffen; d_2 und z_2 müssen so groß sein, daß ihre Resultierende in die Kraftlinie P_2 fällt und der Kraft — P_2 Gleichgewicht hält.

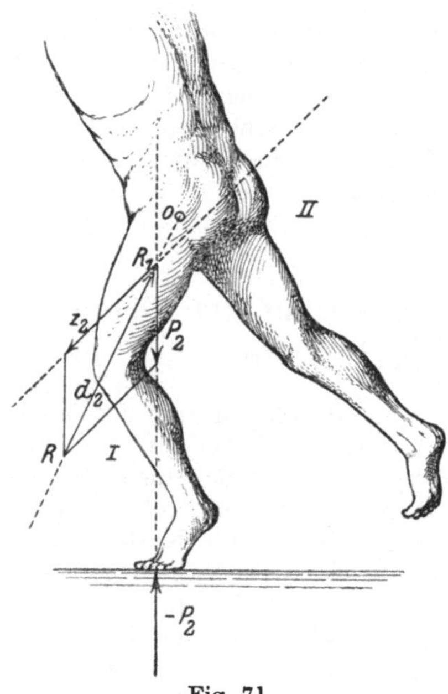

Fig. 71.

Gegenüber einer zur Ebene von P_2, d_2 und z_2 senkrecht stehenden Gelenkachse müssen die statischen Momente aller drei Kräfte zusammen $= 0$ sein. Da das Moment von $d_2 = 0$ ist, so muß $P_2 \cdot a$ absolute $= z_2 \cdot b$ sein, wobei a und b die Abstände der Kraftlinien P_2 und z_2 von o bedeuten.

Den zu der Drehungsebene senkrecht stehenden Komponenten der Muskelspannungen gegenüber muß, wenn ihre Drehungsmomente um die beiden anderen Achsen nicht $= 0$ sind, durch besondere Widerstände des Skelettes im Gelenk selbst (besondere Komponenten des Druckwiderstandes) Gleichgewicht gehalten werden, was den drehenden Einfluß betrifft; ferner müssen die in die Hauptachsen entfallenden Projektionen sämtlicher Kräfte für jede Hauptachse die Resultierende 0 geben.

D. Schlußbemerkungen.

Es gibt natürlich noch kompliziertere Fälle der Statik als die hier bis jetzt berücksichtigten Beispiele; doch lassen sie sich im all-

gemeinen nach den hier erörterten Prinzipien analysieren. Beim
Stand auf zwei Beinen, bei der Unterstützung des Körpers durch
Beine und Arme beim Sitzen und Liegen, bei irgendwelchen Stemm-
wirkungen usw. ist es vor allem nötig, die äußeren Kräfte an den
verschiedenen Unterstützungs- und Stemmpunkten genau zu kennen,
bevor über die an irgendeiner Gliederungsstelle wirkenden Kräfte
genaueres gefolgert werden kann (vgl. den in Fig. 68 und 69
dargestellten Fall). Übrigens können die an einer Gliederungsstelle
nötigen inneren Kräfte mitunter in verschiedener
Weise hinsichtlich der Beteiligung der Muskeln und
Gelenkteile gegeben sein.

Die Fragestellung kann auch in der Weise abgeändert sein, daß nicht alle äußeren Kräfte von vornherein bekannt sind, dafür aber Daten über die Beteiligung der Muskulatur gegeben sind.

Auch hier können nur die im vorigen besprochenen
Hauptprinzipien der Analyse in Frage kommen.

Wir wollen zum Schluß hier noch die Frage
beantworten nach der Wirkungsweise der Muskeln, welche unter Abänderung der Richtung
beweglich über feste Stützpunkte (sog. Rollen-
vorrichtungen) laufen. Es ist sowohl für die statischen wie für die dynamischen Aufgaben von Wichtigkeit, zu wissen, welche Einwirkung diese Muskeln
auf das unterliegende Skelettstück und Gelenk haben.

Beispiel: mrc in Fig. 72 stelle den langen Kopf
des Biceps des Oberarmes dar, r sei der Umbiegungs-

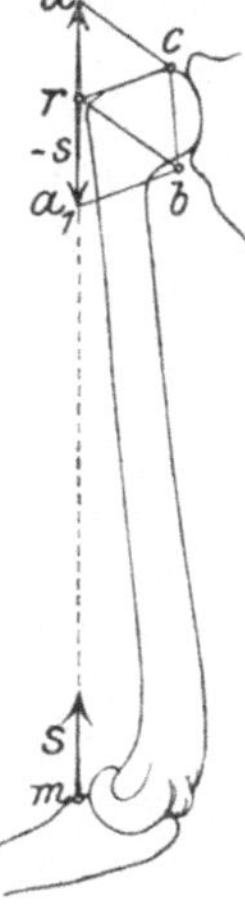

Fig. 72.

punkt. An jeder Stelle des Muskels und seiner Sehne
herrsche die Spannung s. Das Ellbogengelenk sei festgestellt. Wie
wirkt der Muskel am Schultergelenk resp. auf die Bewegung des
Komplexes Oberarm-Vorderarm-Hand im Schultergelenk? Auf dem
Punkt r wirkt nach beiden Seiten hin die Spannung s, dargestellt
durch die Kraftvektoren rc und ra'.

Es ergibt sich eine resultierende Wirkung rb auf den Humerus.
Zweitens wirkt auf den Arm im Punkte m die Spannung s in der
Richtung mr. Man kann sich nun diese Einwirkung nach r verlegt
denken, als auf einen mathematischen Punkt, der hierfür, unabhängig
vom Muskel, mit dem Humerus starr verbunden sein soll. Die be-
treffende Einwirkung sei repräsentiert durch den Vektor $\overline{ra} = \overline{a'r}$. Die
beiden in Betracht kommenden Einwirkungen auf den Arm sind
also $\overline{rb}$ und $\overline{ra}$. Es sind aber $\overline{a'r}$, $\overline{bc}$ und $\overline{ra}$ gleichgerichtet und gleich;
folglich ist auch $\overline{rb}$ gleich und parallel zu $\overline{ac}$ und $\overline{rc} = s$ ist die Resultierende von $\overline{rb}$ und $\overline{ra}$. Maßgebend ist also als Kraftlinie der das Gelenk überbrückende Teil des Muskels (Sehne), als Angriffspunkt der
Rollenpunkt r und als Spannung die Spannung s des Muskels.

II. Kinetisch-dynamische Aufgaben.

A. Fragestellung im allgemeinen.

1. Erste Art der Fragestellung und Untersuchung.

Bei den wichtigsten statischen Aufgaben ist die Konfiguration des Systems und der Bewegungszustand gegeben. Ferner sind die äußeren Kräfte bekannt. Es müssen die an den Gliederungsstellen wirkenden inneren Kräfte des Systems ermittelt werden und es gelingt dies, wenigstens in den Hauptzügen, indem man eine Gliederungsstelle nach der andern untersucht.

Die entsprechende analoge Untersuchung bei dem in Bewegung befindlichen System würde folgende sein:

Die Konfiguration des Systems und die Geometrie seiner Bewegung während eines bestimmten ins Auge gefaßten Zeitraums müßte gegeben sein; ferner müßte man die während dieser Zeit einwirkenden äußeren Kräfte kennen.

Das System bestehe aus n aufeinanderfolgenden, miteinander verbundenen Gliedern. Man beginnt mit dem ersten und mit dem n^{ten}, letzten Glied der Reihe. Für jedes ist der Anfangszustand der Bewegung bekannt und die im Laufe des Zeitraums stattfindende äußere Einwirkung, ferner der Fortgang der Bewegung. Es dürfte sich nun die Einwirkung ermitteln lassen, welche vom Nachbarglied her, durch Vermittlung von inneren Kräften der Gliederungsstelle auf das erste resp. n^{te} Glied einwirken muß, um dessen effektive Bewegung hervorzubringen, auch wohl, bei Kenntnis der Gelenkeinrichtung und der disponibeln Muskulatur, die Art, wie sich diese Einwirkung mutmaßlich auf das Gelenk selbst und auf die Muskeln verteilt.

Damit sind auch die von der ersten und letzten Gliederungsstelle her auf die zweite und die $(n-1)^{\text{te}}$ Partialmasse einwirkenden Gegenkräfte gefunden.

Man verfährt nun in analoger Weise mit dem zweiten und zweitletzten Glied und sucht für diese Glieder, unter Berücksichtigung ihrer wirklichen Bewegungen, der von den Nachbargliedern 1 und n her einwirkenden Kräfte und der an ihnen wirkenden äußeren Kräfte, die vom dritten resp. vom drittletzten Gliede her stattfindenden Einwirkungen zu ermitteln usw. Wir können diese Methode die empirisch-analytische Methode nennen. Eine solche Untersuchung ist natürlich auch auf ein bloß zwei- oder dreigliedriges System anwendbar. Sie setzt die genaueste Kenntnis der Konfiguration, der Massenverteilung und der geometrischen Verhältnisse der Bewegung voraus. Das Bestreben wird namentlich auch darauf gerichtet sein müssen, einen möglichst einfachen und übersichtlichen mathematischen Ausdruck für das Gesetzmäßige der Bewegung und der Abänderung der Kräfte zu finden (Bewegungsgleichungen usw.).

2. Eine zweite Art der Fragestellung und Untersuchung ist folgende:

Bekannt ist die Form und Massenverteilung der einzelnen Glieder, die Anatomie der Gliederungsstellen und die bestimmte Konfiguration für eine bestimmte Ausgangsstellung, Man macht nun gewisse Voraussetzungen über die an bestimmten Gliederungsstellen wirkenden Muskelkräfte und sucht zu ermitteln: die Bewegung, wie sie ohne irgendwelche äußere Widerstände erfolgen müßte unter Berücksichtigung der dabei im Gelenk hervorgerufenen Widerstände. Ebenso kann man bestimmte Voraussetzungen machen über die Einwirkung äußerer Kräfte wie z. B. der Schwere oder der bei bestimmter Bewegung des Systems an der äußeren Umgebung hervorgerufenen Widerstände und untersuchen, welche Modifikation die Bewegung des Ganzen und der Glieder dadurch erfährt. Diese Methode der Untersuchung hat einen mehr theoretisch-synthetischen Charakter.

Beide Betrachtungsweisen ergänzen sich gegenseitig.

Daß es möglich ist, solche Aufgaben für ein n-gliedriges System von beliebiger Komplikation in allgemeiner befriedigender Weise zu lösen, muß bezweifelt werden. Wohl aber ist einige Aussicht auf wenigstens partielle Bewältigung der Aufgaben vorhanden bei genügender Vereinfachung der Annahmen über die Möglichkeiten der Bewegung in den Gelenken, über die Disposition der Gelenkachsen, der Kraftlinien und der Massen, über die äußeren Widerstände und über die Anzahl der Glieder des Systems.

Vor allem kann man die vereinfachenden Annahmen machen, daß alle Kraftlinien in einer und derselben Ebene liegen, daß die Massen symmetrisch zu derselben angeordnet sind, und daß alle Bewegungen in den Gelenken parallel zu dieser Ebene erfolgen. Man wird sich ferner auf Aufgaben beschränken müssen, bei welchen es sich wesentlich nur um Muskelwirkung zwischen zwei oder allenfalls zwischen drei Partialmassen (an ein oder zwei Gelenken) handelt, während die übrigen Gelenke zunächst ohne allzu großen Fehler als festgestellt gelten können, und man wird auch hier noch bezüglich der Bewegung der Endglieder und der wirksamen äußeren Kräfte vereinfachende Annahmen machen müssen.

In der Tat handelt es sich bei vielen Bewegungsvorgängen hauptsächlich um Aktion in einem bestimmten Gelenk oder an zwei Gelenken. Es spielen sich oft auch wirklich an diesen Gelenken die Bewegungsvorgänge und Kraftwirkungen hauptsächlich parallel einer bestimmten Ebene ab. Es wäre also schon viel gewonnen, wenn wir die Geometrie der Bewegung und das Spiel der Kräfte bei der Bewegung eines zwei- und dreigliedrigen Systems unter den genannten Voraussetzungen vollkommen verstehen würden.

Wir wollen uns im folgenden ganz besonders der synthetischen Betrachtungsweise der kinetischen Vorgänge zuwenden. Sie erlaubt uns, an das bereits Bekannte anzuknüpfen und gestattet uns, von einfacheren Aufgaben zu schwierigeren, von der Behandlung des

Problems des zweigliedrigen Systems zu derjenigen des dreigliedrigen überzugehen usw.

Bei der Annahme, daß sich an einem zweigliedrigen System die Bewegungen parallel einer bestimmten Ebene abspielen, indem die Möglichkeit der Drehung der Glieder gegeneinander parallel dieser Ebene vorhanden ist, die Massen symmetrisch zu dieser Ebene verteilt sind und alle Kraftlinien in diese Ebene fallen, läßt sich das Problem immer noch entweder allgemeiner fassen oder lassen sich weitere vereinfachende Voraussetzungen machen.

Allgemeiner ist das Problem gefaßt, wenn bezüglich der äußeren Widerstände und Kräfte keine weiteren vereinfachenden Annahmen gemacht werden (Problem des freien zweigliedrigen Systems).

Eine vereinfachende Annahme ist, daß ein vom Gelenk entfernter Punkt der einen Partialmasse die Bewegung 0 hat resp. einen absoluten Widerstand erfährt.

Eine noch größere Vereinfachung erfährt das Problem der Bewegung des zweigliedrigen Systems, wenn man die Voraussetzung macht, daß die eine der beiden Partialmassen im ganzen vollkommen festgestellt ist. Es handelt sich dann nur noch um die Bewegung der andern Partialmasse um eine vollkommen festgestellte, sog. „fixe“ Drehungsachse. Man braucht dann nur diejenigen Kräfte zu berücksichtigen, welche an dieser einen Partialmasse drehend wirken, und kann sogar die nach der Gelenkachse hin wirkenden Komponenten vernachlässigen.

Man darf wohl sagen, daß beinahe alle genaueren, einigermaßen mathematischen Erläuterungen über Fragen der Bewegungsmechanik, welche wir in den Lehrbüchern der Anatomie und Physiologie finden, sich auf diese einfachste aller Aufgaben beschränken. Die Bedingungen der Bewegung (und des Gleichgewichtes) werden analysiert für Gelenke mit bloß einem Grade der Freiheit der Bewegung (einachsige Gelenke) oder allenfalls noch für das freiere Kugelgelenk, unter der Annahme, daß die Achsen, resp. beim Kugelgelenk der Gelenkmittelpunkt, feststehen. Neben den Kraftkomponenten, welche die Bewegung hervorbringen, werden allenfalls auch noch die gegen die Achse wirkenden, nicht bewegenden Komponenten berücksichtigt, diese aber in der Regel in nicht genügend korrekter Weise.

B. Synthetische Behandlung.

a) Bewegung der Glieder um festgestellte Achsen.

Man pflegt Kräfte, die beim einachsigen Gelenk außerhalb der Gelenkachse in der Drehungsebene wirken, welche durch den Massenmittelpunkt des beweglichen Gliedes geht, mit ihrem Angriffspunkt nach der Geraden zu verlegen, welche senkrecht zur Achse durch den Massenmittelpunkt gelegt ist, und pflegt sie dort zu zerlegen in eine gegen die Achse wirkende „axiale“ Komponente, welche keine

Bewegung hervorruft und in eine „tangentiale“, senkrecht zu jener Linie wirkende, drehende Komponente. Das Kraftmoment der letzteren gegenüber der Gelenkachse wird bestimmt. Von dieser Komponente wird angenommen, daß sie keine Wirkung auf die Achse ausübt. Diese Annahme indes ist im allgemeinen nicht richtig.

Für sich allein nämlich wirkt diese Kraft auf das bewegliche Glied, das wir uns für einen Augenblick vollständig frei beweglich und nur von dieser Kraft beeinflußt denken wollen, erstens translatorisch, so als ob die Kraft sich auf alle Massenteilchen gleichmäßig verteilte (Bewegung mit dem Massenmittelpunkt, der sich so bewegt, als ob die Kraft in gleicher Größe und Richtung auf die im Schwerpunkt konzentriert gedachte Masse einwirkte); zweitens erfährt die Masse eine Drehbeschleunigung um den Schwerpunkt parallel einer Ebene, welche durch die Kraftlinie der Einwirkung und den Schwerpunkt geht, und entsprechend dem statischen Moment der Kraft mit Bezug auf die entsprechende Schwerpunktsachse. Nur dann ist die Wirkung auf die Achse gleich 0, wenn das Achsenende des Gliedes, allein infolge der Drehung um den Schwerpunkt, in einem bestimmten kleinen Zeitraum gerade so viel in der einen Richtung verschoben wird, als dies in umgekehrter Richtung infolge der translatorischen Bewegung geschieht.

Wir nennen die Gerade durch den Schwerpunkt und die Gelenkachse, welche zur Gelenkachse senkrecht steht und in die Drehungsebene fällt, die Längslinie des Gliedes.

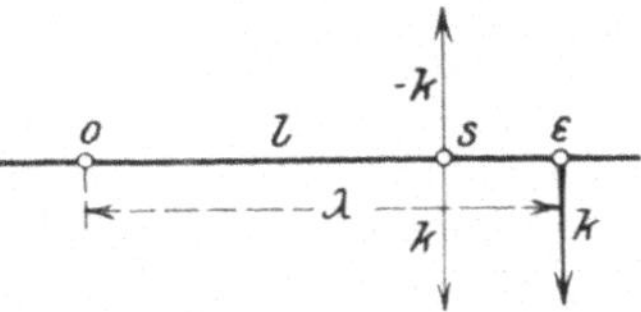

Fig. 73.

Es gibt nun auf dieser Längslinie einen einzigen Punkt ε, im Abstand λ von der Gelenkachse, welcher sich dadurch auszeichnet, daß obige Bedingung erfüllt ist, wenn an ihm, senkrecht zur Längslinie, in der Drehungsebene eine Kraft angreift. Und zwar liegt dieser Punkt jedenfalls weiter von der Gelenkachse entfernt als der Schwerpunkt.

Es wirke (Fig. 73) an der Längslinie $os\varepsilon$ in ε die Tangentialkraft k_ε im Abstand λ von der Achse o und im Abstand $\lambda - l$ vom Schwerpunkte (wobei $l = \overline{so}$ dem Abstand des Schwerpunktes von der Gelenkachse entspricht).

Wir denken uns das Glied frei um die Achse drehbar und ersetzen k_ε in ε durch eine gleich gerichtete Kraft in s, welche translatorisch wirkt, und durch ein Kräftepaar $k_\varepsilon (\lambda - l)$, welches das Glied parallel der Bildebene um s dreht (s. S. 70). Dann ist in einem ersten kleinen Zeitteilchen die Beschleunigung des Schwerpunktes und jedes anderen Punktes des Gliedes, also auch des Gelenkpunktes o infolge der Translationsbewegung nach unten $= \dfrac{k_\varepsilon}{M}$, wenn M die Masse des Gliedes darstellt.

Infolge der Einwirkung des Kräftepaares allein aber ergibt sich eine Drehbeschleunigung um die Schwerpunktsachse von

$$\varphi = \frac{k_\varepsilon\,(\lambda - l)}{T_s},$$

wobei T_s das Trägheitsmoment des Gliedes mit Bezug auf die senkrecht zur Bildfläche stehende, zur Gelenkachse parallele Schwerpunktsachse bedeutet (s. S. 67).

Der Gelenkpunkt erfährt infolge davon eine Beschleunigung nach oben von $\varphi \cdot l = \dfrac{k_\varepsilon\,(\lambda - l) \cdot l}{T_s}$. Wenn nun diese beiden Beschleunigungen sich annullieren sollen, muß

$$\frac{k_\varepsilon}{M} = \frac{k_\varepsilon \cdot (\lambda - l)\,l}{T_s} \quad \text{sein,} \quad \lambda - l = \frac{T_s}{M\,l}, \quad \lambda = \frac{T_s + M \cdot l^2}{M\,l}.$$

Nun ist $M\,l^2 + T_s$ nach einem bekannten Satz der Mechanik (s. S. 66) $= T_o$, d. h. nichts anderes als das Trägheitsmoment des Gliedes mit Bezug auf eine im Abstand l von der Schwerpunktsachse gelegene, zu letzterer parallele Achse, die Gelenkachse. Also ist $\lambda = \dfrac{T_o}{M\,l}$.

Der Punkt ε ist stets derselbe für die gleiche Massenverteilung des Gliedes, welchen Betrag auch k_ε haben mag.

Man kann nun im allgemeinen jede Tangentialkraft oder Tangentialkomponente k, die außerhalb der Gelenkachse, senkrecht zur Längslinie in ihrer Drehungsebene wirkt, ersetzen durch zwei parallele Kräfte, die in o und in ε angreifen, die zusammen $= k$, und deren statische

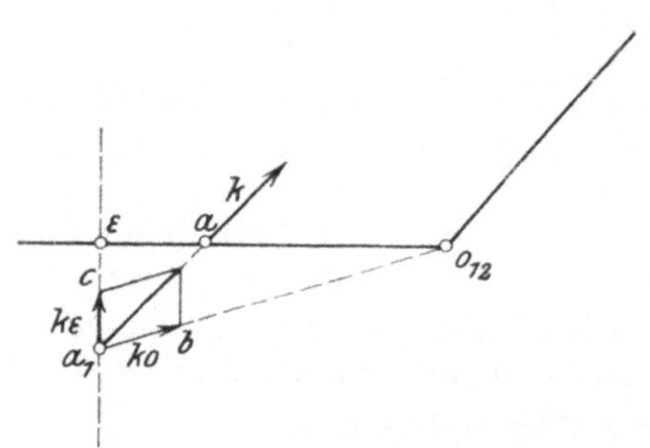
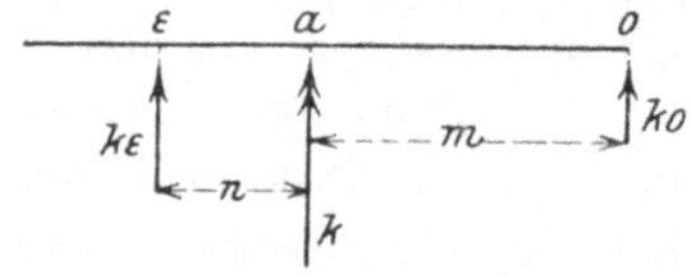

Fig. 74.
Fig. 75.

Momente mit Bezug auf die Gelenkachse zusammen gleich demjenigen von k sind.

Die richtige Zerlegung irgendeiner, in beliebiger Richtung wirkenden Kraft k, die in einem Punkte a des um die Achse o drehbaren Gliedes angreift, muß nach dem Angeführten in folgender Weise vorgenommen werden (Fig. 74):

Man verlegt die Kraft k in ihrer Kraftlinie nach ihrem Schnittpunkt a' mit der in der Drehungsebene auf der Längslinie des

Gliedes im Punkte ε errichteten Senkrechten und zerlegt sie nach der Richtung dieser Senkrechten und nach der Richtung der von a' gegen das Gelenk gehenden Geraden in eine tangentiale und eine axiale Komponente. Die tangentiale Komponente, deren Kraftlinie durch ε geht (k_ε), wirkt dann rein drehend, ohne Nebenwirkung auf die Achse, und die axiale Komponente (k_0) stellt die ganze Wirkung auf die Achse dar.

Für den Fall, daß k senkrecht zur Längslinie im Abstand m von o angreift, liegt a' in unendlicher Entfernung; k muß dann ersetzt werden durch zwei zu ihr parallel gerichtete Kräfte k_0 und k_ε, für welche folgendes gilt (Fig. 75):

$$k_0 + k_\varepsilon = k$$
$$k \cdot m = k_\varepsilon \cdot \lambda,$$

da das statische Moment von k_0 gleich 0 ist.

Für den Fall, daß k zwischen o und ε angreift, müssen die parallelen Kräfte k_ε und k_0 mit k und untereinander gleich sein bezüglich des Sinnes ihrer Einwirkung. Je näher k an o liegt und je entfernter von k_ε, desto mehr ist $k_0 = k$ und desto näher k_ε dem Werte 0. Für k in ε dagegen ist $k_0 = 0$, $k_\varepsilon = k$. Liegt aber k jenseits von ε, so wird k_0 negativ, d. h. wirkt in entgegengesetztem Sinn.

Je mehr der sich bewegende Körper von den Verhältnissen einer schweren Linie abweicht, die an ihrem Ende gelenkig verbunden ist; je mehr er sich über die Gelenkachse hinaus nach der anderen Seite ausdehnt, je näher also die Gelenkachse an den Schwerpunkt heranrückt, desto mehr rückt ε vom Gelenk und vom Schwerpunkt ab nach außen. Trotz gleich bleibender Masse rückt mit Annäherung der Gelenkachse an den Schwerpunkt der ε-Punkt rasch und immer rascher vom Gelenk ab, überschreitet jedenfalls früher oder später die Kraftlinie k und verläßt zuletzt auch den Körper selbst. Der Abstand λ von o nähert sich schließlich dem Werte ∞ und die Größe k_ε dem Werte 0, k_0 aber dem Werte k. Dabei bleibt immer $k_\varepsilon \cdot \lambda = k \cdot m$. Diese Grenzwerte sind erreicht, wenn Schwerpunkt und Achse zusammenfallen (wie das z. B. bei der Rolle oder dem Rad geschieht).

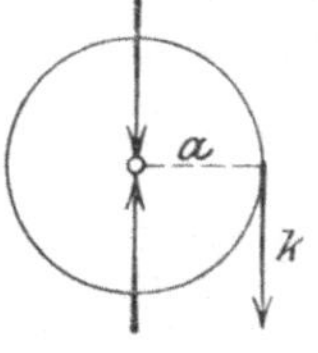

Fig. 76.

Zu dem gleichen Resultat bezüglich der Achsenwirkung einer tangential am Umfang einer Rolle angreifenden Kraft k (im Abstand a von der Achse) gelangt man durch Hinzufügung einer gleichen und gleich gerichteten und einer gleichen, aber entgegengesetzt gerichteten Kraft k im Schwerpunkt resp. in der Achse der Rolle. Es ergibt sich ein Kräftepaar, das rein drehend um die Rollenachse (Schwerpunktsachse) wirkt, mit einem Moment $= k \cdot a$, das gleich ist dem statischen Moment der Kraft k gegenüber der Achse, und außerdem eine Achsenkraft parallel und $= k$ (Fig. 76).

Die obigen Beziehungen des Punktes ε gelten natürlich auch, wenn die Masse nicht bloß in der Längslinie, sondern beliebig angeordnet ist. Eine Kraft k senkrecht zur Längslinie in ε vermag jedem Teilchen μ eine Tangentialbeschleunigung zu erteilen, welche der Größe ϱ proportional ist, wobei ϱ den Abstand des Teilchens von der Achse bedeutet. Ist infolge einer schon vorhandenen Drehbewegung des Körpers um die Achse o in entgegengesetztem Sinn die lebendige Kraft der Teilchen in der Tangentialrichtung überall proportional $\mu \varrho^2$, so wird die lebendige Kraft jedes Teilchens gegenüber der effektiven Kraft, welche infolge der Einwirkung der Kraft k_ε an ihm wirkt und welche $\mu \varrho$ proportional ist, aufgebraucht oder vernichtet, während Weiterbewegung über eine Wegstrecke stattfindet, welche der Größe ϱ proportional ist, und zwar geschieht dies an allen Teilchen bei der gleichen Winkeldrehung, also im Verlaufe der gleichen Zeit und ohne daß irgendeine Nebenwirkung auf die Achse o stattfindet. (An jedem Teilchen ist dabei die Arbeitsleistung gegenüber der effektiven Kraft in gleicher Weise proportional $\mu \cdot \varrho^2$).

Der Punkt ε entspricht also dem sog. Stoß- oder Perkussions mittelpunkt des Mobile für die betreffende Achse.

Wir können ihn auch als den Indifferenzpunkt bezeichnen.

Jede Tangentialkraft, welche an der Längslinie eines im Gelenk beweglichen Gliedes angreift, hat also im allgemeinen (wenn sie nicht in ε angreift) eine Nebenwirkung auf die Gelenkachse, und zwar ist dieselbe parallel zur Tangentialkraft und senkrecht zur Längslinie gerichtet. Man findet ihren Betrag, indem man die Kraft durch zwei Teilkräfte, eine Tangentialkraft in ε und eine zweite Komponente in o ersetzt. Ganz allgemein ist diese Nebenwirkung in der Gelenkmechanik vernachlässigt worden. Dies ist unwesentlich, wenn die Achse als fest angenommen werden kann und nicht nach den fixierenden Kräften gefragt zu werden braucht, ist aber wichtig, wenn es sich um ein ausweichendes Gelenk, also um eine mehr oder weniger freie Achse handelt und man wissen will, welchen Bewegungsimpuls die Achse erfährt, oder welche anderen Kräfte nötig sind, um der Nebenwirkung der Kraft K auf die Achse Gleichgewicht zu halten.

b) Das sogenannte dreigliedrige System mit festgestelltem dritten Glied.

1. Vorbemerkungen.

In Wirklichkeit sind bei den Bewegungen in den Gelenken des menschlichen Körpers die Gelenkachsen in den seltensten Fällen festgestellt, vielmehr tatsächlich mehr oder weniger frei bewegbar. Ohne Berücksichtigung der effektiven Bewegung nicht bloß der einen, sondern auch der andern Partialmasse und der Verschiebung der Gelenkachsen ist es nicht möglich, auch nur das einfachste Problem der lokomotorischen oder äquilibratorischen Aktion an einem zweigliedrigen System zu behandeln oder den vollen Einfluß irgendeiner Gelenkbewegung auf den ganzen Körper vollständig zu übersehen.

Ist es nun wirklich gerechtfertigt, von vornherein aus lauter Furcht vor der Schwierigkeit der Untersuchung auf die Erforschung gerade der wichtigsten Verhältnisse des Bewegungsmechanismus zu verzichten?

O. Fischer ist von der Betrachtung des zweigliedrigen Systems, an welchem die eine der beiden Partialmassen gänzlich unbewegt ist — es handelt sich hier eigentlich nur um die Bewegung eines einzigen starren Körpers um eine feste Achse — zu derjenigen des dreigliedrigen Systems vorgedrungen, wobei aber das dritte Glied und außerdem die Drehungsachse des Gelenkes zwischen ihm und dem zweiten Gliede festgestellt sind. Es handelt sich hier also eigentlich nur um die eingeschränkte Bewegung eines nicht vollkommen freien, sondern an einem Ende in einer Achse festgestellten zweigliedrigen Systems. Zur Einengung und Vereinfachung der Aufgabe wird auch hier angenommen, daß alle Kraftwirkungen parallel einer und derselben Ebene stattfinden, in welcher auch die Schwerpunkte und Trägheitsmittelpunkte gelegen sind.

In der Tat kommen Verhältnisse, wie sie dabei angenommen und analysiert sind, bei zahlreichen Aktionen des Körpers annäherungsweise in Betracht. So z. B. lassen sich unter Umständen nach den Prinzipien eines derart eingeschränkt beweglichen sog. dreigliedrigen Systems behandeln:

Die in einer Ebene erfolgenden Bewegungen des Arms gegenüber dem Schulterblatt und Rumpf, soweit sie durch die Schwere und die Muskeln des Ellbogen- und Schultergelenkes hervorgebracht sind. Hand und Vorderarm bilden das erste, der Oberarm das zweite, der übrige Körper bildet das dritte (festgestellte) Glied des Systems. Ähnlich verhält es sich mit den vom Boden nicht gehinderten Bewegungen von Fuß und Unterschenkel gegenüber dem Oberschenkel und vom Oberschenkel gegenüber dem festgestellten Rest des Körpers. Andererseits kann bei aufgesetztem Fuß der Fuß als das festgestellte dritte Glied, der Unterschenkel als das zweite, der Oberschenkel mit dem übrigen Körper als das erste Glied gelten, wo es sich um Ermittlung der Bewegungen im Fuß und Kniegelenk handelt, oder Fuß und Unterschenkel gelten als festgestelltes drittes Glied, der Oberschenkel als zweites, der übrige Körper als das erste Glied (Bewegung in Knie und Hüftgelenk), oder Ober- und Unterschenkel werden als starr verbunden angenommen und als zweites Glied betrachtet, der Fuß aber als festgestelltes drittes Glied und der Rest des Körpers als erstes Glied (Bewegungen und Kraftwirkungen am Fuß- und Hüftgelenk) usw.

Die Untersuchungen von O. Fischer sind dadurch ausgezeichnet, daß sie mit völliger Beherrschung der mathematischen Hilfsmittel durchgeführt und durch zahlreiche mühsame und wertvolle experimentelle Beobachtungen und Aufzeichnungen über die tatsächlichen Verhältnisse gestützt sind.

Wir wollen zunächst auf dem von O. Fischer eingeschlagenen Wege vorgehen und das Problem des dreigliedrigen Systems, von dem ein letztes Glied fixiert ist — es handelt sich also vom mathematischen Standpunkt aus im Grund um ein zweigliedriges System, das nur unvollkommen frei ist, indem ein Endpunkt die Bewegung 0 hat — unter den gleichen Vereinfachungen behandeln. Wir möchten dabei aber bei unseren Ableitungen in selbständiger Weise verfahren, wobei uns die Darlegungen des vorigen Kapitels von erheblichem Nutzen sein können.

2. Mathematische Ableitung.

I. Aufgabe (Fig. 77). Beurteilung der Einwirkung einer Kraft am ersten Glied eines dreigliedrigen Systems, dessen drittes Glied festgestellt ist. Glied I und II sind im Gelenk o_{12} verbunden, Glied II und III im Gelenk o_{23}, Glied III ist festgestellt; Glied II und I sind in den Gelenken o_{12} und o_{23} parallel einer Ebene, welche der Bildebene des Diagramms entspricht, beweglich.

Die Längslinie l_1 von I enthält den Schwerpunkt s_1 im Abstand r von o_{12} und den Indifferenzpunkt ε im Abstand λ von dieser Achse. Sie macht mit der Längslinie l_2 des zweiten Gliedes, welche o_{12} und o_{23} verbindet, den Winkel α und mit einer zu l_2 in o_{12} errichteten Senkrechten den Winkel $(90^0 + \alpha)$. Auf I wirkt irgendwo außerhalb der Achse die Kraft K. Ist T_{I_s} das Trägheitsmoment der Masse M_1 des ersten Gliedes hinsichtlich einer auf der Bildfläche senkrecht stehenden Schwerpunktsachse, $T_{I_{12}}$ das Trägheitsmoment der Masse M_1 gegenüber o_{12}, so ist nach früherer Darlegung

$$\lambda = \frac{T_{I_{12}}}{M_1 \cdot r}.$$

Wir errichten eine Senkrechte zu l_1 im Punkte ε und verlegen die Kraft K, welche mit dieser den Winkel β, mit l_1 den Winkel $(90^0 - \beta)$ bildet, in diese Linie nach dem Punkte r, den man sich starr mit I verbunden denkt.

Man zerlegt sodann K in eine Komponente K_ε nach ε und in eine Komponente K_o nach o_{12}. Letztere bildet mit l_2 den Winkel ϑ. Während K_ε rein drehend um o_{12} wirkt, mit einer

Winkelbeschleunigung $\xi = \dfrac{K_\varepsilon \cdot \lambda}{T_{I_{12}}} = \dfrac{K_\varepsilon}{M_1 \cdot r}$ stellt $K_o = A$ die gesamte Einwirkung auf die Achse o_{12} dar. Diese Kraft wirkt zunächst auf das Glied I; ihre Einwirkung überträgt sich aber z. T. im Gelenk auf das Glied II. In der Tat kann I durch K_o in merkbarer Weise nur bewegt werden, indem das Gelenkende von II ausweicht; zwischen den in o_{12} verbundenen Enden müssen Gelenkkräfte wirksam sein, die nach beiden Seiten wirken. Durch die Richtung von K_o zu II (Winkel ϑ) ist der Sinn der Bewegung von II, die nur in einer Drehung um o_{23} bestehen kann, bestimmt. Es bewegt sich der Gelenkpunkt o_{12} in einem Kreisbogen um o_{23} mit einer Beschleunigung oq. Ein Teil der Kraft K_o muß dazu verwendet werden, um das zweite Glied so um o_{23} zu drehen, daß sein

Endpunkt o_{12} die Beschleunigung $\overline{oq}$ erfährt. Die betreffende Drehungsbeschleunigung (Beschleunigung eines im Abstand 1 von der Achse

o_{23} gelegenen Punktes) sei $= \psi$, so ist $\psi = \dfrac{\overline{oq}}{l_2}$ und $\overline{oq} = \psi \cdot l_2$. Dazu

ist nötig eine Kraft f_{II} senkrecht zu l_2 in o_{12}, die sich berechnet
aus der Gleichung:

$$\left(\text{Drehbeschleunigung} = \frac{\text{Kraftmoment}}{\text{Trägheitsmoment}} \right).$$

Das Trägheitsmoment von II gegenüber o_{23} sei $= T_{II23}$. So ist

$$\psi = \frac{f_{II} \cdot l_2}{T_{II23}} \quad \text{und} \quad f_{II} = \frac{\psi \cdot T_{II23}}{l_2}.$$

Eine andere Komponente f_I von K_o (Fig. 78) muß dazu ver-
wendet werden, um das Glied I, dessen Endpunkt o_{12} wegen K_ε nicht
bewegt wird, für sich allein so zu bewegen, daß dieser Endpunkt
ebenfalls die Beschleunigung $\overline{oq}$ erfährt. Es handelt sich bei der
Ermittelung der der dazu nötigen Kraft um eine häufig wieder-

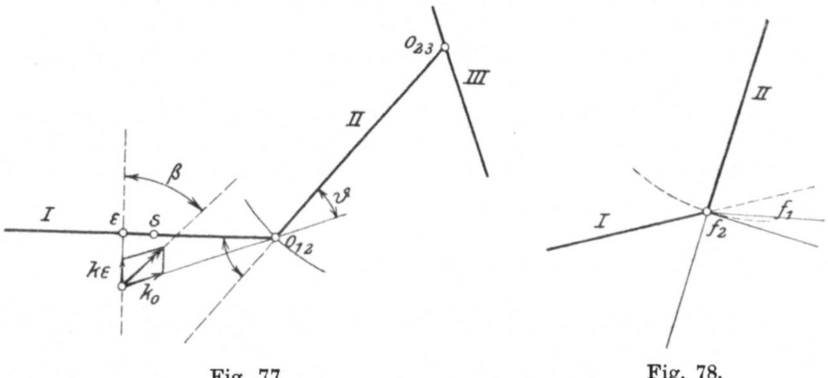

Fig. 77.   Fig. 78.

kehrende Aufgabe. Wir werden dieselbe alsbald eingehend behandeln. Vorher soll nur noch vorausgeschickt werden, daß der
von K_o noch übrig bleibende Teil nur eine Komponente f_{23} sein
kann, welche in der Richtung von l_2 gegen o_{23} wirkt und, laut
Voraussetzung über Glied III, keine Bewegung hervorruft. K_o muß
die Resultierende sein der drei Komponenten f_I, f_{II} und f_{23}.

Es ist klar, daß f_I eine ganz bestimmte Richtung und ein ganz
bestimmtes Verhältnis der Größe gegenüber f_{II} haben muß, welches
aus den gegebenen Daten berechnet werden kann, und daß dadurch
auch die Richtung der Resultierenden F dieser beiden Kräfte bestimmt ist. F muß, wie unten nachgewiesen wird, nach derselben
Seite von l_2 hin gerichtet sein wie K_o, f_I und f_{II}. Indem man

nun über dem gegebenen Kraftvektor von K_o als Diagonale, der Linie l_2 und der hinsichtlich ihrer Richtung bestimmten Kraftlinie von F als Seiten ein Parallelogramm errichtet, lassen sich auch die absoluten Größen von F und f_{23} bestimmen. Daraus folgt hinwiederum die Möglichkeit der Bestimmung der Größen von f_I und f_{II}, von $\overline{oq}$ und von ψ.

Die Einwirkung f_{II} auf das Glied II, ebensogut wie die Einwirkung f_{23} kann natürlich nur vermittelt werden durch innere Kräfte des Gelenkes selbst; indem entsprechende Gegenkräfte von II auf I durch die Achse o_{12} wirken, wird gleichsam zweien Komponenten von K_0 Gleichgewicht gehalten und bleibt für die Bewegung von I nur die in o_{12} angreifende Komponente f_I übrig.

Wir wollen gleich hinzufügen, daß die Kraft f_I für sich allein dem Glied I eine bestimmte Translationsbeschleunigung, entsprechend der Bewegung des Punktes o_{12} und eine bestimmte Drehbeschleunigung χ um diesen Punkt erteilt. Nach Feststellung auch dieser Größe ist die ganze Aufgabe gelöst. Wir kennen die Drehbeschleunigung ψ, welche das Glied II um o_{23} erfährt, und die daraus sich ergebende Beschleunigung der Gelenkstelle o_{12}; wir wissen, daß das Glied I translatorisch mitgeht, außerdem aber wegen der Kraft f_I die Drehbeschleunigung χ gegenüber o_{12} und wegen K_ε die Drehbeschleunigung ξ um dieselbe Achse erfährt. Die Änderung der Winkelstellung von I gegen III hängt von χ und ξ, die Änderung des Winkels zwischen l_1 und l_2 hängt natürlich von allen drei Winkelbeschleunigungen χ, ξ und ψ ab. Kennt man die drei Winkelbeschleunigungen, so ist die Beschleunigung sämtlicher Punkte des Systems bestimmt.

Es folgt nun die spezielle Ausführung des im vorigen skizzierten Planes der Berechnung.

Wir beginnen mit der Bestimmung der Kraft, welche, an dem Endpunkt eines frei gedachten Gliedes angreifend diesem Glied eine solche Bewegung erteilt, daß der betreffende Endpunkt in einer bestimmten Richtung eine bestimmte Beschleunigung erfährt. Es handelt sich um die Kraft f_I der bisherigen Betrachtung. Die ihr entsprechende Beschleunigung sei nach Größe und Richtung durch die Linie $\overline{oq}$ dargestellt, welche mit der Längslinie l_1 des Gliedes I oder ihrer Verlängerung einen bestimmten Winkel γ bildet. Die Zeit der Einwirkung ist so kurz angenommen, daß während derselben die Richtung und Größe der Beschleunigung unter allen Umständen als gleichbleibend angenommen werden kann. Die Beschleunigung $\overline{oq}$ (Fig. 79) kann zerlegt werden in eine Komponente x in der Richtung von l_1 und in eine Komponente y senkrecht zu l_1.

$$x = \overline{oq}\cos\gamma \ . \ . \ . \ . \ . \ . \ . \ . \ . \ (1)$$

mit positivem oder negativem Vorzeichen, je nachdem x von o_{12} aus gegen s_I oder entgegengesetzt gerichtet ist (gleichgültig, ob $\overline{oq}$ gegenüber l_1 nach unten oder nach oben zu gerichtet ist). Die zu dieser Beschleunigung notwendige Kraft ist

$$f_{Ix} = x \cdot M_1 = \overline{oq}\cdot\cos\gamma\cdot M_1 \ . \ . \ . \ . \ . \ . \ (2)$$

wobei M_1 die Masse des ersten Gliedes bedeutet.

$$y = \overline{oq} \cdot \sin \gamma \quad \ldots \ldots \ldots \ldots \quad (3)$$

mit positivem oder negativem Vorzeichen, je nachdem y nach der einen oder anderen Seite von l_1 gerichtet ist.

Die senkrecht zu l_1 entfallende Kraftkomponente f_{Iy}, welche der Beschleunigung y des Punktes o entspricht, ist jedoch nicht $= \overline{oq} \cdot \sin \gamma \cdot M_1$, sondern nur ein Teil dieses Betrages, indem sie

1. eine Translationsbeschleunigung von I,
2. eine Drehung χ des Gliedes I um seinen Schwerpunkt s_1 hervorbringt.

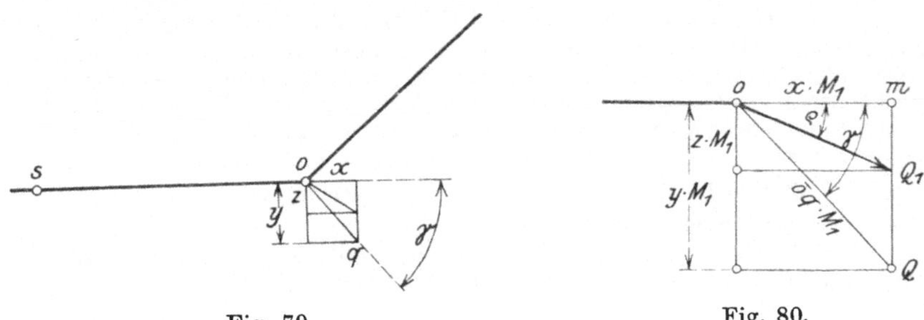

Fig. 79.　　　　　　　Fig. 80.

Vermöge der ersten Einwirkung erhält der Punkt o in der Richtung von y eine Beschleunigung

$$z = \frac{f_{Iy}}{M_1} \quad \ldots \ldots \ldots \ldots \ldots \quad (4)$$

Infolge der zweiten Einwirkung erhält dagegen der Punkt o, welcher im Abstand r vom Schwerpunkt des Gliedes gelegen sein soll, eine Beschleunigung

$$y - z = \chi \cdot r \quad \ldots \ldots \ldots \ldots \quad (5)$$

Es ist aber

$$\chi = \frac{f_{Iy} \cdot r}{T_{Is}} \quad \ldots \ldots \ldots \ldots \quad (6)$$

wobei T_{Is} das Trägheitsmoment der Glieder I gegenüber der Schwerpunktsachse bedeutet; folglich ist einerseits nach (3) und (4) und andererseits nach (5) und (6)

$$y - z = oq \sin \gamma - \frac{f_{Iy}}{M_1} = \frac{f_{Iy} \cdot r^2}{T_{Is}}$$

$$f_{Iy} \left(\frac{r^2}{T_{Is}} + \frac{1}{M_1} \right) = oq \sin \gamma$$

$$f_{Iy} = oq \sin \gamma \, \frac{M_1 T_{Is}}{r^2 M_1 + T_{Is}}$$

$$f_{Iy} = oq \sin \gamma \cdot M_1 \frac{T_{Is}}{r^2 M_1 + T_{Is}}$$

Der Ausdruck $\overline{oq}\sin\gamma\cdot M_1$ ist die Kraft, welche notwendig wäre, um der ganzen Masse die translatorische Beschleunigung $y=\overline{oq}\sin\gamma$ zu geben.

Der Bruch ist für jedes bestimmte Glied eine Konstante, die wir mit C bezeichnen. Der Zähler des Bruches ist das Trägheitsmoment des Gliedes um die Schwerpunktsachse, welche der Gelenkachse o_{12} parallel läuft, der Nenner ist das Trägheitsmoment des Gliedes gegenüber der Gelenkachse o_{12},

C ist also $= \dfrac{T_{Is}}{T_{I_{12}}}$.

$$f_{Iy} = \overline{oq}\sin\gamma\cdot M_1\cdot\frac{T_{Is}}{T_{I_{12}}} = \overline{oq}\sin\gamma\cdot M_1\cdot C = y\cdot M_1\cdot C \quad \ldots \quad (7)$$

Wenn wir in dem Diagramm der Vektoren der Beschleunigungen, welches $\overline{oq}$ als Diagnoale, x und y als Seiten des darüber errichteten Rechtecks, z als Abschnitt von y enthält, alle diese Größen mit M_1 multipliziert denken, so bleibt das ganze Diagramm ähnlich, es kann nun als Diagramm der Kraftvektoren gelten (Fig. 80). $xM_1 = f_{Ix}$, $zM_1 = f_{Iy}$, oQ_1 ist die Resultierende von f_{Ix} und f_{Iy}, stellt also nach Größe und Richtung die gesuchte Kraft f_I dar. oQ_1 ist natürlich stets an der gleichen Seite von l_1 und l_2 oder ihren Verlängerungen gelegen, wie $\overline{oq}$.

Der Winkel ϱ, den diese Resultierende mit der Längslinie l_1 proximalwärts unten bildet, berechnet sich folgendermaßen

$$\mathrm{tg}\,\varrho = \frac{f_{Iy}}{f_{Ix}} = \frac{\overline{oq}\cdot M_1\sin\gamma}{\overline{oq}\cdot M_1\cos\gamma}\cdot\frac{T_{Is}}{T_{I_{12}}}$$

$$\mathrm{tg}\,\varrho = \mathrm{tg}\,\gamma\cdot\frac{T_{Is}}{T_{I_{12}}} = \mathrm{tg}\,\gamma\cdot C \quad \ldots\ldots\ldots \quad (8)$$

$$f_{Iy} = f_{Ix}\cdot\mathrm{tg}\,\varrho = xM_1\cdot\mathrm{tg}\,\varrho = \overline{oq}\cdot\cos\gamma\cdot M_1\cdot\mathrm{tg}\,\varrho \quad \ldots\ldots \quad (9)$$

Die Größe $\overline{oq}$ ist von vornherein nach Größe und Richtung gegeben. f_{Ix} ist durch die Gleichung (2) bestimmt. Und nun erhalten wir

$$f_I = \frac{f_{Ix}}{\cos\varrho} = \frac{\overline{oq}\cdot\cos\gamma\cdot M_1}{\cos\varrho}\ . \quad (10)$$

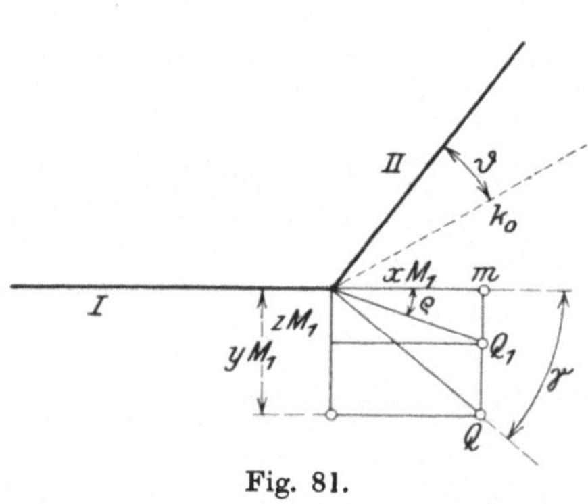

Fig. 81.

Die Anwendung des Gefundenen auf die ganze Aufgabe ergibt sich leicht. Die Besehleunigung $\overline{oq}$ ist die Beschleunigung des Gelenkpunktes o_{12} zwischen den Gliedern I und II, sie erfolgt senkrecht zu l_2 (Fig. 81). Die Richtung, in welcher die in o_{12} angreifende, zur Beschleunigung $\overline{oq}$ dieses Punktes als eines Punktes von I notwendige Kraft f_I (im Winkel ϱ zur Richtung l_1) wirken muß, läßt sich, wie man sieht, leicht finden, wenn der Winkel $\gamma = 90^0 - \alpha$ bekannt ist. Sie ändert für dieselben zwei Glieder nur mit diesem Winkel γ. Man zieht eine Gerade senkrecht zu l_2 nach der Seite der dem Punkt o_{12} durch K_0 erteilten Bewegung, die sich aus der Richtung von K_0 zu l_2 leicht ersehen läßt; man zieht ferner von irgendeinem Punkte dieser Geraden ein

Perpendikel auf die Richtung von l_1 und teilt dasselbe so, daß der der Linie l_1 näher gelegene Abschnitt sich zum Ganzen so verhält wie

$$C : 1,$$

so ist die von o_{12} nach dem Teilpunkt Q_1 des Perpendikels gezogene Gerade die gesuchte Richtung von f_I.

Für die Ausrechnung der absoluten Werte der Einwirkungen kommt aber in Betracht, daß der absolute Betrag von $\overline{oq}$ hier erst noch ermittelt werden muß. Es entspricht die Beschleunigung $\overline{oq}$ des Punktes o_{12} einer Drehbeschleunigung ψ der Linie l_2 um o_2;

$$\psi = \frac{f_{II} \cdot l_2}{T_{II_{23}}}$$

$$f_{II} = \frac{T_{II_{23}} \cdot \psi}{l_2} = \frac{T_{II_{23}} \cdot \overline{oq}}{l_2^2},$$

da
$$\overline{oq} = \psi \cdot l_2 \quad \text{und} \quad \psi = \frac{\overline{oq}}{l_2} \quad \ldots \ldots \ldots \quad (11)$$

ferner ist laut (10)

$$f_I = \frac{\cos \gamma}{\cos \varrho} \cdot \overline{oq} \cdot M_1.$$

Die in die Richtung von $\overline{oq}$ entfallende Komponente von f_I ist

$$= \overline{oq} \cdot M_1 \cos (\gamma - \varrho) \frac{\cos \gamma}{\cos \varrho} \quad \ldots \ldots \ldots \quad (12)$$

Die gesamte in die Richtung oq entfallende Kraft ist

$$K_0 \sin \vartheta = \overline{oq} \left[\frac{T_{II_{23}}}{l_2^2} + M_1 \cos (\gamma - \varrho) \frac{\cos \gamma}{\cos \varrho} \right] \quad \ldots \ldots \quad (13)$$

wobei ϑ den Winkel zwischen K_0 und l_2 bedeutet, da $\overline{oq}$ senkrecht zu l_2.

Da aber ϱ durch $\operatorname{tg} \varrho = \operatorname{tg} \gamma \cdot C$ gegeben ist, wobei $\gamma = 90^0 - \alpha$, so läßt sich nun aus (13) auch $\overline{oq}$ und damit aus (11) und (12) auch f_I und f_{II} berechnen, ebenso wie ihre Resultierende F.

$$f_{23} \text{ aber ist} = K_0 \cos \vartheta - f_I \sin (\gamma - \varrho) \quad \ldots \ldots \quad (14)$$

Besonders instruktiv ist das Verhältnis der Drehbeschleunigungen ψ, ξ und χ.

Nach S. 168 ist
$$\xi = \frac{K_\varepsilon \cdot \lambda}{T_{I_{12}}} = \frac{K \varepsilon}{M_1 \cdot r} \quad \ldots \ldots \ldots \quad (15)$$

Nach (6) und (7) ist
$$\chi = \frac{f_{Iy} \cdot r}{T_{I_3}} = \frac{\overline{oq} \sin \gamma \cdot M_1 \cdot r}{T_{I_{12}}} \quad \ldots \ldots \quad (16)$$

und nach (11)
$$\psi = \frac{\overline{oq}}{l_2} = \frac{f_{II} \cdot l_2}{T_{II_{23}}} \quad \ldots \ldots \ldots \quad (17)$$

Wie sich aus der speziellen Ableitung ergibt, muß die Richtung von f_I immer, von o aus angefangen, zwischen der Richtung oq und der benachbarten Strecke der Linie l_1 oder ihrer Verlängerung hindurchgehen, einer Strecke, welche an der gleichen Seite der Linie l_2 oder ihrer Verlängerung liegt, wie oq. Da nun f_{II} in der Richtung oq gelegen ist, so muß die Resultierende F der beiden Kräfte f_I und f_{II} zwischen den Richtungen von f_I und oq gelegen sein. (Fig. 78.)

Es muß ausdrücklich hervorgehoben werden, daß die Richtung von F ebensogut wie diejenige von f_I einzig und allein von der momentanen Konfiguration des Systemes und nur insofern von K_o abhängt, als die Richtung von K_o zu l_2 entscheidet, ob oq nach der einen oder anderen Seite hin gerichtet ist.

Die Zerlegung der an I angreifenden Kraft K nach ε und o genügt also, um den Sinn der Drehung ξ aus der Richtung von K_ε zu l_1 und um den Sinn der Drehung ψ von l_2, sowie der Richtung der Beschleunigung $\overline{oq}$ aus der Richtung von K_o zu l_2 zu erkennen. Ferner ergibt sich der Sinn der Drehung χ aus der Richtung von $\overline{oq}$ zu l_1. Annähernd läßt sich auch die Richtung der auf die Achse o

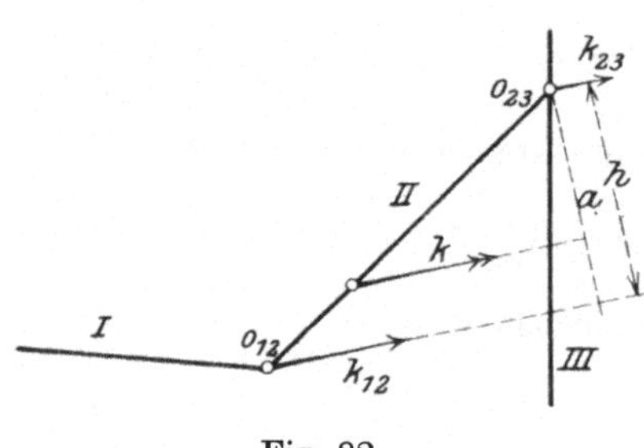

Fig. 82.

wirkenden, bloß zur Bewegung verwendeten Kraft F feststellen; aus ihr und der Richtung von K_o läßt sich endlich beurteilen, ob im Gelenk in der Richtung von l_2 Zug und Gegenzug oder Druck und Gegendruck wirksam sind. Von I gegen II muß natürlich eine Einwirkung in der Richtung oq stattfinden, während die Gegenwirkung von II gegen I hin in umgekehrtem Sinne statt hat.

II. **Aufgabe** (Fig. 82). Auf I wirke keine Kraft, wohl aber wirke eine Kraft K am zweiten Glied. Man kann sie stets ersetzen durch zwei parallele Kräfte, die auf die Achsen o_{23} und o_{12} wirken. Die auf o_{23} wirkende Komponente hat keinen bewegenden Einfluß.

$K o_{12}$ aber ist in ihrer Wirkung auf beide Massen zu beurteilen, wie die Kraft K_o in der vorigen Aufgabe.

III. **Aufgabe** (Fig. 83 bis 86). Die Lösung der beiden ersten Aufgaben ermöglicht nun, auch die dritte Aufgabe mit Erfolg zu behandeln, in der es sich um die gleichzeitige Einwirkung von Kräften am ersten und am zweiten Glied handelt. Besonders interessiert uns der Fall, wo ein Muskel zwischen I und II, bzw. mit der Kraft K in einer bestimmten Kraftlinie auf das Glied I und mit der Kraft $-K$ in der gleichen Kraftlinie auf das Glied II wirkt.

Wir ersetzen K an I durch zwei parallele Kräfte $K o_{12}$ und $K o_{23}$, deren Kraftlinien durch die beiden Gelenkachsen gehen, ebenso $-K$ an II durch die beiden Kräfte $-K o_{23}$ und $-K o_{12}$. Die beiden Kräfte an o_{12} heben sich auf, ohne Bewegung herbeizuführen.

Ebenso fällt $-Ko_{23}$ für die Bewegung außer Betracht, da o_{23} mit *III* festgestellt ist. Es bleibt nur Ko_{23} an *I* übrig. Ist a der Abstand der Kraftlinie von K von der Gelenkachse o_{12} und h der Abstand der Kraftlinie Ko_{23} vom Gelenk (Fig. 83), so muß $Ka = Ko_{23} \cdot h$ sein und $Ko_{23} = \dfrac{Ka}{h}$.

Die bewegende Einwirkung von Ko_{23} auf das System kann nunmehr genau entsprechend der I. Aufgabe ermittelt werden. Man sucht den Punkt ε, errichtet auf ihm eine Senkrechte zur Längslinie von *I*, verlegt Ko_{23} an *I* nach dem Schnittpunkt

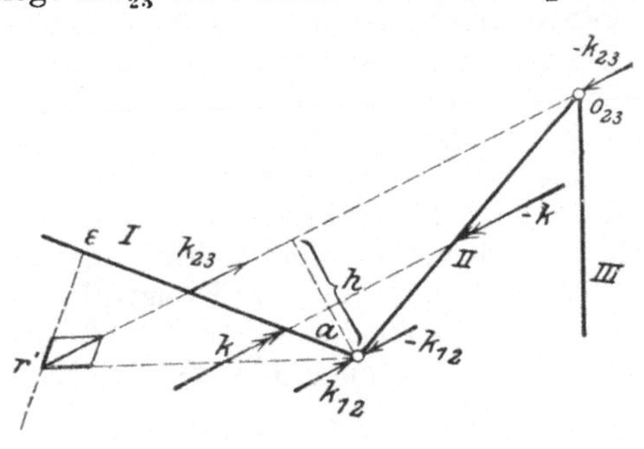

Fig. 83.

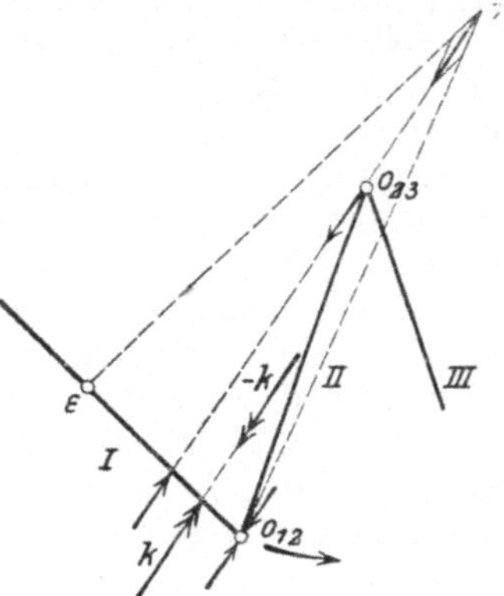

Fig. 84.

derselben mit ihrer Kraftlinie, zerlegt nach ε und o_{12} und beurteilt danach den Sinn der eintretenden Beschleunigungen usw.

Wenn die Senkrechte zur Längslinie von *I* in ε die Kraftlinie Ko_{23} zwischen *I* und o_{23} schneidet, wie in Fig. 86, so erfährt das Gelenk o_{12}

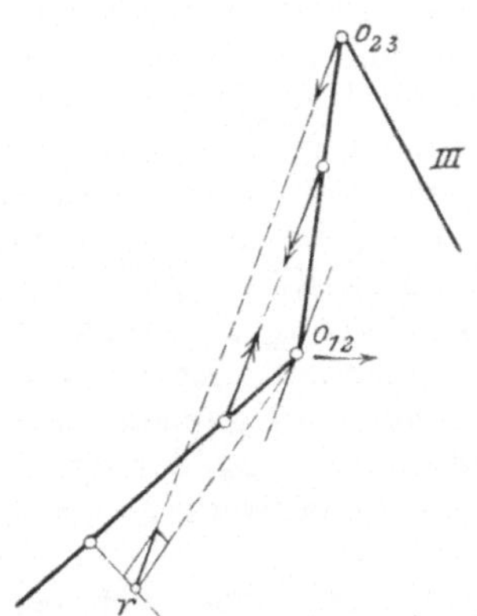

Fig. 85.

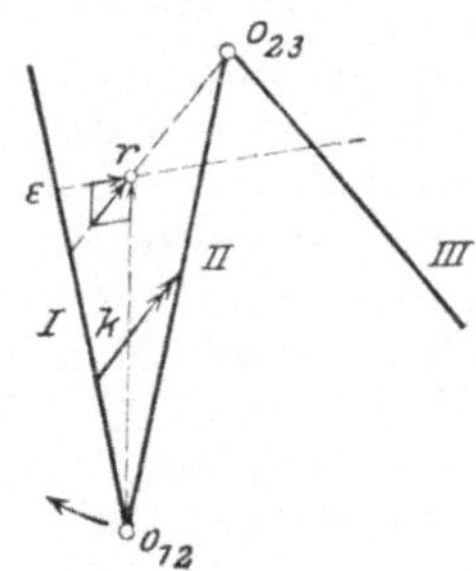

Fig. 86.

nicht wie in den übrigen Beispielen eine Verschiebung nach rechts, sondern eine solche nach links.

Da das statische Moment einer Kraft mit Bezug auf irgendeine Achse gleich ist der Summe der statischen Momente ihrer Komponenten mit Bezug auf die gleiche Achse, und da das statische Moment der vom Schnittpunkt p gegen die Achse o_{12} gerichteten Komponente mit Bezug auf diese Achse $= o$ ist, so muß das statische Moment der von p gegen ε gerichteten Komponente unter allen Umständen ebenfalls $= Ka$ sein und die Kraft K_ε muß für jede beliebige Lage und Richtung von K den gleichen Wert $\dfrac{Ka}{h}$ haben, so lange der Wert Ka derselbe bleibt.

Läßt man nun bei einer bestimmten Konfiguration und gegebenem K_ε den Schnittpunkt r allmählich auf der Senkrechten zur Hauptlinie in ε sich verschieben nach der einen oder der anderen Seite, so bleibt zwar der Sinn der Einwirkung der gegen o_{12} gerichteten Komponente derselbe (Wirkung von der gleichen Seite von l_2 her gegen o_{12}), die Richtung und Größe der Einwirkung aber ändert sich etwas (wie sich auch die Einwirkung gegen o_{23} ändert). Wie aber ihre bewegend in o_{12} auf I und II einwirkende Kraftkomponente F dabei sich ändert, läßt sich nicht ohne weiteres genau übersehen. Es ist aber bereits durch approximative Konstruktion der Gedanke nahe gelegt, daß die Komponente F gleich bleibt, für jede beliebige Lage und Kraftlinie von K, so lange Ka den gleichen Betrag hat.

3. Anwendung des Gewonnenen.

Die im vorigen vorausgesetzten Bedingungen eines dreigliedrigen Systems, an welchem das dritte Glied festgestellt ist, sind, wie schon erwähnt, mitunter im menschlichen Körper annäherungsweise gegeben; es lassen sich dann die oben abgeleiteten Sätze und Regeln in Anwendung bringen. So kann man z. B. bei einem stehenden oder sitzenden Körper und frei beweglichem Arm öfters den Rumpf mit dem Schulterblatt ohne allzu großen Fehler als festgestellt ansehen. Vorderarm und Hand können dann zusammen als erstes Glied betrachtet werden, der Oberarm als das zweite und der Rest des Körpers als das dritte Glied. Das Ellbogengelenk ist das Gelenk o_{12} nnd das Schultergelenk das Gelenk o_{23}. Man kann z. B. die Art und Weise des Herabsinkens des gehobenen Armes unter dem Einfluß der Schwere gemäß den obigen Darlegungen (Aufgabe I und II) feststellen. Man muß sich die Einwirkung der Schwere an jedem Glied (I und II) durch eine im Schwerpunkt des Gliedes angreifende Kraft ersetzt denken.

Bei annähernd senkrecht herabhängendem oder auch bei senkrecht emporgehobenem Oberarm z. B. ist das Herabsinken des noch über die Horizontalstellung gehobenen Vorderarms (Horizontalstellung der Ellbogengelenkachse angenommen) mit Ausweichen des Ellbogengelenkes nach der Streckseite hin verbunden; sobald sich aber der Vorderarm unter die Horizontallage hinabgesenkt hat, ist das weitere Sinken mit einem Impuls zum Ausweichen des Ellbogengelenkes nach seiner Beugeseite hin verbunden. In beiden Fällen ergibt sich demnach eine Bewegung auch im Schultergelenk.

Die Richtung des Ausweichens des Ellbogengelenkes entspricht hier in leicht erkennbarer Weise der axialen Komponente der Schwere.

Ferner wird bei vertikal nach oben gestelltem Vorderarm und zur Horizontallage erhobenem Oberarm das Herabsinken des letzteren eventuell unter Mitwirkung der Schultergelenkmuskeln mit einer Bewegung im Ellbogengelenk verknüpft sein, auch wenn in demselben keine Muskeln mitwirken.

Ganz ähnliche Fälle bietet die Beurteilung der Bewegung der freien unteren Extremität unter dem Einfluß der Schwere.

Von besonderem Interesse ist weiterhin die Tatsache der Mitbewegung des Oberarmes im Schultergelenk bei Muskelaktion am Ellbogengelenke, und der Mitbewegung des Oberschenkels im Hüftgelenk bei Muskelaktion am Kniegelenk.

Im allgemeinen führt aktive Verkürzung der Beuger des Ellbogengelenkes außer der Beugebewegung des Vorderarmes um die Ellbogengelenkachse noch eine umgekehrt gerichtete Drehung des Oberarmes herbei, wobei aber die der Ellbogengelenkachse parallele Achse des Schultergelenkes, auf welche die Drehung bezogen werden kann, als fixiert angenommen ist. Das nach der Streckseite des Ellbogengelenkes hin bewegte distale Humerusende nimmt dabei den Vorderarm mit sich, und zwar wird bei dem weniger als um 90^0 gebeugten Vorderarm eine weitere Drehung, in gleichem Sinn wie sie bei der Beugebewegung um eine feste Ellbogengelenkachse geschehen müßte, hinzugefügt, dem mehr als um 90^0 gebeugten Vorderarm aber eine entgegengesetzt gerichtete Drehbeschleunigung (Fig. 84 und 85). Der wirkliche Betrag der Winkeländerung im Ellbogengelenk ist natürlich gleich dem Ergebnis aus diesen beiden Drehungseinwirkungen am Vorderarm und der Drehung des Oberarmes zusammen.

Nur bei stark gebeugtem Vorderarm, wenn die in ε auf der Längslinie von I errichtete Senkrechte den Oberarm trifft, führt die Aktion der Beugemuskeln des Ellbogengelenkes zu einer entgegengesetzt gerichteten Drehung des Oberarmes im Schultergelenk, wobei das distale Humerusende nach der Beugeseite des Ellbogengelenkes hin ausweicht (Fig. 86).

Nach der üblichen Bezeichnungsweise der Bewegungen im Schulter- und Hüftgelenk ist demnach eine Aktion der Beugemuskeln des nach vorn gewendeten Ellbogengelenkes im allgemeinen (starke Beugestellung ausgenommen) mit einer Streckung (Rückbewegung) des Oberarms im Schultergelenk als Nebenbewegung begleitet.

In ähnlicher Weise ergibt sich, daß eine Aktion der Kniegelenkbeuger im allgemeinen (ausgenommen bei stärkster Beugestellung) von einer Vor- oder Beugebewegung (Flexion) des Oberschenkels im Hüftgelenk als Nebenbewegung begleitet ist.

Umgekehrt verhält es sich jeweilen bei einer Aktion der Ellbogen- und Kniegelenkstrecker.

4. Zweigelenkige Muskeln am dreigliedrigen System.

IV. Aufgabe (Fig. 87 und 88). Von ganz besonderem Interesse ist schließlich noch der Fall, wo bei festgestelltem *III*. Glied Muskeln zwischen dem *I*. und *III*. Glied wirken, also zweigelenkige Muskeln, die über beide Gelenke $^1/_2$ und $^2/_3$ hinüber gespannt sind:

Nehmen wir, ebenso wie in der ganzen bisherigen Betrachtungsweise, nur einen sehr kleinen Zeitraum in Betracht, während dessen sich die Kräfte in ihrer Lage zu den Gelenken nicht wesentlich ändern, so ist es nun auch möglich, sich einen bestimmten Punkt q der Kraftlinie des zweigelenkigen Muskels während dieses äußerst kleinen Zeitraumes mit dem Glied *II* starr verbunden zu denken. Entsprechend der Spannung des Muskels müssen auf diesen Punkt q in der Richtung der Kraftlinie zwei Kräfte K und $-K$ einwirken.

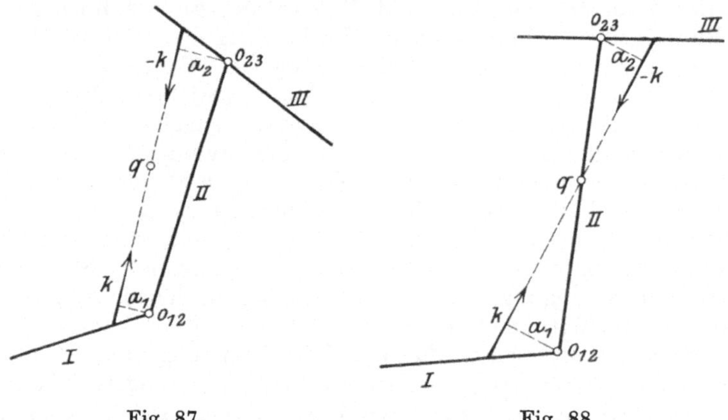

Fig. 87.   Fig. 88.

Durch diese Annahmen wird hinsichtlich der das Glied *II* treffenden Einwirkungen nichts geändert, indem diese beiden Kräfte zusammen $= 0$ sind. Das Problem ist damit nun aber umgewandelt in folgende Fassung:

1. Zwischen *I* und *II* wirkt die Kraft K und die Gegenkraft $-K$ im Abstand a_1 von der Achse des Gelenkes o_{12} mit dem Kraftmoment $K \cdot a_1$ (Wirkung gleich derjenigen eines eingelenkigen Muskels.

2. Außerdem wirken zwischen *II* und *III* die Kräfte K und $-K$ im Abstand a_2 von der Achse des Gelenkes o_{23} (ebenfalls wieder entsprechend einem eingelenkigen Muskel). Die Wirkung der Kraft $-K$ auf Glied *III* braucht nicht weiter berücksichtigt zu werden.

Die Muskelaktion des eingelenkigen Muskels am Gelenk $^1/_2$ ist zu beurteilen nach den oben in der Aufgabe III erläuterten Prinzipien. Mit der Bewegung von *I* um die Gelenkachse $^1/_2$ ist eine Nebenbewegung des Gliedes *II* gegen *III* verknüpft, wobei *I* mitgenommen wird; das Resultat ist eine Bewegung von *I* gegenüber *II*, und von *I* zusammen mit *II* gegenüber *III*. Zu der ersten Aktion, welche gleich ist derjenigen eines eingelenkigen Muskels am ersten Gelenk, dessen Moment gleich dem Moment des zweigelenkigen Muskels gegenüber der Gelenkachse o_{12} ist, kommt noch die Wirkung eines eingelenkigen Muskels am Gelenk o_{23} hinzu, dessen Moment gleich dem Moment des zweigelenkigen Muskels gegenüber der Drehachse dieses zweiten Gelenkes ist. Es handelt sich hier um die Aufgabe II.

Um die Wirkung eines zweigelenkigen Muskels im ganzen für ein erstes kleines Zeitteilchen zu bestimmen, hat man also festzustellen, wie der Muskel gemäß seiner Spannung und seines Abstandes von der Gelenkachse einmal auf das eine Gelenk, dann aber auch auf das andere Gelenk wirken würde, unter der Voraussetzung, daß der Muskel dabei jeweilen am Mittelglied in einem bestimmten Punkte seiner Kraftlinie fest angeheftet wäre.

Man kann sich also wirklich den zweigelenkigen Muskel in jedem Zeitteilchen der Wirkung in zwei eingelenkige Muskeln zerlegt denken, die sich am Mittelglied anheften und kann die primäre Wirkung des Muskels auf jedes der beiden Gelenke für sich betrachten. Man wird aus der Lage des Muskels zu der Achse des einen der beiden Gelenke beurteilen dürfen, ob er an diesem Gelenk beugend oder streckend wirkt, ganz gleichgültig, ob durch die Wirkung am anderen Gelenk an diesem ersten Gelenk eine Nebenwirkung zustande kommt, welche die primäre Wirkung des Muskels auf das erste Gelenk modifiziert, d. h. unterstützt oder hemmt, wenn nicht gänzlich aufhebt oder sogar ins Gegenteil verkehrt. Muß doch beispielsweise der eingelenkige Musculus supraspinatus als Vorwärtsauswärtsbeweger des Humerus im Schultergelenke betrachtet werden, obschon seine diesbezügliche Einwirkung bei gleichzeitiger Kontraktion des Brachialis internus am Ellbogengelenk durch die damit verbundene Nebenbewegung im Schultergelenk mehr oder weniger annulliert wird. So werden wir die Wirkung des Cpt. lg. bicipitis doch wohl am besten in der Weise definieren, daß wir sagen, der Muskel wirkt am Ellbogengelenk beugend, obschon wegen seiner direkten Wirkung auf das Schultergelenk unter Umständen eine streckende Nebenbewegung am Ellbogengelenk hinzukommen kann. Wir sind in dieser Hinsicht anderer Meinung als O. Fischer und finden, daß dieser Autor die Sachlage unnötigerweise kompliziert hat, wenn er die Teilwirkung des zweigelenkigen Muskels an jedem der beiden Gelenke nach der resultierend in diesem Gelenk zustande kommenden Bewegung beurteilt wissen will, bei welcher die Nebenwirkungen, insbesondere diejenigen, welche von der Aktion am andern Gelenk herrühren, mit berücksichtigt werden müßten. Bei der Definition der Funktion der eingelenkigen Muskeln aber sollte unserer Meinung nach auch in Zukunft die vom statischen Moment abhängige Primärwirkung das Maßgebende sein. Alles andere variiert viel zu sehr je nach den Umständen.

Ein Unterschied des zweigelenkigen Muskels gegenüber zwei

eingelenkigen Muskeln besteht allerdings darin, daß sich der zweigelenkige Muskel der Länge und der Quere nach gegenüber dem
zweiten Glied verschiebt, und daß demnach die Stelle der angenommenen Anheftung an die starr gedachte Fortsetzung des Mittel-
gliedes mit jeder neuen Stellung eine andere wird; ferner darin, daß
die Spannung trotz verschiedener effektiver Winkeländerung an beiden
Gelenken stets über die ganze Länge des Muskels die gleiche bleibt. —
Dabei kommt es gerade beim zweigelenkigen Muskel vor, daß er sich,
im Zustande seiner aktiven Spannung nur an dem einen Gelenk
gemäß der hier stattfindenden Bewegung verkürzt und nur an ihm
positive Arbeit leistet, während er am anderen Gelenk gedehnt wird,
durch Aktion der Antagonisten an diesem Gelenk oder auch infolge
der Nebenwirkung der von ihm selbst am ersten Gelenk entfalteten
(durch andere Muskeln event. unterstützten) Aktion. Es wird dabei
durch die effektive Bewegung des zweiten Gelenkes, die für sich
allein den Muskel dehnen würde, an ihm Arbeit geleistet, welche
der Arbeitsleistung am ersten Gelenk zugute kommt. Um so viel
größer kann beispielsweise bei gleicher Längenänderung des Muskels
die Exkursion des zweiten Gelenkes sein.[1])

Die Verhältnisse der Arbeitsleistung des zweigelenkigen Muskels
an den beiden Gelenken sind also ziemlich kompliziert, und ebenso
ist es die Frage nach den bei der Anpassung der Faserlänge maß-
gebenden Umständen.[2]) Dies beeinträchtigt aber in keiner Weise die
Zulässigkeit der von uns für die momentane dynamische Wirkungsweise geltend gemachten Überlegungen.

c) Das völlig freie zweigliedrige System.

1. Wichtigkeit des Problems. Lokomotion und Äquilibration.

Bei den im vorigen Kapitel besprochenen Aufgaben handelt es
sich, wie schon hervorgehoben worden ist, im Grunde um die Bewegung eines zweigliedrigen Systems, mit Drehungsmöglichkeit der
Glieder gegeneinander um eine Achse, mit einer einzigen Kraftebene
senkrecht zu dieser Achse und mit symmetrischer Verteilung der
Massen zu dieser Ebene, für welches aber außerdem noch die vereinfachende Annahme gemacht ist, daß das äußere Ende des einen
Gliedes in einer geraden Linie senkrecht zur Kraftebene festgehalten
ist, mit der Möglichkeit der Drehung um diese Gerade als Achse.

Indem wir die letzterwähnte vereinfachende Annahme weglassen,
gelangen wir zu der schwierigeren Aufgabe der Analyse der Bewegungen des völlig freien, zweigliedrigen Systems.

Der Versuch zur Lösung dieser Aufgabe muß aber unternommen

---

[1]) Man vergleiche: Literaturverzeichnis VIII, namentlich A. E. Fick,
Über die zweigelenkigen Muskeln. — S. ferner H. Straßer, Über die Grundbedingungen der aktiven Lokomotion S. 70.

[2]) H. Straßer, Zur Kenntnis der funktionellen Anpassung der quergestreiften Muskelfasern usw. 1883.

werden, wenn wir nicht bloß die Bewegung einzelner Glieder gegeneinander, sondern die Bewegung des Ganzen, insbesondere die Bewegung des Gesamtschwerpunktes verstehen wollen, wie sie bei der Ortsbewegung und bei den Äquilibrationsbewegungen in Frage kommt. Überblicken wir die Gesamtheit der Leistungen der Bewegungsmaschinerie des Körpers, so ergibt sich, daß gerade die Aktionen der letztgenannten Art eine besonders wichtige Rolle spielen.

Eine Änderung des Bewegungszustandes der Gesamtmasse eines Systems kann niemals durch innere Kräfte allein, sondern immer nur durch äußere Einwirkungen und entsprechend denselben hervorgerufen werden. So kann unser Körper als Ganzes durch irgendeinen Druck oder Stoß oder einen Zug von außen her usw. in Bewegung gesetzt, oder in seiner Bewegung abgelenkt, beschleunigt oder gehemmt oder gänzlich aufgehalten werden. Auch die Schwerkraft, welche auf alle Teilchen wirkt, erteilt ihm eine Fallbeschleunigung, wenn nicht andere äußere Kräfte ihr entgegenwirken. Andererseits vermöchten keine inneren Kräfte, es vermöchte keine Muskelanstrengung für sich allein den Bewegungszustand des Gesamtschwerpunktes zu beeinflussen, wenn der Körper vollständig frei und mit keinen umgebenden Masseteilchen in Berührung wäre. Tatsächlich nun werden bei jeder Muskelaktion die in Bewegung gesetzten Partialmassen oder Glieder durch die Umgebung gehemmt; es werden äußere Widerstände wachgerufen, und wäre es auch nur der Widerstand der Luft, und diese von außen her auf die Körperoberfläche wirkenden Widerstände wirken wie alle äußeren Kräfte jede für sich in der Weise bewegungsändernd auf den gemeinsamen Schwerpunkt, als ob sie sich gleichmäßig auf alle Masseneinheitsteilchen verteilten, oder als ob sie auf die im Schwerpunkt konzentriert gedachte Gesamtmasse einwirkten. Sie erteilen außerdem im allgemeinen, insofern ihre Kraftlinien nicht durch den Schwerpunkt des Ganzen gehen, dem Ganzen eine bestimmte Drehbeschleunigung um den Schwerpunkt; endlich haben sie im allgemeinen einen konfigurationsändernden Einfluß. Alle äußeren Widerstandskräfte zusammen heben sich nun meistens in ihrer Wirkung nicht auf, sondern besitzen nach den genannten drei Gesichtspunkten eine bestimmte reelle, resultierende Wirkung.

Vor allem ist die Gesamtwirkung der äußeren Widerstände auf den Bewegungszustand des Gesamtschwerpunktes im allgemeinen nicht $= 0$, sondern entspricht einer bestimmten resultierenden Kraft.

Diese Resultierende kann erheblich groß sein, wenn an einer Seite des Körpers nach einer Richtung hin ein besonders großer Widerstand gegenüber der innern Bewegung erzeugt wird. Bei der Ortsbewegung im Wasser wird ein überwiegend großer einseitiger Widerstand dadurch zustande gebracht, daß von den gegeneinander bewegten Partialmassen die einen leichter sind und deshalb rascher bewegt werden, oder daß die einen mit breiteren Oberflächen voran gegen das Wasser gehen. Beim fliegenden Vogel, der seine Flügel gegenüber dem

Rumpf bewegt, wird unter der großen Breitseite des Flügels im periodischen Flügelschlag der überwiegende, einseitige Widerstand erzeugt, welcher der Einwirkung der Schwere auf den Körper Gleichgewicht zu halten und die Luftwiderstände, welche die Vorbewegung des Körpers hemmen, zu überwinden vermag.

Früher dachte man sich die lokomotorische Kraft hervorgebracht durch eine Art von elastischem Rückstoß, sei's des Widerlagers, sei's des Körpers selbst. Das Wesentliche liegt aber in der bloßen einseitigen Hemmung der an sich nach je zwei Seiten sich äußernden, an und für sich in gleichem Betrag erfolgenden inneren Bewegung, wodurch die Bewegung das Übergewicht nach der nicht gehemmten oder der weniger gehemmten Seite hin bekommt.

Die Erzeugung von einseitig überwiegenden äußeren Widerständen durch die vermöge innerer Muskelkräfte gegeneinander bewegten Partialmassen ist also das Mittel, welches bei der aktiven Ortsbewegung oder Lokomotion tierischer Körper in Frage kommt. Gewinnung lokomotorischer Kraft, welche das Tier oder den Menschen im ganzen entgegen der Schwere oder entgegen den unvermeidlichen Widerständen des Bodens, des Wassers oder der Luft arbeitsleistend bewegt, oder den bereits in Bewegung befindlichen, durch äußere Einwirkungen in Bewegung gesetzten Körper zu hemmen und anzuhalten vermag, ist unter tausenderlei Umständen Nutzen und Zweck der Muskeltätigkeit.

In anderen Fällen aber ist die Bewegungsänderung des gemeinsamen Schwerpunktes eine notwendige, aber unerwünschte Begleiterscheinung bei unserer Tätigkeit, der willkürlichen Stellungsänderung des Körpers und der Glieder und beim Angriff äußerer Gewalten. Indem der Schwerpunkt über die Unterstützungsfläche hinaus bewegt wird, treten Störungen des Gleichgewichtes auf. Um ihnen vorzubeugen, oder sie rückgängig zu machen, sind dann besondere Aktionen des Körpers notwendig (Äquilibration). In manchen Fällen kann die Unterstützungsfläche versetzt werden; in der Regel aber wirken wir den beginnenden Bewegungen des Schwerpunktes entgegen, indem wir durch korrigierende Muskeltätigkeit an den Gelenken und dadurch hervorgerufene einseitige äußere Widerstandskräfte der Gesamtmasse einen entgegengesetzten lokomotorischen Impuls erteilen.

In meiner Schrift „Über die Grundbedingungen der aktiven Lokomotion" (Halle, Max Niemeyer, 1880) habe ich an einer großen Menge von Beispielen gezeigt, wie bei den verschiedensten Ortsbewegungen des Menschen und der Tiere durch die Aktion der Muskeln an den Gelenken dominierende äußere Widerstände hervorgerufen werden, denen entsprechend die Gesamtmasse einen lokomotorischen Impuls in bestimmter Richtung erfährt. Es wurde dabei auch darauf hingewiesen, daß zu der beschleunigenden Einwirkung auf die Gesamtmasse häufig eine drehende Einwirkung hinzukommt, die durch besondere Hilfsmittel wieder ausgeglichen resp. rückgängig gemacht werden muß. Ferner wurde gezeigt, wie wir uns der lokomotorischen Aktion der Muskeln an den Gelenken zur Äquilibration bedienen. Es wurde in dieser Schrift auch eine Analyse des Wechselspiels der inneren und äußeren Kräfte bei der Gangbewegung gegeben, welche, wie mir scheint, bis jetzt etwas zu wenig Beachtung gefunden hat.

2. Unzulänglichkeit der rein synthetischen Betrachtungsweise für die Erforschung der mechanischen Verhältnisse der aktiven Lokomotion.

Bei der Untersuchung des Wechselspiels der inneren und äußeren Kräfte an einem in aktiver Bewegung befindlichen gegliederten Organismus ist es vor allem wichtig, sich Aufschluß über die in Betracht kommenden äußeren Widerstände zu verschaffen. Dies kann in verschiedener Weise geschehen.

a. Die bei einer Ortsbewegung oder bei der Äquilibration nützlich wirkenden lokomotorischen Widerstände können rein theoretisch und in globo bestimmt werden, wenn die übrigen äußeren Kräfte bekannt sind, denen durch die lokomotorische Tätigkeit Gleichgewicht gehalten oder denen gegenüber durch die Lokomotion des Ganzen Arbeit geleistet wird, und wenn außerdem der Effekt der lokomotorischen Tätigkeit gegeben ist. So wissen wir, daß der Vogel, um sich durch Flügelschläge in gleicher Höhe zu erhalten, mit seinem Flügel einen wechselnd großen aufwärts gerichteten resultierenden Widerstand erzeugen muß, der im Mittel der abwärts gerichteten Einwirkung der Schwere auf den ganzen Körper Gleichgewicht hält, und daß er gleichzeitig durch den Flügelschlag einen resultierenden vorwärts gerichteten Widerstand erzeugen muß, welcher im Durchschnitt dem bei der Vorbewegung des Körpers (Rumpfes) durch die Luft zu überwindenden Widerstand an absoluter Größe gleich ist.

β. In direkterer Weise und mehr im einzelnen, mit Berücksichtigung ihrer Verschiedenheit je nach den Angriffspunkten, können die äußeren Widerstände unter günstigen Umständen bestimmt werden durch das Experiment, mit Hilfe von Registrierapparaten, nach dem Vorgange des französischen Physiologen Marey.

γ. Schlüsse über die Größe und Richtung der lokomotorischen Widerstände ergeben sich ferner unter Umständen aus der genauen Kenntnis der Geometrie des Bewegungsvorganges, speziell aus der Kenntnis der Geschwindigkeit und Richtung der Bewegung der Oberfläche des bewegten Körpers, gegenüber dem widerstehenden Medium. Solches ist namentlich da möglich, wo das widerstehende Medium verschiebbar und die Bewegung der Oberflächen gegenüber demselben deutlich erkennbar ist, immer natürlich unter der Voraussetzung, daß die Gesetze des Widerstandes der Bewegung in dem betreffenden Medium im allgemeinen bekannt sind. Das gilt einigermaßen bei der Bewegung der Oberflächen gegenüber Wasser und Luft. Wir wissen u. a..

daß der Widerstand hier im wesentlichen senkrecht zur bewegten Oberfläche gerichtet ist. Bei schräger Bewegung der Fläche gegenüber der Richtung ihrer Normalen (d. h. der auf ihr senkrecht stehenden Richtung) kommt eine Hemmung der Bewegung wesentlich nur in der Richtung senkrecht zur Oberfläche zustande, während die Bewegung parallel der Fläche nicht oder viel weniger gehemmt wird. Ein in einem verschiebbaren Medium hervorgerufener Widerstand wächst nicht unter allen Umständen mit dem Fortschritt der Verschiebung, sondern er erreicht für jede bestimmte Geschwindigkeit einen maximalen Grenzwert, der bei gleichem Fortgang der Bewegung nicht überschritten wird, sondern nur mit der Steigerung der Geschwindigkeit weiter anwächst, allerdings meist in stärkerem Maße als die Geschwindigkeit.

Im Gegensatz dazu setzen die festeren Medien der Bewegung einen **absoluten Widerstand** entgegen schon bei sehr geringer Verschiebung der Oberfläche des bewegten Körpers gegenüber dem Medium. Die Verschiebungen sind hier bei maximalem und minimalem Betrag des Widerstandes so wenig verschieden, daß es kaum möglich ist, aus der Geometrie der Bewegung auf die Größe des Widerstandes oder auch nur auf die Richtung desselben zu schließen.

δ. Allerdings bietet eine genaue **Kenntnis der Konfigurationsveränderung**, wie sie **durch die inneren Kräfte allein** am zweigliedrigen freien System zustande kommen würde (s. die im folgenden behandelten Aufgaben), einen gewissen Anhaltspunkt, um die Bewegung der Oberflächen gegenüber der Umgebung und auch einigermaßen die Angriffspunkte und Richtungen der im ersten Augenblick wachgerufenen Widerstandskräfte zu beurteilen, namentlich wenn es sich um annähernd absolute Widerstände handelt. Dies kann unter Umständen von Wert sein, namentlich wenn es nur darauf ankommt, über die Richtung des hauptsächlichen lokomotorischen Widerstandes und der lokomotorischen Beschleunigung der Gesamtmasse zu entscheiden. Man rekurriert dabei mit Nutzen auf die Vorstellung, daß bei der inneren Bewegung allein, wie sie ohne die äußeren Widerstände erfolgen würde, Gleichgewicht zwischen den Momenten der Bewegung der in verschiedenen Richtungen sich bewegenden Masseteilchen vorhanden sein müßte; daß nun aber durch den überwiegenden einseitigen Widerstand die Bewegung nach der einen Seite hin vorzugsweise gehemmt wird und dadurch die Bewegung nach der anderen Seite das Übergewicht bekommt. **Eine solche Betrachtung muß aber naturgemäß auf einen bestimmten kleinen Augenblick der Bewegung beschränkt bleiben.** Sobald man versucht, den Fortgang der Bewegung zu beurteilen, erheben sich die allergrößten Schwierigkeiten; indem durch die Widerstände die Bewegung modifiziert wird und infolge der geänderten Bewegung nun hinwiederum die Widerstände verändert werden.

Eine irgendwie genaue Einsicht in den Fortgang einer Bewegung und des ganzen Wechselspiels der inneren und äußeren Kräfte bei derselben kann jedenfalls auf dem bloß synthetischen Wege nicht gewonnen werden. Diese Einsicht darf uns nicht davon abhalten, die synthetische Betrachtungsweise weiterzuführen und den Versuch zu machen, die Elemente einer Theorie von der Bewegungsänderung des zweigliedrigen vereinfachten freien Systems durch instantane Einwirkung innerer und äußerer Kräfte zu entwickeln.

Bevor wir aber in die mathematische Behandlung eintreten, wollen wir ausdrücklich betonen, daß eine derartige Theorie zwar nützlich und notwendig ist zum Verständnis dessen, was in einem bestimmten Augenblick einer Bewegung bei gegebener Konfiguration und gegebener Anfangsbewegung unter dem Einfluß bestimmter gegebener Kräfte geschieht, daß aber zur vollen Einsicht in die Bewegungsphänomene auch noch die Beobachtung und genaue Registrierung der Bewegungserscheinungen und Beobachtungen über die tatsächlich wirkenden Kräfte hinzukommen müssen. Damit soll zugleich auf das große Verdienst derjenigen Forscher hingewiesen sein, welche, wie Carlet, Marey, Muybridge, Anschütz, O. Fischer u. a., vermittelst neuer Registriermethoden und sorgfältiger Messungen unsere Kenntnisse über die Bewegungsvorgänge gefördert haben.

3. Elemente einer Theorie der instantanen Wirkung innerer und äußerer Kräfte am vereinfachten, freien zweigliedrigen System.

Diagramm des vereinfachten zweigliedrigen Systems (Fig. 89, S. 186). Zwei Partialmassen M_1 und M_2 sind um eine gerade Linie als Achse drehbar verbunden. Sämtliche Kraftlinien und Massenmittelpunkte liegen in einer und derselben Drehungsebene, zu der auch die Massen symmetrisch angeordnet sind. Fig. 89 ist das Diagramm eines solchen Systems, welches alle wichtigen Daten enthält. Die Achse OD steht senkrecht zur Bildfläche. S_1 und S_2 sind die Schwerpunkte der beiden Massen M_1 und M_2

$$\overline{S_1 O} = L_1$$

$$\overline{S_2 O} = L_2 .$$

Diese Linien seien als Längslinien von M_1 und M_2 bezeichnet.

Der gemeinsame Schwerpunkt S liegt in der geraden Linie $\overline{S_1 S_2}$, wobei

$$\overline{S_1 S} \cdot M_1 = \overline{S_2 S} \cdot M_2 .$$

Wir ziehen

$$\overline{S h_1} \parallel \overline{S_2 O}$$

und

$$\overline{S h_2} \parallel \overline{S_1 O} .$$

Es wird dann $\overline{S_1 O}$ durch h_1 so geteilt, daß

$$M_1 \cdot \overline{S_1 h_1} = M_2 \cdot \overline{h_1 O}.$$

$\overline{S_2 O}$ wird durch h_2 so geteilt, daß

$$M_2 \cdot \overline{h_2 S_2} = M_1 \cdot \overline{h_2 O}.$$

Denkt man sich die Masse M_2 nach O verlegt, so ist h_1 der nunmehrige Gesamtmassenmittelpunkt; h_2 ist der Gesamtmassenmittelpunkt, wenn M_1 nach O verlegt wird.

Eine an M_1 angreifende, parallel zu $\overline{O S_2}$ gerichtete, durch den Schwerpunkt S gehende Kraft, die also mit ihrem Angriffspunkt nach h_1 verlegt werden kann, wirkt translatorisch auf das ganze System; sie kann ja ersetzt werden durch zwei mit ihr parallele Kräfte in S_1 und O, welche den Massen M_1 und M_2 proportional sind, und deren Kraftlinien durch die Massenmittelpunkte von M_1 und M_2 gehen.

Eine am Glied II angreifende, durch S gerichtete, zu $S_1 O$ parallele Kraft, deren Kraftlinie durch h_2 geht, kann ersetzt werden durch zwei dazu parallele Kräfte in S_2 und O, die auf die Massenmittelpunkte von M_2 und M_1 wirken und diesen Massen proportional sind. Eine solche Kraft wirkt ebenfalls nur translatorisch. Die Punkte h_1 und h_2 bezeichnen wir als Hauptpunkte der Massen I und II, die Geraden $\overline{h_1 S}$ und $\overline{h_2 S}$ aber als Hauptlinien der beiden Glieder.

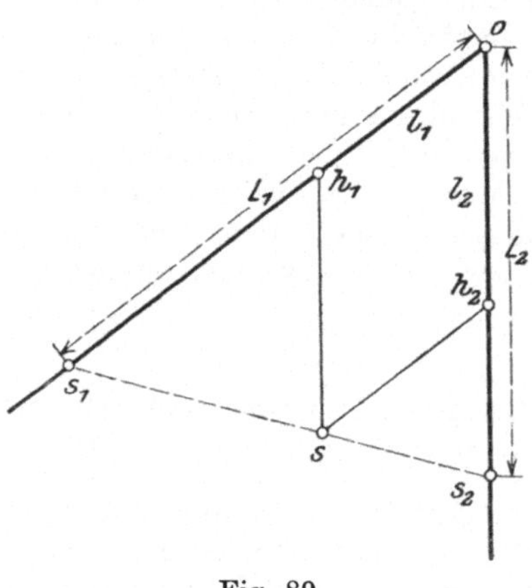

Fig. 89.

Es ist klar, daß die Lage dieser Hauptpunkte zwischen S_1 und O, S_2 und O unabhängig ist von dem Gelenkwinkel ϑ. Demnach sind in dem Parallelogramm $S h_2 O h_1$ nur die Winkel veränderlich, die Seiten aber gleich. Durch dieses Parallelogramm, welches wir als das Hauptparallelogramm bezeichnen wollen, und die Fortsetzung der den Gelenkwinkel einschließenden Seiten bis zu den Punkten S_1 und S_2 (Längslinien der Glieder) sind die wesentlichsten Verhältnisse der Konfiguration bestimmt. Es müssen außerdem noch bekannt sein die Massen M_1 und M_2 und ferner die Trägheitsmomente der beiden Massen gegenüber S_1 und S_2.

Irgendeine einzelne Kraft nun, welche an einem der beiden Glieder des zweigliedrigen Systems angreift, läßt sich zerlegen in eine durch den gemeinsamen Schwerpunkt des Ganzen und den

Hauptpunkt des betreffenden Gliedes gerichtete Komponente, welche
dem Ganzen nur eine translatorische Bewegung erteilen kann, und
eine nach der Gelenkachse hingerichtete, an der gleichen Partialmasse
angreifende Komponente. Wenn es nun gelingt, den Einfluß, den
eine solche axiale Komponente je nach den gegebenen Verhältnissen
der Konfiguration hat, zu beurteilen, so ist die Aufgabe im wesentlichen gelöst. Es ist ja dann auch möglich, den Einfluß einer
zwischen den beiden Massen wirkenden inneren Kraft mit deren
Wirkung und Gegenwirkung zu beurteilen, ebenso wie die gemeinsame Einwirkung irgendwelcher innerer und äußerer
Kräfte.

I. Aufgabe. Einwirkung einer an Glied I oder II angreifenden
gegen die Gelenkachse gerichteten axialen Kraft (Fig. 90).

Es sei $\overline{oq}$ nach Größe und Richtung der Vektor der Beschleunigung, welche der Punkt o in einem bestimmten Augenblick erfährt

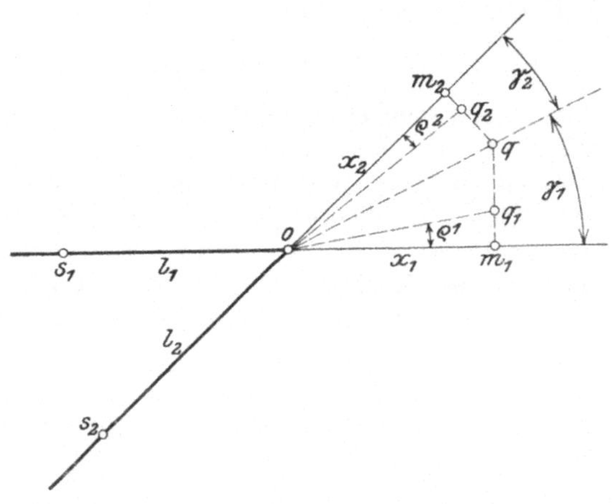

Fig. 90.

infolge der Einwirkung einer axialen Kraft, die an einer der beiden
Partialmassen angreift. Es soll die Größe und Richtung der entsprechenden axialen Kraft F bestimmt werden. Wir ziehen die Linie
$q m_1$ senkrecht auf die Längslinie $S_1 o = l_1$ des Gliedes I oder ihre
Fortsetzung und die Linie $q m_2$ senkrecht auf die Längslinie $S_2 o = l_2$
des Gliedes II oder deren Fortsetzung.

Durch die Längslinien und ihre Fortsetzungen werden Winkel-
felder um den Punkt o herum gebildet; die Linie oq kann in irgendeinem dieser vier Felder liegen. In dem von uns behandelten Beispiel liegt oq zwischen den Verlängerungen von l_1 und l_2 und zwei
Perpendikel von q nach den Längslinien der beiden Glieder liegen
auf verschiedenen Seiten von oq. Unter andern Umständen können
allerdings die beiden Perpendikel $q m_1$ und $q m_2$ auf die gleiche Seite

von oq entfallen. Die folgende Ableitung wird sich aber leicht mutatis mutandis auch für diese Fälle durchführen lassen.

$$oq \text{ bildet mit } l_1 \text{ den Winkel } \gamma_1$$
$$oq \quad ,, \quad ,, \quad l_2 \quad ,, \quad ,, \quad \gamma_2$$

$$\overline{om_1} = x_1 = \overline{oq} \cdot \cos \gamma_1 \qquad \overline{qm_1} = y_1 = \overline{oq} \cdot \sin \gamma_1$$

$$\overline{om_2} = x_2 = \overline{oq} \cdot \cos \gamma_2 \qquad \overline{qm_2} = y_2 = \overline{oq} \cdot \sin \gamma_2.$$

Wir fragen nun, welche Kraft in o auf das Glied I einwirken müßte, damit dasselbe für sich allein, ohne Zusammenhang mit Glied II im Punkt o die Beschleunigung $\overline{oq}$ erfährt. Dieses Problem ist auf Seite 170 u. ff. besprochen worden. Es ist dafür nötig eine Kraft F_1, welche der ganzen Masse M, eine translatorische Beschleunigung $\overline{oq_1}$ erteilt, wobei oq_1 eine mittlere Richtung zwischen oq und om_1 hat, der Punkt q_1 aber in die Linie qm_1 fällt und sie so teilt, das $\overline{m_1 q_1} : \overline{m_1 q} = C_1 : 1$. Der Wert C_1 ist dabei $= \dfrac{T_{I_s}}{T_{I_o}}$ oder gleich dem Quotienten aus dem Trägheitsmoment des Gliedes I gegenüber einer zur Gelenkachse o parallelen Schwerpunktsachse dividiert durch das Trägheitsmoment desselben mit Bezug auf die Gelenkachse. Der Winkel ϱ_1, den die Linie $\overline{oq_1}$ mit der Hauptlinie l_1 resp. ihrer Verlängerung bildet, berechnet sich durch $\operatorname{tg} \varrho_1 = \operatorname{tg} \gamma_1 \cdot C_1$ (S. 172, Formel 8). Die Kraft, welche der Masse M_1 des Gliedes I durch Angreifen am Schwerpunkt eine translatorische Beschleunigung $\overline{oq_1}$ erteilen würde, müßte und $= \overline{oQ_1} = \overline{oq_1} \cdot M_1$ sein. Im Punkte o angreifend erteilt eine solche Kraft der Masse außerdem noch eine Drehbeschleunigung χ_1 um den Schwerpunkt, so daß resultierend der Gelenkpunkt o nicht bloß nach q_1, sondern nach q gelangt.

$$F_1 = \overline{oq_1} M_1 = \frac{x_1}{\cos \varrho_1} M_1 = \frac{\cos \gamma_1 \overline{oq}}{\cos \varrho_1} \cdot M_1$$

nach Formel (10) Seite 172.

In ganz analoger Weise gilt, daß bei durchaus unabhängiger Beweglichkeit des Gliedes II im Punkte o eine Kraft $F_2 = \overline{oq_2} \cdot M_2$ angreifen müßte, um dem Punkte o die Beschleunigung oq zu geben. Die Masse M_2 würde dabei eine translatorische Beschleunigung $\overline{oq_2}$ erfahren und zugleich eine Drehbeschleunigung χ_2 um ihren Schwerpunkt s_2, durch deren Mithilfe der Punkt o die Beschleunigung $\overline{oq}$ statt der Beschleunigung $\overline{oq_2}$ erhält.

q_2 teilt die Linie $\overline{qm_2}$ so, daß der Winkel ϱ_2 zwischen F und der Längslinie l_2 (oder ihrer Verlängerung) sich berechnet nach

$$\operatorname{tg} \varrho_2 = \operatorname{tg} \gamma_2 \cdot C_2$$

wobei
$$C_2 = \frac{T_{II_s}}{T_{II_0}}$$

$$F_2 = \overline{oq_2} \cdot M_2 = \frac{x_2}{\cos \varrho_2} \cdot M_2 = \frac{\cos \gamma_2 \cdot \overline{oq}}{\cos \varrho_2} \cdot M_2.$$

Hat man nun in dieser Weise die beiden notwendigen Kräfte für die Bewegung von Glied I und II für ein bestimmtes gegebenes $\overline{oq}$ gefunden, so ist auch ihre Resultierende F bestimmbar. Sie muß eine mittlere Richtung zwischen F_1 und F_2 haben.

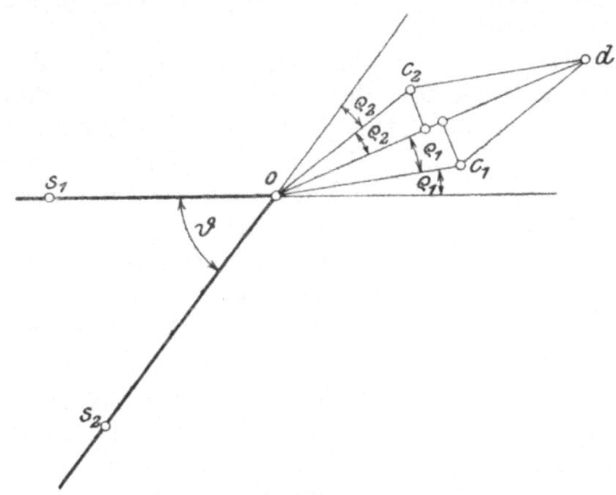

Fig. 91.

In Fig. 91 sei das über $oc_1 = F_1$ und $oc_2 = F_2$ errichtete Parallelogramm dargestellt. F ist die gesuchte Resultierende. Sie bilde mit F_2 den Winkel δ_2 und mit F_1 den Winkel δ_1 (die Buchstabenbezeichnung der Figur ist entsprechend zu korrigieren). Dann ist

$$\delta_1 + \delta_2 + \varrho_1 + \varrho_2 = \vartheta,$$

d. h. gleich dem bekannten Winkel zwischen den beiden Längslinien. Es muß ferner sein:

$$F_2 \sin \delta_2 = F_1 \sin \delta_1$$

und

$$F_2 \cos \delta_2 + F_1 \cos \delta_1 = F.$$

Aus diesen drei Gleichungen müssen sich die drei Unbekannten F, sowie δ_1 und δ_2 finden lassen.

Ferner läßt sich beurteilen, welchen Winkel die Richtung F mit der Richtung von $\overline{oq}$ bildet, indem ja F mit der Richtung l_1 den Winkel $\varrho_1 + \delta_1$ bildet, $\overline{oq}$ aber mit derselben Linie den Winel γ_1.

Diskussion der Ergebnisse. Die Bedeutung der im vorigen gegebenen Ableitung liegt weniger in der Möglichkeit der genauen

Ausrechnung der verschiedenen Größen, als vielmehr darin, daß wir einen Einblick in die Richtung der an jedem Gliede zur gemeinsamen Bewegung des Gelenkes notwendigen Kräfte gewinnen und nun auch die Art der im Gelenk stattfindenden Bewegungsübertragung und der im Gelenk wachgerufenen Widerstandskräfte beurteilen können. In dieser Hinsicht sei folgendes hervorgehoben:

a) Vor allem ist klar, daß jedem $\overline{oq}$ nur ein einziges F entspricht und umgekehrt. Man kann nun also für eine gegebene Konfiguration für jedes beliebige F das zugehörige $\overline{oq}$ ermitteln und umgekehrt.

Zur besseren Verständigung nennen wir das Winkelgebiet ϑ zwischen l_1 und l_2 (Fig. 92) den Gelenkwinkel, den Winkel ϑ_1 zwischen den Verlängerungen von l_1 und l_2 nennen wir den Gelenkgegenwinkel; die beiden übrig bleibenden Winkelgebiete N_1 und N_2 bezeichnen wir als Nebenwinkel des ersten und des zweiten Gliedes.

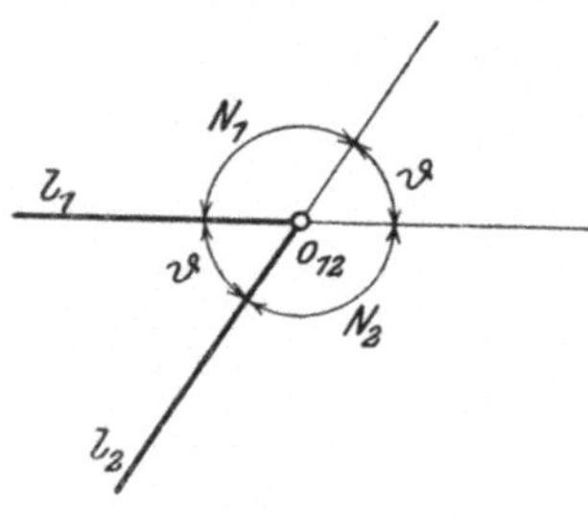

Fig. 92.

b) Es ergibt sich dann, daß für jede Beschleunigung $\overline{oq}$ des Gelenkes nach dem Gebiete des Gegenwinkels hin die Kraft F (als Vektor vom Gelenkpunkt aus eingetragen) ins Innere dieses Gebietes des Gegenwinkels fallen muß; dies ist auch noch der Fall, wenn die Richtung der Beschleunigung $\overline{oq}$ mit der Fortsetzung der Linien l_1 oder l_2 zusammenfällt.

c) Für eine Kraft F, die in der Richtung von l_1 nach o hin wirkt (deren Vektor also mit der Fortsetzung von l_1 zusammenfällt), ergibt sich für $\overline{oq}$ eine Richtung, welche von der Linie der Fortsetzung von l_1 nach dem Gebiete des Nebenwinkels N_2 hin abweicht. Wirkt F in l_2 nach o, so liegt oq in N_1.

d) Dagegen gibt es ein bestimmtes F mit einem bestimmten, in dem Gebiete von ϑ_1 gelegenen Kraftvektor, für welches die Linie der ersten Beschleunigung $\overline{oq}$ genau mit der Kraftrichtung zusammenfällt; es gilt dann solches auch für die entgegengesetzt gerichtete axiale Einwirkung — F.

e) Es ist auch klar, daß für jede axiale Kraft, welche durch den Punkt o nach dem Gebiet des Gegenwinkels ϑ_1 gerichtet ist, die Glieder in entgegengesetztem Sinn so gedreht werden, daß der Winkel ϑ sich verkleinert, während das Umgekehrte der Fall sein muß für jede Axialkraft F, welche durch den Gelenkpunkt nach dem Gebiet des Gelenkwinkels ϑ hin wirkt.

Für eine axiale Kraft, deren Kraftlinie durch den gemeinsamen Schwerpunkt des Systems geht, sollen die Verhältnisse im folgenden bei Gelegenheit der III. Aufgabe noch eingehender besprochen werden. Es ist a priori klar, daß eine solche Kraft zum Unterschied von jeder andern axialen Kraft keinen drehenden Einfluß, sondern nur eine translatorische und eine konfigurationsändernde Einwirkung auf das ganze System haben kann.

f) **Ferner gibt es eine bestimmte, durch den Punkt o und die beiden Nebenwinkel gehende Kraftlinie für F, für welche ebenfalls die Richtungen von F und von $\overline{oq}$ zusammenfallen.** Bei einer beide Glieder im Gelenk von der gleichen Seite her treffenden Einwirkung ist überhaupt im allgemeinen der Sinn der Drehung der beiden Glieder ein übereinstimmender, und es kann sein, daß unter Umständen auch die Winkelbeschleunigung dieselbe ist. Das System verhält sich dann in dem betreffenden Augenblick der Kraft F gegenüber wie ein starres Ganzes und erfährt durch sie keine Konfigurationsänderung. Es ist aber durchaus nicht gesagt, daß eine solche Kraft senkrecht zu oS gerichtet sein muß. Solches würde nur der Fall sein bei übereinstimmender Anordnung der Massen der beiden Glieder gegenüber einer Ebene durch Gelenkachse und oS. Im allgemeinen hat eine senkrecht zu oS wirkende Kraft nicht bloß eine translatorische und drehende Einwirkung auf das ganze System, sondern sie verändert auch die Winkelstellung der Glieder zueinander. Dabei hängt ihr Einfluß zur Einzeldrehung und zur Konfigurationsänderung nicht bloß von der in die Linie oS entfallenden, sondern auch von der senkrecht zu ihr gerichteten Komponente ab.

g) **Die drehende Einwirkung,** welche das System im ganzen erfährt, hängt allein ab von der zu oS senkrecht stehenden Komponente der Kraft F und ihrem Abstand von S.

h) Man kann sich die Bewegung, welche jedes der beiden Glieder bei einem bestimmten F und $\overline{oq}$ erfährt, zusammengesetzt denken erstens aus einer gemeinsamen translatorischen Beschleunigung $\overline{oq}$ und zweitens aus einer Drehbeschleunigung χ_1 des ersten und einer Drehbeschleunigung χ_2 des zweiten Gliedes um die Achse o.

Es ist also ganz besonders wichtig, außer der Richtung und Größe von $\overline{oq}$ und der entsprechenden Einwirkung F die Werte von χ_1 und χ_2 und ihr gegenseitiges Verhältnis zu kennen.

$$\chi_1 = \frac{\overline{q_1 q}}{l_1} = \frac{\overline{oq} \cdot \sin\gamma \cdot (1 - C_1)}{l_1}$$

$$\chi_2 = \frac{\overline{q_2 q}}{l_2} = \frac{\overline{oq} \sin\gamma_2 (1 - C_2)}{l_2}$$

$$\chi_1 : \chi_2 = \frac{\sin\gamma_1 (1 - C_1)}{l_1} : \frac{\sin\gamma_2 (1 - C_2)}{l_2}.$$

Je nach Umständen, je nachdem z. B. die von q aus auf die Längslinien gefällten Perpendikel an der gleichen oder auf entgegengesetzten Seiten von oq liegen, werden die Drehungen χ_1 und χ_2 dem Sinn nach übereinstimmen oder entgegengesetzt gerichtet sein. Der Winkel ϑ wird sich resultierend vergrößern, wenn ϑ spitz ist und $\overline{oq}$ nach diesem Winkelfeld hingerichtet ist; bei umgekehrter Richtung wird sich der Winkel verkleinern. Für den Fall, daß $\overline{oq}$ mehr quer zu der Mittellinie des Winkels ϑ gerichtet ist, wird es eine Richtung für $\overline{oq}$ und eine solche für F geben, wo die beiden gleichsinnig erfolgenden Drehbeschleunigungen gleich sind und der Winkel ϑ unverändert bleibt (s. o.). Es würde zu weit führen, hier alle diese Möglichkeiten genauer zu diskutieren.

i) **Kraftübertragung im Gelenk:** Dagegen soll in aller Kürze hingewiesen werden auf die neu hinzukommenden **Widerstandskräfte, welche im Gelenk selbst wirksam sein müssen,** wenn sich tatsächlich die beiden Glieder mit ihren Endpunkten im Gelenk, die man sich in der Achse gelegen denken kann, gemeinsam bewegen sollen.

Je nachdem die Kraft F an I oder an II angreift, muß von F die gleichgerichtete Komponente $\overline{of_2}$ an II abgegeben werden oder die Komponente $\overline{of_1}$ ($=\overline{f_2d}$) an I (Fig. 91; die zwei Punkte auf od neben c_1 und c_2 sind mit f_1 und f_2 zu bezeichnen). Dies kann nur geschehen durch eine innere Kraft und Gegenkraft im Gelenk in der Richtung von F, welche im ersten Fall den Wert of_2 resp. $-of_2$ haben muß, im zweiten Fall den Wert of_1 resp. $-of_1$. Ferner müssen **Widerstandskräfte quer zu der Richtung von** F wirksam sein. In dem von uns analysierten Beispiel muß zu $\overline{of_1}$ eine Komponente $\overline{f_1c_1}$ hinzukommen, damit auf das Glied I resultierend die Kraft $F_1 = \overline{oc_1}$ wirkt, und aus ähnlichem Grunde muß zu $\overline{of_2}$, an II wirkend, die Kraft $\overline{f_2c_2}$ hinzukommen. Es ist dabei $\overline{f_1c_1} = \overline{f_2c_2}$. Diese Kräfte können nur durch Zugwiderstand im Gelenk quer zu F, d. h. durch innere Kräfte dargestellt sein, welche das Glied I im Gelenk nach II hin und II nach I hin ziehen.

Es kann nun aber vorkommen, daß F_1 nicht zwischen F und der Längslinie l_1 oder ihrer Verlängerung liegt, sondern umgekehrt zwischen F und l_2 und F_2 zwischen F und l_1, so z. B. wenn F und $\overline{oq}$ beide in gleicher Weise nach der Seite des spitzen Winkels ϑ gerichtet sind. In diesem Fall müssen innere Gelenkwiderstände quer zu F wachgerufen sein, welche die quere Gegeneinanderbewegung der im Gelenk o zusammenstoßenden Enden von I und II verhindern, also Druckwiderstände in der zu F senkrechten Richtung darstellen.

k) **Wirken von vornherein auf beide Partialmassen getrennt zwei Kräfte in der Richtung F gegen das Gelenk,** deren Betrag zusammen $= F$ ist, so muß durch die im Gelenk wachgerufenen Widerstandskräfte ein ganz ähnlicher Vorgang des Ausgleiches zustande kommen. Die quer zur Richtung von F wachgerufenen Widerstandskräfte müssen genau denselben Betrag haben; die in der Richtung von F wachgerufenen Widerstandskräfte aber werden andere sein. Sie würden z. B. $= 0$ sein für den Fall, daß von vornherein auf die Masse I in der Richtung F gegen das Gelenk hin die Kraft $F_1 \cos d_1$ und auf die Masse II die Kraft $F_2 \cos d_2$ wirkt usw.

Schließlich können in jedem Fall die im Gelenk wachgerufenen **resultierenden Widerstandskräfte** bestimmt werden durch Vereinigung der in der Richtung von A und der senkrecht dazu auf jede Partialmasse wirkenden Widerstandskräfte nach dem Prinzip des Parallelogramms der Kräfte.

II. Aufgabe. Einzelkräfte am freien zweigliedrigen System, die nicht gegen die Achse gerichtet sind.

a) **Kraft in einer Hauptlinie.** Sie wirkt stets translatorisch auf das ganze System,

b) **Kraft, die nicht in einer Hauptlinie liegt** (Fig. 93).

Jede solche Kraft läßt sich zerlegen

α) in eine Komponente, welche in der Hauptlinie der Partialmasse auf das betreffende gleiche Glied einwirkt, und nur translatorisch beschleunigend auf das Ganze einwirkt;

β) in eine Achsenkomponente, welche auf das in der Achse gelegene Ende der betreffenden Partialmasse einwirkt. Sie allein kann eine Änderung der Konfiguration und eine Drehung der Gesamtmasse um ihren Schwerpunkt bewirken. Außerdem wird ihr entsprechend die Gesamtmasse auch noch translatorisch beschleunigt.

In dem nebenan dargestellten Fall läßt sich die Einzelkraft K an M_1 an den Punkt R verlegen, in welchem ihre Kraftlinie die Hauptlinie von M_1 oder deren Fortsetzung schneidet, und den man sich mit M_1 starr verbunden denkt. Dort ersetzen wir sie durch die in der Hauptlinie Sh_1 wirkende Komponente K_h und durch die Achsenkomponente K_o. K_h wirkt translatorisch auf das ganze System, ohne eine Drehung des ganzen oder der einzelnen Partialmassen und ohne eine Bewegung im Gelenk hervorzurufen.

Die Achsenkraft K_o ist in ihrer Wirkung nach den im vorigen Kapitel erörterten Grundsätzen zu beurteilen, wobei zu berücksichtigen ist, daß sie im vorliegenden Fall von der Masse M_1 nach M_2 hin und nach dem Gegenwinkelfeld hin wirkt.

Der drehende Einfluß auf das Gesamtsystem wird nur durch die Kraft K_o und ihren Abstand vom Gesamtschwerpunkt repräsentiert. Naturgemäß ist das Kraftmoment von K_o gegenüber der zur Ebene des Systems

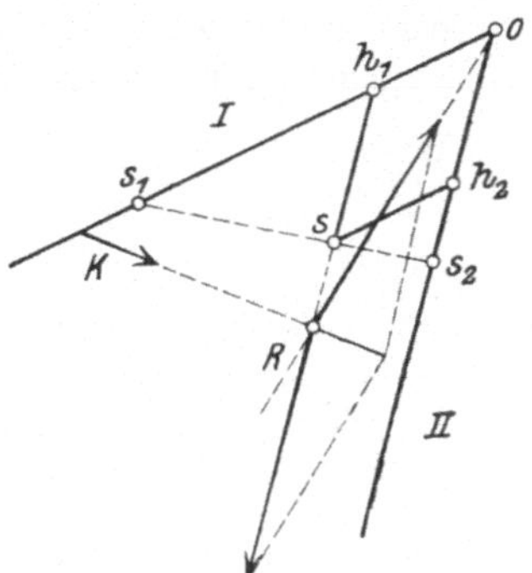

Fig. 93.

senkrecht stehenden Achse des Gesamtschwerpunktes gleich dem Kraftmoment der Kraft K gegenüber dieser Achse. Der drehende Einfluß auf jede einzelne der beiden Partialmassen ist dagegen nicht einfach bestimmt durch die Kraft K_o und ihren Abstand von S_1 und S_2. Vielmehr wird derselbe modifiziert durch den im Gelenk stattfindenden Austausch (Einwirkung von M_1 auf M_2 und umgekehrt). Es gilt aber die Relation, daß die Summe sämtlicher Produkte aus den Massen der einzelnen materiellen Teilchen, ihren effektiven Beschleunigungen und den Abständen der Beschleunigungsrichtung von dem Gesamtschwerpunkt gleich dem Kraftmoment der Kraft K gegenüber dem Gesamtschwerpunkt ist.

III. Aufgabe. Innere Kräfte am freien zweigliedrigen System außerhalb der Achse (Fig. 94, S. 194).

In einer beliebigen Kraftlinie sollen zwischen I und II die inneren Kräfte K und $-K$ wirken. Wir verlängern diese Kraftlinie und die gerade Verbindungslinie der beiden Hauptpunkte h_1 und h_2 bis zu ihrem Schnittpunkt r. Wir verlegen nun zunächst den Angriffspunkt von K an I nach r, welchen Punkt wir uns dabei starr mit I verbunden denken, ersetzen K in r durch zwei Kräfte nach den Richtungen rh_1 und ro und verlegen die Komponente K_h nach h_1, die Komponente K_o nach o. Das statische Moment von K_h gegenüber der Achse o muß natürlich gleich sein dem Moment von K zu derselben Achse.

Andererseits denken wir uns den Punkt r statt mit I mit II in starrer Verbindung und verlegen nach ihm den Angriff von $-K$. Wieder zerlegen wir die Kraft in zwei Komponenten nach o und h_2 und verlegen letztere nach den Punkten o und h_2 ($-K_h$ in h_2 und $-K_o$ in o). Es heben sich dann die beiden von r aus durch I und II in derselben Kraftlinie, in gleicher Größe, aber entgegengesetztem Sinn gegen die Achse wirkenden Komponenten in o auf (durch Vermittlung von Zug und Gegenzug oder Druck und Gegendruck im Gelenk); bewegend wirken im Gelenk nur K_h und $-K_h$.

Man kann also unter allen Umständen die innere Kraft und Gegenkraft, was die Einwirkung zur Bewegung im Gelenk betrifft, **durch eine Kraft und Gegenkraft ersetzen, welche auf die beiden Glieder in der Verbindungslinie der Haupt-**

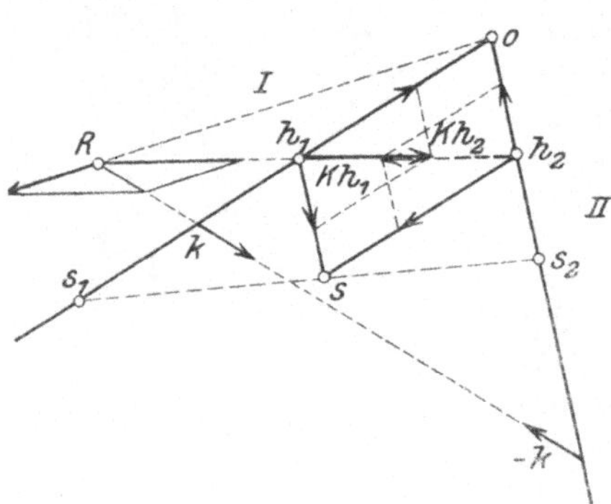
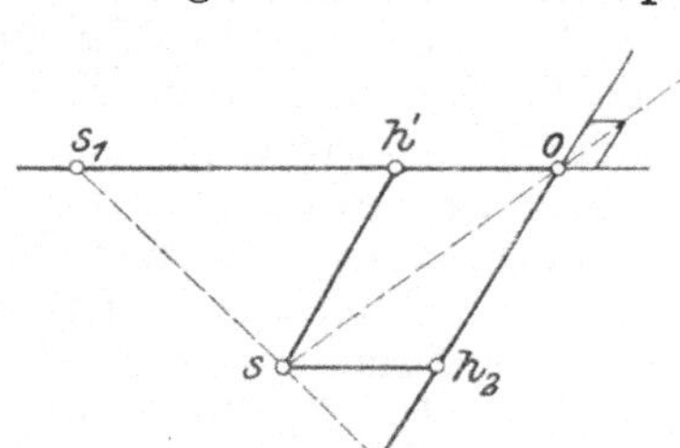

Fig. 94.Fig. 95.

punkte, an letzteren angreifend wirken, und deren Moment zu o gleich dem Moment von K und $-K$ ist. K_h in h_1 läßt sich zerlegen nach o und s. Die gegen s parallel zu os_2 wirkende Komponente ist eine **Kraft in der Hauptlinie des betreffenden Gliedes** ($\overline{so}$). Sie wirkt translatorisch auf die beiden Glieder, als ob dieselben starr miteinander verbunden wären; jeder Punkt erhält dabei eine gleich große resultierende Beschleunigung parallel der betreffenden Hauptlinie; eine zweite translatorische Beschleunigung ergibt sich aus der Gegenkraft $-K_h$. Die resultierende Beschleunigung der Gesamtmasse und des Schwerpunktes entspricht der Richtung os. Die beiden durch I und II von h_1 und h_2 nach o wirkenden Komponenten vereinigen sich in o zu einer in der Richtung so durch die Achse wirkenden Kraft, welche natürlich der Gesamtmasse eine ebenso große Beschleunigung in der Richtung so erteilt, wie es die von h_1 und h_2 nach s wirkenden Komponenten in umgekehrter Richtung tun.

Es kommen also für die Bewegung nur diese in der Richtung so und os stattfindenden Einwirkungen in Betracht. Von diesen aber ist es allein die in der Richtung *so* stattfindende Einwirkung, welche an der Konfiguration des Systems etwas ändert. Sie ist in ihrer Wirkung auf die beiden Partialmassen und ihre Bewegung ebenso zu beurteilen, wie dies in früheren Kapiteln erörtert worden ist. Sie entspricht in ihrer Richtung der Längsdiagonale des Hauptparallelogramms der Konfiguration und sie verhält sich in ihrer Größe zu der Größe der einzelnen, in die Querdiagonale des Hauptparallelogramms verlegten Kräfte K_h resp. — K_h, wie sich die Längsdiagonale des Hauptparallelogramms zur Querdiagonale verhält.

Wären alle vier Seiten des Hauptparallelogramms des Systems starr und in den Punkten o, h_1, h_2 und s in Gelenken gegeneinander drehbar, so könnte man die in der Querdiagonale wirkende Kraft der Zusammenziehung durch eine Expansivkraft in der Längsdiagonale ersetzen; die Größen der Kräfte müßten den entsprechenden Diagonalen des Parallelogramms entsprechen (Fig. 95).

Mit den im Gelenk hervorgerufenen Widerstandskräften verhält es sich folgendermaßen: Die gegen das Gelenk hin wirkenden Kräfte haben eine Resultierende A in der Richtung So. In der Fig. 96 ist oD, in der Verlängerung von So von o aus aufgetragen, der Vektor von A. Die Seiten A_1 und A_2 des über oD als Diagonalen und den Verlängerungen der Längslinien als Seiten errichteten Parallelogramms entsprechen den Kräften, welche in I von h_1 her und in II von h_2 her gegen o wirken.

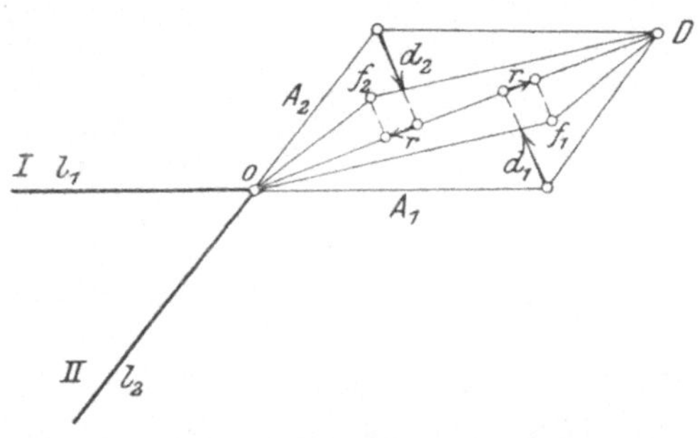

Fig. 96.

Im allgemeinen können nun die zur gemeinsamen Bewegung des Gelenkpunktes notwendigen Kräfte f_1 und f_2, die in o auf I und II wirken müssen, nicht $= A_1$ und A_2 sein, haben vielmehr eine abweichende Größe und Richtung.

Es werden also Widerstandskräfte wachgerufen werden müssen, welche in der Richtung A den Ausgleich der Beschleunigung vermitteln. Bei dem in Fig. 96 dargestellten Fall z. B. ist die in I wirkende Kraft A_1 zu klein, die in II wirkende Kraft A_2 dagegen ist zu groß hinsichtlich der in der Richtung oD notwendigen Kraftkomponente, und zwar je um den Betrag r. Eine Widerstandskraft r im Gelenk wird also auf I beschleunigend in der Richtung oD, eine ebenso große Gegenkraft wird auf II verzögernd in der Richtung Do wirken müssen.

Ebenso sind die quer zu A gerichteten Komponenten der primären Achsenkräfte A_1 und A_2, die in den Hauptlinien wirken, nicht genau so groß, daß sie gerade die quer zu A gerichteten nötigen Komponenten der Kräfte f_1 und f_2 liefern. Im vorliegenden Beispiel sind sie zu groß im Sinn der Gegeneinanderbewegung von I und II im Gelenk. Es müssen also auch Widerstandskräfte d_1 und d_2 im Gelenk senkrecht zu A wachgerufen werden, welche nur gerade diese Differenz ausgleichen und ihr entsprechend die Partialmassen im Gelenk auseinandertreiben usw.

4. Fortgesetzte Bewegung des vereinfachten, freien zweigliedrigen Systems unter dem Einfluß innerer Kräfte.

Es ist von besonderer Wichtigkeit, zu wissen, wie sich ein zweigliedriges freies System von bestimmter Konfiguration allein unter dem Einfluß innerer Kräfte, die am Gelenk fortgesetzt im gleichen Sinn wirken, bewegt.

Bei feststehendem Massenmittelpunkt s bleiben für das Hauptparallelogramm (Fig. 97) noch folgende Möglichkeiten der Konfigurationsänderung und Verschiebung. Es kann stattfinden:

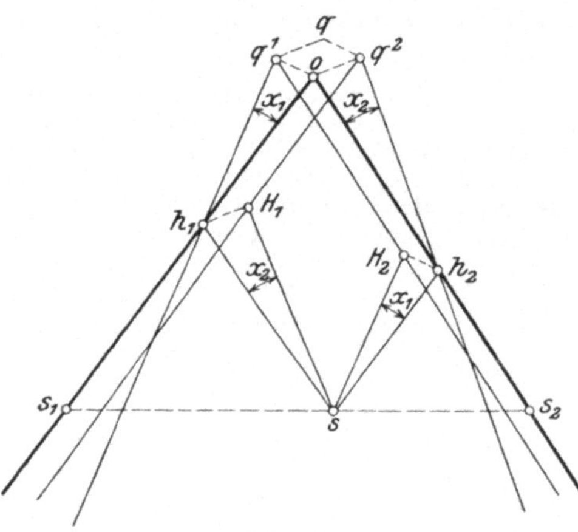

Fig. 97.

1. Eine gleichzeitige und gleiche Drehung der Seiten $h_1 o$ und $s h_2$ um den Winkel χ_1 gegenüber h_1 und s. Die Seite $h_2 o$ bewegt sich dabei ohne Drehung, parallel zu sich selbst um $o q_1$. Der Drehung von $h_1 o$ um den Winkel χ_1 entspricht eine gleiche Drehung des ganzen Gliedes I um χ_1 um eine durch h_1 gehende Achse; der Parallelverschiebung von $h_2 o$ entspricht eine translatorische Verschiebung des ganzen Gliedes II um $\overline{o q_1}$.

2. Eine gleichzeitige und gleiche Drehung der Seiten $s h_1$ und $h_2 o$ des Parallelogramms um den Winkel χ_2 gegenüber s und h_2. Die Seite $h_1 o$ bewegt sich dabei ohne Drehung parallel zu sich selbst um $\overline{o q_2}$. Der Drehung von $h_2 o$ entspricht eine Drehung des ganzen Gliedes II um den Winkel χ_2 um eine durch h_2 gehende Achse; der Parallelverschiebung von $h_1 o$ eine translatorische Bewegung des ganzen Gliedes I um $\overline{o q_2}$.

Die Bewegungen 1. und 2. können sich kombinieren. Sie können nach zwei verschiedenen Richtungen stattfinden (wie in der Abbildung angenommen ist), und zwar auseinander oder gegeneinander. Sie können an und für sich auch nach derselben Seite hin, sei es nach links, sei es nach rechts stattfinden.

Wenn es sich nun bei χ_1 und χ_2, $\overline{o q_1}$ und $\overline{o q_2}$ um Beschleunigungen infolge der Einwirkung innerer Kräfte während eines bestimmten sehr kleinen Zeitteilchens handelt, wobei weder eine Wirkung zur Drehung, noch eine translatorische Beschleunigung des ganzen Systems gegenüber dem umgebenden Raumsystem in Frage kommen kann, so muß die Summe aller statischen Momente der effektiven Kräfte, welche den resultierenden Beschleunigungen der einzelnen Massenpunkte entsprechen, gegenüber irgendeiner Achse und somit auch gegenüber der zur Achse o parallelen Achse des gemeinsamen Schwerpunktes gleich 0 sein. Aber auch die Momente der schon vorhandenen Bewegungsmengen der Teilchen gegenüber dieser Achse (Masse mal Geschwindigkeit mal Abstand von der Achse) müssen zusammen die Summe o ergeben.

Auf diesem Satz beruht die Möglichkeit, das Verhältnis von χ_1 und χ_2, von welchem alles andere abhängt, zu berechnen.

Wir wollen hier nicht auf die etwas umständliche Ausrechnung dieses Verhältnisses und auf die Diskussion der etwas komplizierten Formeln eintreten. Mit Bezug auf den Sinn der Drehungen χ_1 und χ_2 ergibt sich auf Grund der früheren Auseinandersetzungen folgendes:

Bei Lösung der dritten Aufgabe wurde gezeigt, daß jede innere, außerhalb der Gelenkachse wirkende Kraft und ihre Gegenkraft sich ersetzen lassen durch eine bestimmte zwischen h_1 und h_2 wirkende Kraft und ihre Gegenkraft, und diese wieder durch eine Kraft, welche parallel der Linie os auf alle Massenteilchen in gleicher Weise wirkt, ohne die Konfiguration zu ändern, und eine dieser gesamten Wirkung entsprechende, in entgegengesetztem Sinn in der Linie os auf die Achse o wirkende Kraft, welche Konfigurationsänderung hervorruft. Es ist nun leicht einzusehen, daß bei einer in der Richtung so wirkenden Achsenkraft die Drehungen χ_1 und χ_2 auseinander gehen, daß aber bei einer in der Richtung os wirkenden Kraft (welche einer die Punkte h_1 und h_2 auseinander treibenden Kraft entspricht) die Drehungen χ_1 und χ_2 gegeneinander gerichtet sein müssen.

Wie mit den Drehbeschleunigungen wird es sich dann auch mit dem Sinn der erworbenen Drehgeschwindigkeiten verhalten. Natürlich ändert sich das Verhältnis $\chi_1 : \chi_2$ mit dem Gelenkwinkel.

Die Richtung der Längslinie von I und ihre Drehung χ_1 zeigt sich besonders übersichtlich in der dazu parallelen Linie sh_2 und die Richtung und Drehung χ_2 der Längslinie des zweiten Gliedes in der Linie sh_1.

Es bewegen sich (Fig. 98, S. 198) diese zwei Linien in dem der innern Bewegung entsprechend sich ändernden Hauptparallelogramm um das ruhende s wie zwei Uhrzeiger, und zwar entweder gegeneinander oder auseinander, $oh_1 (= l_2)$ mit der Winkelgeschwindigkeit χ_2, und $oh_2 (= l_1)$ mit der Winkelgeschwindigkeit χ_1.

h_1 und h_2 bewegen sich in Kreislinien um s. Es ist eine Aufgabe der analytischen Geometrie, zu bestimmen, welche Kurven von irgendwelchen Punkten der Längslinien, beider Glieder, insbesondere von den beiden Schwerpunkten s_1 und s_2 und von dem

Gelenkpunkt o beschrieben werden, je nach dem Verhältnis von χ_1 und χ_2 und je nach den Werten von sh_1 und sh_2. Was das Verhältnis von χ_1 und χ_2 betrifft, so ist dasselbe offenbar einzig abhängig von der Konfiguration und der Massenverteilung des Systems.

Soweit die Drehungen χ_1 und χ_2 mit annähernd entgegengesetzter Translationsbewegung von M_2 und M_1 verbunden sind, würden sie ungefähr den Massen M_1 und M_2 proportional sein. Eine eingehende Diskussion der Verhältnisse würde hier zu weit führen. Durch graphische Konstruktion lassen sich die von den wichtigen Punkten des Systems beschriebenen Kurven leicht finden, sobald das Verhältnis von χ_1 zu χ_2 bekannt ist.

Ferner kann ein bewegliches Modell, bestehend aus zwei sich gegeneinander bewegenden Zeigern, welche sh_1 und sh_2 repräsentieren und an welchen das Verhältnis der Drehungsgeschwindigkeiten χ_2 und χ_1 beliebig eingerichtet werden kann, zur Veranschaulichung

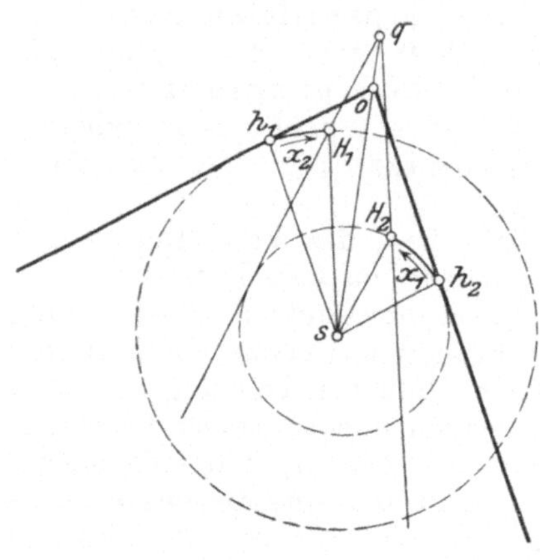

Fig. 98.

dienen. Mit den beiden Zeigern und zwei weiteren starren Stäben kann ein beliebiges, in den Winkeln drehbar bewegliches Hauptparallelogramm hergestellt werden, das je nach der Konfiguration des Systems

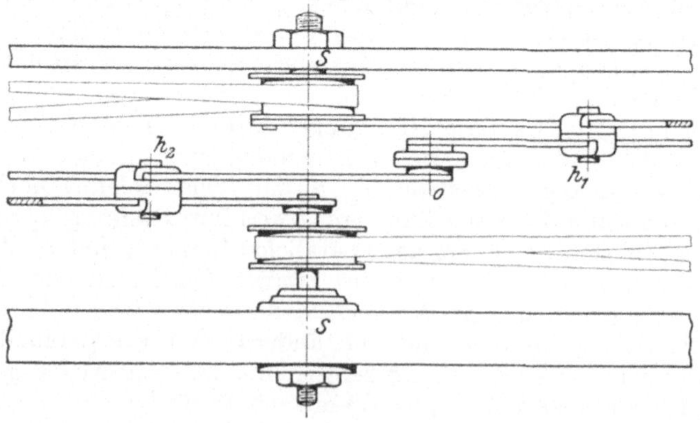

Fig. 99.

verschiedene Maße zeigt. Je nach dem Verhältnis der Drehungsgeschwindigkeiten χ_1 und χ_2 der beiden Zeiger, welche direkt mit der Hand verstellt oder auch durch seitlich angebrachte Kurbelräder und Treibriemen bewegt werden können, und je nach den Seitenlängen des Parallelogramms bestimmt sich die Lage der Hauptpunkte desselben und des Gelenkpunktes in bestimmten aufeinanderfolgenden Zeitpunkten. Auf der Fortsetzung der Hauptlinien lassen sich auch die Partialschwerpunkte markieren, so daß auch ihre jeweiligen Lagen beobachtet werden können. Durch Projektion auf die Unterlage erhält man die Bahnlinien aller dieser Punkte. An dem Parallelogramm läßt sich die Länge der Seiten verändern, und an den Stangen, welche den Längslinien der Glieder entsprechen, können die Kugeln, welche die Partialschwerpunkte darstellen, beliebig ver-

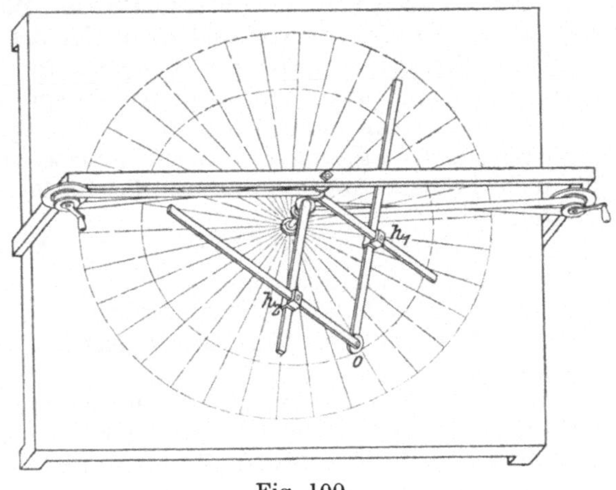

Fig. 100.

schoben werden. Natürlich müssen die letzteren mit der Hauptachse des Modells, welche dem Gesamtschwerpunkt entspricht, in der gleichen Vertikalebene liegen, und muß supponiert werden, daß die in ihnen konzentriert gedachten Partialmassen ihren Abständen vom Gesamtschwerpunkt umgekehrt proportional sind.

Wir haben ein solches „Modell des zweigliedrigen Systems" herstellen lassen und in Fig. 100 abgebildet. Fig. 99 gibt einen schematischen Aufriß desselben, um das Prinzip der gelenkigen Verbindung zu zeigen, welches eine in gleichem Sinn fortgesetzte Bewegung des zweigliedrigen Systems ermöglicht.

5. Die Arbeitsleistung am freien zweigliedrigen System.

Wir haben uns daran zu erinnern, daß die Glieder des Organismus mit ihren Skeletteilen und Gelenken und mit den Muskeln, welche über die Gelenke weg gespannt sind, Maschinen darstellen, durch welche äußere Arbeit geleistet wird. Entweder werden Massen des Körpers selbst oder mit ihnen verbundene äußere

Massen in Bewegung gesetzt, beschleunigt und mit lebendiger Kraft versehen; oder es werden Teile des Körpers zugleich mit äußeren Massen oder ohne solche, es wird unter Umständen die Gesamtmasse des Körpers entgegen äußeren Kräften und Widerständen über bestimmte Wegstrecken ohne Zuwachs an lebendiger Kraft verschoben, oder beide Arten des Arbeitseffektes kombinieren sich miteinander. Dabei wird durch Vermittlung der starren Teile der Maschine bewirkt, daß die von den Muskeln geleistete äußere Arbeit hinsichtlich des Angriffspunktes, der Richtung und der Form der Arbeit verschieden ist von der Muskelarbeit selbst.

Diese **Arbeitsübertragung** ist natürlicherweise auch bei der Maschinentätigkeit des Organismus, so gut wie bei den Maschinen der Techniker mit gewissen **Verlusten** verbunden, infolge des Vorhandenseins von inneren Widerständen gegen die Bewegung in der Maschine selbst. Die innere Reibung, um nur von dieser zu sprechen, nimmt im allgemeinen etwas zu mit der Größe der Richtungsabänderung und mit der Distanz der Verlegung der Angriffspunkte. Eine größere Distanz stellt auch größere Anforderung an die Größe und Festigkeit der Skeletteile.

Im übrigen muß die äußere Arbeit der Muskelarbeit dem Gesamtbetrag nach gleich sein. Eine ganz andere Frage aber ist es, ob die gesamte äußere Arbeitsleistung als eine nützliche mit Bezug auf die jeweilen dem Organismus gestellte Aufgabe betrachtet werden kann.

In einem früheren Kapitel, bei der Besprechung der Arbeitsleistung der Muskeln an den Gelenken haben wir zur Vereinfachung bloß die relative Bewegung der beiden Skelettstücke gegeneinander und nicht ihre absolute Bewegung gegenüber dem umgebenden bestimmten Raum ins Auge gefaßt.

Tatsächlich nehmen nun am freien oder annähernd freien zwei- oder mehrgliedrigen System im allgemeinen beide Ansatzpunkte eines Muskels an der Bewegung teil. Es setzt sich also die jeweilige Arbeitsleistung des Muskels aus zwei entsprechenden Leistungen (zwei Anteile der Verkürzung bei bestimmter Spannung) zusammen. Entsprechend der verschiedenen Konfiguration und Massenverteilung der mit den Muskeln verbundenen Skelettstücke, den Bewegungsbeschränkungen im Gelenk, den Verschiedenheiten der Angriffspunkte der Muskeln und der äußeren Widerstände und je nach der verschiedenen Natur der letzteren können offenbar an den verschieden bewegten Partialmassen gleichzeitig sehr verschiedene äußere Arbeitsleistungen zustande kommen.

Das ändert natürlich nichts hinsichtlich der Bemessung der vom Muskel in seiner eigenen Richtung geleisteten Arbeit und nichts hinsichtlich dessen, was über die Beziehung zwischen dem Gesamtarbeitsvermögen des Muskels und seiner Gestalt und Masse ermittelt worden ist. Wohl aber ist es von dem größten Interesse, die besonderen Bedingungen der äußeren Arbeitsleistung an den verschiedenen

Gliedern der Maschine und gegenüber den verschiedenen äußeren Kräften und Widerständen genauer zu untersuchen.

Im allgemeinen, bei verhältnismäßig einfachen Dispositionen, ist die von den Gliedern der Maschine geleistete äußere Arbeit (wozu wir auch die Beschleunigung der Körpermasse selbst rechnen) eine doppelte, nach zwei Seiten hin stattfindende, und nur in besonderen Fällen ist nach der einen Seite hin die Arbeitsleistung $= 0$ oder annähernd gleich 0, so z. B. wenn die eine Partialmasse am Erdboden oder an fest mit demselben verbundenen Teilen einen absoluten Widerstand findet. Bei der Lokomotion in verschieblichen Medien aber (durch Ruder- oder Flügelschlag, durch Bewegung der Arme und Beine beim Schwimmen usw.) kommt die doppelte äußere Arbeitsleistung mit besonderer Deutlichkeit zur Geltung.

Bei absolutem Widerstand der äußeren Medien, gegen welche sich die Extremitäten und ihre Triebflächen stemmen, besteht die geleistete äußere Arbeit bloß in der Vorbewegung des Rumpfes entgegen den Widerständen der Luft oder des Wassers und in der Aufwärtsbewegung gegenüber der Schwere, unter Einbeziehung auch der Triebhebel, vom proximalen Ende aus in die nützliche Bewegung des Rumpfes. Wo aber die Extremitäten keinen absoluten Widerstand finden, wird periodisch auch in entgegengesetzter Richtung Arbeit geleistet, durch Verschiebung der Triebflächen und damit eines mehr oder weniger großen Teiles der Körpermasse entgegen den Widerständen des verschieblichen Mediums. Die hier erzeugten Widerstände sind das eigentlich lokomotorisch treibende; aber je größer die zur Erzeugung dieser Widerstände nötige Bewegung eines Teiles der Körpermasse in einer Richtung ist, welche derjenigen des lokomotorisch nützlichen Impulses entgegengesetzt ist, um so mehr Arbeit geht bei gleicher Größe des lokomotorischen Effektes verloren.

Die Arbeit der Muskeln entspricht, auch wenn die Endpunkte nach verschiedenen Seiten bewegt werden, dem Produkt aus der (mittleren) Spannung und der Längenänderung. Damit identisch ist der Gesamtbetrag der äußeren Arbeitsleistung, abzüglich des Betrages, der durch Überwindung innerer Widerstände (Reibung) in der Maschine verloren geht. Je mehr Arbeit nun durch die Verschiebung der Triebflächen zur Erzeugung des lokomotorischen, nützlichen Widerstandes, bei der Bewegung des Flügels gegen die Luft, des Ruders gegen das Wasser, der Füße durch Rückwärtsgleiten im Schnee oder Sand verloren geht, um so weniger kommt in der entgegengesetzten Richtung für die Vor- und Emporbewegung des Ganzen in nützlicher Weise zur Geltung.

6. Zusammenfassung.

Die Kenntnis des Drehungsverhältnisses der Glieder eines bekannten zweigliedrigen Systems von bestimmter instantaner Konfiguration bei bloßer innerer Bewegung ermöglicht, für irgendeinen Augenblick einer durch Beobachtung bekannten oder registrierten Bewegung die innere und die äußere Bewegung zu trennen. Bei der letzteren lassen sich dann leicht die beiden Anteile, welche auf die translatorische Verschiebung der Gesamtmasse und auf die Drehung der Gesamtmasse um ihren Schwerpunkt entfallen, auseinander halten. Es können dann auch die entsprechenden drei Kategorien von vorhandenen lebendigen Kräften des Systems bestimmt werden.

Sofern nun für den betreffenden Augenblick der Bewegung die einwirkenden äußeren Kräfte nach ihrer Größe und ihren Angriffspunkten bekannt sind, muß sich (nach den im vierten Abschnitt dieses Kapitels erläuterten Grundsätzen) beurteilen lassen, wie sie verändernd auf die translatorische Bewegung des Ganzen, auf die Gesamtdrehung um den Schwerpunkt und auf die innere Bewegung einwirken.

Ist endlich die tatsächliche Abänderung der Bewegung des Systems und damit auch die Abänderung der inneren Bewegung desselben während eines nachfolgenden kleinen Zeitraumes gegeben, so ist es möglich, einen Schluß zu ziehen auf die inneren Kräfte, die außerhalb der Drehungsachse während dieses Zeitraumes wirksam sein müssen. Dürfte man die Reibung im Gelenk außer acht lassen, so würde man auf diese Weise die in dem betreffenden Zeitraum erforderliche Muskelarbeit bestimmen können. In Wirklichkeit muß die Muskelarbeit auch noch für die Überwindung des Reibungswiderstandes aufkommen mit einem Betrage, der auch im günstigsten Falle nur annäherungsweise geschätzt werden kann.

d) Weitere Ausblicke. Das freie mehrgliedrige System.

Der gewonnene Einblick in die Wirkungsweise der Kräfte am völlig freien, zweigliedrigen System kann bei der Untersuchung der Bewegungen von Tier und Mensch von Nutzen sein, wo es sich um Aktion wesentlich nur an einem Gelenk handelt, und die anderen Gelenke ohne großen Fehler als festgestellt betrachtet werden können. Letzteres darf geschehen, wenn die Exkursion in den anderen Gelenken gering ist und an der Disposition der Massen, welche für die Bewegung im ersten Gelenk in Betracht kommt, nicht viel ändert. Es genügt auch schon, daß die anderen Gelenke nur gerade in derjenigen Ebene keine Bewegung zulassen, in welcher die am ersten Gelenk wirkenden Kräfte Konfigurationsänderung hervorrufen. Die für das zweigliedrige System geltende Betrachtungsweise läßt sich auch ausdehnen auf Systeme, welche aus einer mittleren Masse (Rumpf) und zwei symmetrisch dazu angeordneten, symmetrisch bewegten und annähernd starren Gliedern bestehen; ja es erfährt das Problem hier eine gewisse Vereinfachung. Wo aber in verschiedenen Gelenken des gleichen mehrgliedrigen Systems ausgiebige Freiheit der Bewegung parallel der gleichen Ebene besteht, parallel welcher auch die Kräfte wirken, ist es nicht gestattet, die Aktion an jedem Gelenk für sich allein so zu beurteilen, als ob alle übrigen Gelenke festgestellt wären, und darf man nicht die resultierende Bewegung des Ganzen und seiner Teile als die geometrische Summe der so ermittelten Teilbewegungen ansehen. Die Aufgabe wird vielmehr bei einem derartigen, mehr als zweigliedrigen System außerordentlich kompliziert, und wird man darauf ausgehen müssen, das Problem gleich möglichst allgemein, für ein System von beliebig zahlreichen, kettenartig zusammengefügten Gliedern mathematisch zu behandeln. Sehr wertvolle Versuche zu einer solchen Behandlung sind durch O. Fischer gemacht worden. Wir verweisen in dieser Hinsicht ganz besonders auf seinen lehrreichen Aufsatz über: „Physiologische Mechanik" im 4. Jahrgang der „Physikalischen Zeitschrift 1903".

O. Fischer stellt hier wie in andern seiner Arbeiten über „physiologische Mechanik" (s. Literaturverzeichnis) als erste Aufgabe hin, die genaue Registrierung der Bewegung des hinsichtlich seines Baues und seiner Bewegungsmöglichkeiten bekannten Systems und die mathematische Definition dieser Bewegung durch eine Anzahl von Differentialgleichungen, welche der Bewegung des Gesamtschwerpunktes und der Richtungsänderung der Längslinien der einzelnen Glieder Rechnung tragen. Die weiteren Aufgaben bestehen dann in der Feststellung der Gesamtsumme der lebendigen Kräfte der Teilchen des Systems bei ihrer Bewegung um den Gesamtschwerpunkt und bei der Bewegung mit dem Gesamtschwerpunkt, ferner in der Beurteilung der instantanen Wirkung der an den verschiedensten Stellen des Systems angreifenden Kräfte (mit Einschluß der Schwerkraft) usw. Bei der Behandlung dieser Aufgaben hat sich nun nach O. Fischer die „Einführung gewisser Massensysteme und fester Punkte innerhalb der einzelnen Glieder" als sehr vorteilhaft erwiesen. Denkt man sich für irgendein Glied des Systems an jedem Ende im betreffenden Gelenkmittelpunkt die Masse desjenigen übrigen Abschnittes des Systems konzentriert, welcher nach Durchschneidung des betreffenden Gelenkes abfallen würde, so erhält man in dem betreffenden Glied und den beiden an seinen Gelenkenden konzentriert gedachten Massen ein „reduziertes System", dessen Gesamtmasse derjenigen des ganzen Körpers gleich ist, und welches nach dem betreffenden Glied numeriert werden kann, Der Massenmittelpunkt dieses „reduzierten Systemes" wird als „Hauptpunkt des betreffenden Körperteiles" bezeichnet; seine Entfernungen von den beiden Gelenkpunkten stellen die „Hauptstrecken des Körperteils" dar.

Es handelt sich hier offenbar um dieselbe Operation mit Hauptpunkten und Hauptstrecken (unsere Hauptlinien), welche wir oben, bei der Analyse der Bewegungen und der Krafteinwirkungen am zweigliedrigen freien System in durchaus selbständiger und unabhängiger Weise durchgeführt haben, nachdem uns vor Jahren unser ehemaliger Breslauer Kollege, der geniale Mathematiker Schottky, die erste Anregung dazu gegeben hat. Wir müssen es uns versagen, hier in ausführlicher Weise zu zeigen, wie O. Fischer die Lehre von den reduzierten Systemen und ihren Hauptpunkten ganz allgemein für das vielgliedrige System entwickelt und verwertet hat. Wir beschränken uns darauf, folgende für den Gegenstand besonders wichtige Stellen aus seinem zuerst zitierten Aufsatz wörtlich anzuführen:

„Daraus ergiebt sich aber ohne weiteres, daß der aus n Gliedern zusammengesetzte menschliche Körper aus einer beliebigen Stellung in eine unendlich benachbarte mit derselben Lage des Gesamtschwerpunktes dadurch übergeführt werden kann, daß man ihm nacheinander n unendlich kleine Verrückungen erteilt, bei welchen immer nur je ein Glied um eine Achse seines Hauptpunktes unendlich wenig gedreht wird, während alle anderen Glieder gleichzeitig Translationen ausführen.“ . . . .

„Der wesentlichste Vorteil aber, welcher durch die Einführung der reduzierten Systeme erzielt wird, liegt darin, daß man durch sie zu einer sehr einfachen und zugleich anschaulichen Interpretation der fertigen Bewegungsgleichungen gelangt. In dem Falle ebener Bewegung ergeben sich beispielsweise für den aus n Gliedern bestehenden Körper $n + 2$ Differentialgleichungen. Zwei von denselben geben den bekannten Satz von der Bewegung des Gesamtschwerpunktes wieder. Die übrigen n sagen dagegen aus, das bei ebener Bewegung das h^{te} reduzierte System sich so um die zur Bewegungsebene senkrechte Achse seines Schwerpunktes, d. h. also hier des Hauptpunktes des h^{ten} Körperteils dreht, als ob außer den direkt am Körperteil angreifenden Kräften alle an den übrigen Körperteilen angreifenden Kräfte parallel nach dem nächsten Gelenkmittelpunkte des h^{ten} Körperteils verlegt wären, wobei den Kräften immer die in entgegengesetzter Richtung genommenen Effektivkräfte der zu diesen Gelenkmittelpunkten relativen Bewegungen zuzurechnen sind. Diese einfache Interpretation der zu den einzelnen reduzierten Systemen gehörenden sehr verwickelten Differentialgleichungen wirft nicht nur Licht auf die gegenseitige Beeinflussung der verschiedenen Körperteile in ihren Bewegungen, sondern erlaubt es auch, die Differentialgleichungen im gegebenen Falle unter Berücksichtigung der Beziehungen der Hauptpunkte zu dem Gesamtschwerpunkt und den Schwerpunkten der Teilsysteme sofort in der einfachsten Form anzuschreiben.“

Mit diesem Hinweise auf die weiteren Aufgaben der „physiologischen Mechanik“, welche nicht ohne höhere Mathematik gelöst werden können, schließt der erste, allgemeine Teil des vorliegenden Lehrbuches. Es war notwendig, die Betrachtung bis hierher durchzuführen, um eine einigermaßen befriedigende erste Orientierung über die allgemeinen Probleme der Muskel- und Gelenkmechanik zu bekommen und um von dem gewonnenen Standpunkt aus den weiteren Fortschritt der Pfadfinder und Pioniere unserer Wissenschaft einigermaßen verfolgen und würdigen zu können.

Literaturverzeichnis.

I. Angabe einiger Werke über theoretische und technische Mechanik.

a) Werke mit elementarer Darstellungsweise.

Abgesehen von den an guten Mittelschulen und an der Universität beim Physikunterricht für Mediziner gebräuchlichen Lehrbüchern der Experimentalphysik seien hier genannt:

Helm. Die Elemente der Mechanik. Leipzig 1884.

E. Ott. Elemente der Mechanik. 2. Aufl. 1891.

W. Voigt. Elementare Mechanik. 2. Aufl. 1901.

J. Finger. Elemente der reinen Mechanik. 2. Aufl. Wien 1901.

Ph. Huber. Katechismus der Mechanik. 7. Aufl. 1902.

A. Wernicke. Lehrbuch der Mechanik. 2 Bde. 1901 und 1903.

P. Stephan. Die technische Mechanik. 2 Teile. Leipzig 1904.

R. Lauenstein. Die technische Mechanik. Stuttgart 1904.

Donadt. Lehrbuch der Mechanik in elementarer Darstellung. (5. Aufl. der Einleitung in die Mechanik von H. B. Lübsen.) Leipzig 1905.

Ganz besonders empfehlen wir:

Aug. Ritter. Lehrbuch der technischen Mechanik. 1. Aufl. Aachen 1870. (8. Aufl. 1900.)

Ferner:

J. Clerk Maxwell. Substanz und Bewegung. Ins Deutsche übers. von Dr. E. von Fleischl. Braunschweig 1879.

Und:

E. Mach. Die Mechanik in ihrer Entwicklung. Historisch-kritisch dargestellt. Internat. wiss. Bibl. Leipzig. 2. Aufl. 1888.

b) Werke, in denen mehr oder weniger ausgiebig von den einfacheren Operationen der Differential- und Integralrechnung Gebrauch gemacht wird.

Vict. v. Lang. Einleitung in die theoretische Physik (Abschn. Mechanik). Braunschweig 1867.

A. Mousson. Die Physik als Grundlage der Erfahrung. 3 Bde. (I. Bd. Allgemeine und Molekularphysik. Abschn. I. 2 A.) Zürich 1871.

H. Schellen. Die Schule der Elementarmechanik und Maschinenlehre für den Selbstunterricht angehender Techniker . . . . . sowie für Gewerbe- und Realschulen. Leipzig 1879.

Jul. Petersen. Kinematik. 1884.

A. Winkelmann. Handbuch der Physik. 6 (8) Bde. I. Allgemeine Physik. 1890.

Ad. Wüllner. Lehrbuch der Experimentalphysik. (I. Bd. Allg. Physik u. Akustik.) 5. Aufl. 1895.

Weisbach. Lehrbuch der Ingenieur- und Maschinenmechanik. 3 Teile. (I. Theoretische Mechanik. III. Die Mechanik der Zwischen- und Arbeitsmaschinen.) 5. Aufl. Leipzig 1896.

E. J. Routh. Die Dynamik der Systeme starrer Körper. Übers. von A. Schepp. 2 Bde. Leipzig 1898.

E. Autenrieth. Technische Mechanik. 1900.

Ch. Sturm. Lehrbuch der Mechanik. Deutsch von Th. Groß. 2 Bde. 1899 u. 1900.

Müller-Pouillet. Lehrbuch der Physik und Meteorologie. 3 (4) Bde. 9. Aufl. (L. Pfaundler) 1902. (I. Bd. 1. Buch. Die Mechanik.)

O. D. Chwolson. Lehrbuch der Physik. 4 Bde. Bd. I. 1902.

Ed. Riecke. Lehrbuch der Physik. 2 Bde. Leipzig 1902.

C. Christiansen. Elemente der theoretischen Physik. Deutsch v. J. Müller. 2. Aufl. 1903.

H. Tallqvist. Lehrbuch der technischen Mechanik. 2 Bde. (1. Bd. Geometr. Bewegungslehre, Mechanik d. materiellen Punktes, Statik d. starren Körpers, Dynamik d. starren Körpers.) Helsingfors, Zürich 1903.

E. Rehbein. Grundgesetze der Mechanik. 1903.

R. Simon. Mechanik. 2 Teile. 1903.

A. Gray. Lehrbuch der Physik. Deutsch von F. Auerbach. (1. Bd. Allg. u. spez. Mechanik.) Braunschweig 1904.

H. B. Lübsen. Lehrbuch der Mechanik. 5. Aufl. 1905.

W. Weiler. Physikbuch. 5 Teile. II. Mechanik. 2. Aufl. 1906.

c) Folgende Werke setzen höhere mathematische Vorbildung voraus, werden aber von berufenen Fachmännern dem Weiterstrebenden ganz besonders empfohlen.

Lagrange. Analytische Mechanik. Deutsch von H. Servus. Berlin 1887.

H. v. Helmholtz. Vorlesungen über theoretische Physik. I. 1. Die allgemeinen Grundlagen der physikalischen Wissenschaften. Hrsg. v. A. König. 1898. I. 2. Dynamik diskreter Massenpunkte. Hrsg. v. O. Krigar-Menzel. 1898. II. Dynamik kontinuierlich verbreiteter Massen. Hrsg. v. O. Krigar-Menzel. 1902.

H. Hertz. Die Prinzipien der Mechanik in neuem Zusammenhange dargestellt. Leipzig 1894.

L. Boltzmann. Vorlesungen über die Prinzipe der Mechanik. Leipzig 1897 und 1904.

L. Königsberger. Die Prinzipien der Mechanik. Mathematische Untersuchungen. Leipzig 1901.

A. Ritter. Lehrbuch der höheren Mechanik. I. Bd. Analytische Mechanik. II. Bd. Ingenieur-Mechanik. 1899.

Föppl. Vorlesungen über technische Mechanik. 6 Bde. I. Bd. Einführung in die Mechanik. Leipzig 1905.

II. Schriften über die Entwicklung der Gelenke.

L. Fick. Lehrbuch der Anatomie. 1845. — Untersuchungen über die Ursachen der Knochenformen. (Über die Gestaltung der Gelenkflächen.) Aus dem Nachlasse herausgegeben von A. Fick. (Müllers Arch. f. Anat. u. Physiol. 1859; s. auch A. Ficks gesammelte Schriften. Würzburg 1903. Bd. I.)

J. W. Henke. Handbuch d. Anatomie u. Mechanik der Gelenke. S. 52 u. ff. 1863.

W. Henke und C. Reyher. Studien über die Entwicklung der Extremitäten des Menschen insbes. der Gelenkflächen. LXX. Bd. Wiener Akad. Ber. 1874.

H. Straßer. Zur Entwicklung der Extremitätenknorpel bei Salamandern und Tritonen. Morphol. Jahrb. V. 1879.

R. Fick. Über die Form der Gelenkflächen. Arch. f. Anat. u. Entwicklungsgeschichte. 1890.

G. Tornier. Das Entstehen der Gelenkformen. Arch. f. Entw.-Mech. I. 1894/95.

A. Bernays. Die Entwicklungsgeschichte des Kniegelenkes des Menschen mit Bemerkungen über die Gelenke im allgemeinen. Morphol. Jahrb. IV. 1878.

R. Schulin. Über die Entwicklung und weitere Ausbildung der Gelenke des menschlichen Körpers. Arch. f. Anat. u. Physiol. Phys. Abt. 1879.

J. W. Hultkrantz. Das Ellbogengelenk und seine Mechanik. Jena 1897.

R. Fick. Handbuch der Anatomie und Mechanik der Gelenke. I. Teil. Anatomie der Gelenke. 1904. S. 40 u. ff.

III. Abhandlungen über die Anatomie und Kinematik der Gelenke.

Lehr- und Handbücher der Anatomie von Hyrtl, Henle, H. v. Meyer, Langer, Langer-Toldt, W. Krause, Pansch-Stieda usw.

Luschka. Die Halbgelenke des menschlichen Körpers. Arch. f. Anat., Physiol. u. wissensch. Med. 1855 und 1858.

A. Fick. Die Gelenke mit sattelförmigen Flächen. Zeitschr. f. rat. Med. N. F. 4. 1854 und gesammelte Schriften. I. 430. Würzburg 1903.

C. Langer. Mittellage der Gelenke. Zeitschr. Ges. d. Ärzte. Wien 1856.

C. Langer. Über inkongruente Charniergelenke. Wiener Akad. Ber. 1858.

W. Henke. Der Mechanismus der Doppelgelenke mit Zwischenknorpeln. Zeitschr. f. rat. Med. 8. 1859.

Chr. Aeby. Die Sphäroidgelenke der Extremitätengürtel. Zeitschr. f. rat. Med. 17. 1862.

W. Henke. Kontroversen über Hemmung und Schluß der Gelenke. Zeitschr. f. rat. Med. 33. 1868.

Chr. Aeby. Beiträge zur Kenntnis der Gelenke. Deutsche Zeitschr. f. Chir. 6. 1876.

O. Fischer. Über Gelenke von zwei Graden der Freiheit. Arch. f. Anat. u. Physiol. Anat. Abt. Suppl. 1897.

E. Werner. Die Dicke der menschlichen Gelenkknorpel. Dissert. Berlin 1897.

R. Fick. Handbuch der Anatomie und Mechanik der Gelenke unter Berücksichtigung der bewegenden Muskeln. I. Teil. Anatomie der Gelenke. Jena 1904.

W. Braune und O. Fischer. Die bei der Untersuchung von Gelenkbewegungen anzuwendende Methode, erläutert am Vorderarm des Menschen. Leipzig, Abh. 1885.

W. Braune und O. Fischer. Über eine Methode, Gelenkbewegungen am Lebenden zu messen. Verhandl. d. X. intern. med. Kongresses. Berlin 1890.

H. von Meyer. Die Bestimmungsmethoden der Gelenkkurven. Arch. f. Anat. u. Physiol. Anat. Abt. 1890.

E. J. Marey. Les mouvements articulairs étudiés par la Photographie. Paris C. R. 118. 1894.

O. Fischer. Kinematik organischer Gelenke. Die Wissenschaft. Heft 18. Braunschweig 1907.

208   Literaturverzeichnis.

Gelenke bei Tieren.

C. Langer. Über den Gelenkbau bei Arthrozoen. Wiener Ber. 1859.

Vitus Graber. Die Insekten. München 1877.

V. Graber. Die äußeren mechanischen Werkzeuge der Wirbel- und der wirbellosen Tiere. Leipzig 1886.

O. Thilo. Die Sperrgelenke an den Stacheln einiger Welse usw. Dorpat 1879.

O. Thilo. Sperrvorrichtungen im Tierreich. Biolog. Zentralbl. 19 (1899—1900).

R. du Bois-Reymond. Über die sog. Wechselgelenke beim Pferde. Verh. d. Phys. Ges. Berlin 1897/98.

Josef Schaffer. Über die Sperrvorrichtung an den Zehen der Vögel. Zeitschr. f. wiss. Zool. LXXIII. 3. 1903.

F. Reuleaux. Lehrbuch der Kinematik. Braunschweig 1900. 2. Bd. Kinematik im Tierreiche.

IV. Einige zusammenfassende Schriften über Muskel- und Gelenkmechanik und über spezielle Muskelphysiologie oder Bewegungslehre.

A. Fick. Die medizinische Physik. I. Aufl. Braunschweig 1856. (3. Aufl. 1885.)

W. Wundt. Handbuch der medizinischen Physik. Erlangen 1867.

G. Weiß. Traité de Physique biologique. Paris 1894.

Hand- und Lehrbücher der Physiologie von Joh. Müller, L. Hermann, R. Tigerstedt u. a.

W. Henke. Handbuch der Anatomie und Mechanik der Gelenke. Leipzig und Heidelberg 1863.

H. Meyer. Die Statik und Mechanik des menschlichen Knochengerüstes. Leipzig 1873.

S. Haughton. Principles of animal mechanics. 2 ed. London 1873.

J. Kollmann. Mechanik des menschlichen Körpers. Naturkräfte 13. München 1874.

A. Fick. Spezielle Bewegungslehre. Hermanns Handbuch der Physiologie 1. Leipzig 1879.

G. B. Duchenne. Physiologie der Bewegungen nach elektrischen Versuchen und klinischen Beobachtungen mit Anwendung auf das Studium der Lähmungen und Entstellungen. A. d. Französ. übers. von Dr. C. Wernicke. Kassel und Berlin 1885.

P. Leßhaft. Grundlagen der theoretischen Anatomie. I. Teil. Leipzig 1892.

E. J. Marey. La machine animale. (1882) 1893.

E. J. Marey. Le mouvement. Paris 1894.

J. B. Haycraft. Animal mechanics. Textbook of Physiology. Edit. by E. A. Schäfer. Vol. II. Edinburgh and London 1900.

F. A. Schmidt. Unser Körper. Handb. d. Anat., Physiol. u. Hygiene der Leibesübungen. Leipzig 1903.

R. du Bois-Reymond. Spezielle Muskelphysiologie oder Bewegungslehre. Berlin 1903.

R. du Bois-Reymond. Gelenkbewegung. — Spezielle Muskelphysiologie. — Stehen und Gehen. Ergebnisse der Physiologie 2. Abt. 2. 1903.

Die Aufgaben der „physiologischen Mechanik" oder „Bewegungsphysiologie" sind in besonders klarer und übersichtlicher Weise erörtert durch:

O. Fischer im IV. Bd. (Abt. 8) der Enzyklopädie der mathematischen Wissenschaften. Leipzig 1903.

Hier findet man ferner eine außerordentlich sorgfältige Zusammenstellung und gewissenhafte Würdigung der gesamten einschlägigen Literatur (ca. 450 Nummern).

V. Abhandlungen über die Funktion und die funktionelle Anpassung der Muskeln.

Ed. Fr. Weber. Ber. üb. d. Verh. d. kgl. sächs. Ges. d. Wiss. Math.-phys. Kl. 1851. S. 63 u. ff.

Joh. Gubler. Über die Längenverhältnisse der Fleischfasern einiger Muskeln. Inaug.-Diss. Zürich 1860.

A. Fick. Über die Längenverhältnisse der Skelettmuskelfasern. Moleschotts Untersuchungen 7 (1860) und ges. Schriften. Würzburg 1903.

H. Straßer. Zur Kenntnis der funktionellen Anpassung der quergestreiften Muskeln. Stuttgart 1883.

W. Roux. Beiträge zur Morphologie der funktionellen Anpassung. 2. Über die Selbstregulation der morphologischen Länge der Skelettmuskeln. (Jenaische Zeitschrift f. Naturw. XVI. N. F. IX. Bd. 1883.)

A. Fick. Mechanische Arbeit und Wärmeentwicklung bei der Muskeltätigkeit. Intern. wiss. Bibl. Leipzig 1882.

VI. Schriften, in welchen statische Aufgaben der Muskel- und Gelenkmechanik eingehender behandelt werden.

H. Meyer. Das aufrechte Stehen. Arch. f. Anat., Physiol. u. wissenschaftl. Med. 1853.

H. Meyer. Die Statik und Mechanik des menschlichen Knochengerüstes. Leipzig 1873.

Q. Thiré. Eléments de statique graphique appliquée à l'équilibre des systèmes articulés. Paris 1887.

O. Fischer. Die Hebelwirkung des Fußes, wenn man sich auf die Zehen stellt. Arch. f. Anat. u. Physiol. Anat. Abt. 1895.

Arbeiten über den gleichen Gegenstand von Henke und Knorz 1865, Feuerstein 1889, Bédard 1892, R. Fick 1892, J. R. Ewald 1894 und 1896, R. du Bois-Reymond 1895, L. Hermann u. a.

VII. Zur Theorie der bewegenden Einwirkung der Kräfte am nicht völlig freien zwei- und mehrgliedrigen Gelenksystem.

A. E. Fick. Über zweigelenkige Muskeln. Arch. f. Anat. u. Physiol. Anat. Abt. 1879.

O. Fischer. Über die Drehungsmomente ein- und mehrgelenkiger Muskeln. Arch. f. Anat. u. Physiol. Anat. Abt. 1894.

O. Fischer. Beiträge zur Muskelstatik. I. Abhandlung. Über das Gleichgewicht zwischen Schwere und Muskeln am zweigliedrigen System. Leipzig 1896. (Leipz. Abh. XXIII. Bd. No. IV.)

O. Fischer. Beiträge zu einer Muskeldynamik. II. Abhandlung. Über die Wirkung der Schwere und beliebiger Muskeln auf das zweigliedrige System. Leipzig 1897. (Leipz. Abh. XXIII. Bd. No. VI.)

O. Fischer. Das statische und das kinetische Maß für die Wirkung eines Muskels, erklärt an ein- und zweigelenkigen Muskeln des Oberschenkels. Leipzig 1902. (Leipz. Abh. XXVIII. Bd. No. V.)

VIII. Einige Schriften über die Ortsbewegung der Tiere und des Menschen.

J. A. Borelli, De motu animalium. Lugduni Batavorum 1679.

T. J. Barthey. Nouvelle méchanique des mouvements des animaux. Carcassonne 1798. Ins Deutsche übersetzt von Kurt Sprengel 1800.

J. Müller. Dissertat. physiol. sistens commentarios de phoronomia animalium. Bonn 1822.

W. Weber uud E. Weber. Mechanik der menschlichen Gehwerkzeuge. Göttingen 1836 und W. Webers Gesammelte Werke 6. Berlin 1894.

F. Giraud-Teulon. Principes de Mécanique animale ou étude de la Locomotion chez l'Homme et les Animaux vertébrés. Paris 1858.

Milne Edwards. Leçons sur la Physiol. et l'Anat. comp. Paris 1874.

R. Owen. Anatomy of Vertebrates.

J. Bell Pettigrew. Die Ortsbewegung der Tiere. Internat. Bibl. X. Ins Deutsche übersetzt von J. Rosenthal.

H. Straßer. Über die Grundbedingungen der aktiven Lokomotion. (Abh. d. Naturf.-Ges. zu Halle. Bd. XV.) 1880.

H. Straßer. Zur Lehre von der Ortsbewegung der Fische durch Biegungen des Leibes und der unpaaren Flossen, mit Berücksichtigung verwandter Lokomotionsformen. Stuttgart, Ferd. Enke, 1882.

H. Straßer. Über den Flug der Vögel. Vorl. Mitt. Freiburg i. B. 1884.

H. Straßer. Über den Flug der Vögel. Ein Beitrag zur Erkenntnis der mechanischen und biologischen Probleme der aktiven Lokomotion. (Jenaische Zeitschr. f. Naturw. XIX. N. F. XII. 1885.)

Untersuchung vermittelst Registriermethoden.

Carlet. Essai expérimental sur la locomotion. Sc. nat. zool. 15 (1872).

E. J. Marey. Physiologie du Vol des Oiseaux; du point d'Appui de l'aile sur l'air. Paris C. R. 79 (1874).

E. J. Marey. Emploi de la photographie instantanée pour l'analyse des mouvements chez les animaux. Paris C. R. 90 (1882).

E. J. Marey. La machine animale. Bibl. int. sc. 1882.

Eadweard Muybridge. Descriptive zoopraxography. Pensylvania 1887.
　　Chronophotographische Bilderserien über verschiedene Bewegungsarten aus den Jahren 1872—1885.

Serienbilder von O. Anschütz.

Verschiedene Mitteilungen von E. J. Marey und seinem Schüler G. Demeny, betreffend den Gang, Lauf und Sprung des Menschen. 1883—1887.

Chronophotographische Untersuchungen von Marey über den Vogelflug. 1887.
　　Über die Bewegung des Elephanten und Pferdes. 1887.
　　Über die Bewegung im Wasser. 1890 und 1893.
　　Über die Bewegung der Insekten. 1891.
　　Über die Bewegung mikroskopisch kleiner Wesen. 1893.
　　Ferner:

E. J. Marey. Physiologie du mouvement. Le vol des oiseanx. Paris 1890.

E. J. Marey. La locomotion animale. Traité de physiologie biologique. Paris 1901.

E. J. Marey. Etude chronophotographique des diverses genres de locomotion chez les animaux. Paris C. S. 117 (1892).

E. J. Marey. Les mouvements articulairs étudiés par la photographie. Paris C. R. 118 (1894).

E. J. Marey. Le mouvement. Paris 1894.

Londe. La photographie médicale. Paris 1893.

W. Braune und O. Fischer. Über eine Methode, Gelenkbewegungen am Lebenden zu messen. Verhandl. des X. internat. med. Kongresses. Berlin 1890.

W. Braune und O. Fischer. Der Gang des Menschen. I. Teil. Leipz. Abh. 21. (XXXV.) Bd. 1895.

O. Fischer. Der Gang des Menschen. II. Teil. Leipz. Abh. 25. (XVII.) Bd. 1899; III. und IV. Teil. Ebenda 26. (XLV.) Bd. 1900 u. 1901; V. Teil. Ebenda. 28. Bd. 1903.

IX. Über die Arbeitsleistung und die Ökonomie der Arbeitsleistung bei den lokomotorischen Systemen.

Diese Fragen haben eingehende Berücksichtigung gefunden, namentlich in Abhandlungen über die Flugbewegung und über Luftschifffahrt. Aus der außerordentlich reichhaltigen Literatur über dieses Gebiet kann hier nur weniges erwähnt werden. Neben den bereits genannten Schriften von E. J. Marey und H. Straßer zitieren wir:

Helmholtz. Über ein Theorem, geometrisch ähnliche Bewegungen fließender Körper betreffend, nebst Anwendung auf das Problem, Luftballons zu lenken. (Monatsber. d. Berliner Akademie 1883, 26. Juni.)

P. Reichel und E. Legal. Über die Beziehungen der Größe der Flugmuskulatur, sowie der Größe und Form der Flugfläche zum Flugvermögen und über die Änderung dieser Beziehungen bei Änderung des Körpergewichtes. (Bericht d. naturw. Sekt. d. Schlesischen Ges. f. vaterländ. Kultur. 1879.)

Müllenhoff. Die Größe der Flugflächen. Pflügers Archiv f. d. ges. Physiologie. Bd. XXXV. 1884.

G. Jäger. Die menschliche Arbeitskraft. Naturkräfte 26 u. 27. München 1878.

E. J. Marey. De la mesure des forces dans les différents actes de locomotion. Paris C. R. 97. 1883.

E. J. Marey und G. Demeny. Mesure du travail mécanique effectué dans la locomotion de l'homme. Paris C. R. 101. (1885).

O. Fischer. Die Arbeit der Muskeln und die lebendige Kraft des menschlichen Körpers. 1893. (S. unter X.)

M. G. Blix. Till frågan om menniskans arbetskraft. Skand. Arch. f. Physiol. 15. (1903.)

J. Olshausen. Geschwindigkeiten des Menschen, der Tiere, Pflanzen, Maschinen usw. 1902.

X. Zur Theorie der kinetischen Verhältnisse des völlig freien mehrgliedrigen Systems.

O. Fischer. Der menschliche Körper vom Standpunkt der Kinematik aus betrachtet. Arch. f. Anat. u. Physiol. Anat. Abt. 1893.

O. Fischer. Die Arbeit der Muskeln und die lebendige Kraft des menschlichen Körpers. Habilit.-Schr. Leipzig 1893. (Leipz. Abh. XX. Bd. No. I.)

O. Fischer. Über die reduzierten Systeme und die Hauptpunkte der Glieder eines Gelenkmechanismus und ihre Bedeutung für die technische Mechanik. Zeitschrift für Mathematik und Physik. Bd. 47. 1902. S. 429 bis 466.

O. Fischer. Physiologische Mechanik. Enzyklopädie d. mathemat. Wissenschaften usw. IV. Mechanik 8. 2. II. Heft I. Leipzig 1903. Mit ausführlichem Literaturverzeichnis.

O. Fischer. Physiologische Mechanik. Verh. d. Ges. deutscher Naturf. u. Ärzte. Kassel 1903.

O. Fischer. Physiologische Mechanik. Physikal. Zeitschr. 4. Jahrg. 266. Leipzig 1903.

G. Weiß. Les travaux de W. Braune et O. Fischer sur la mécanique animale. Revue géner. des sciences pures et appliquées. 14. (1903.)

O. Fischer. Physiologische Mechanik (Bewegungsphysiologie). Enzyklop. d. math. Wissenschaften usw. IV. 8. Leipzig 1905.

O. Fischer. Über die Bewegungsgleichungen räumlicher Gelenksysteme. Leipzig 1905. (Leipz. Abh. XXIX. Bd. No. IV.)

O. Fischer. Theoretische Grundlagen für eine Mechanik der lebenden Körper. B. G. Teubners Lehrbücher der mathematischen Wissenschaften. Bd. 12. Leipzig 1906.